全国煤矿班组长安全培训系列教材

煤矿班组长安全培训教材

（综合本）

中 国 煤 炭 工 业 协 会 培 训 中 心	组织编写
全国煤炭行业教育培训资源编审专家委员会	审　　定
宁尚根　李亚兵	主　　编
白国周　奥　博	主　　审

应急管理出版社

·北　京·

图书在版编目(CIP)数据

煤矿班组长安全培训教材：综合本/中国煤炭工业协会培训中心组织编写；宁尚根，李亚兵主编. —北京：应急管理出版社，2024
 全国煤矿班组长安全培训系列教材
 ISBN 978-7-5020-9998-5

Ⅰ.①煤… Ⅱ.①中… ②宁… ③李… Ⅲ.①煤矿—矿山安全—安全培训—教材 Ⅳ.①TD7

中国国家版本馆 CIP 数据核字(2024)第 103882 号

煤矿班组长安全培训教材(综合本)

（全国煤矿班组长安全培训系列教材）

组织编写	中国煤炭工业协会培训中心
主　　编	宁尚根　李亚兵
责任编辑	杨晓艳
责任校对	李新荣
封面设计	众安图书
出版发行	应急管理出版社(北京市朝阳区芍药居35号　100029)
电　　话	010—84657898(总编室) 010—84657880(读者服务部)
网　　址	www.cciph.com.cn
印　　刷	徐州市拓朴彩色印刷有限公司
经　　销	全国新华书店
开　　本	787mm×1092mm 1/16　　印张 15 1/2　　字数 365千字
版　　次	2024年6月第1版　2024年6月第1次印刷
社内编号	20193580　　　　　　　定价 45.00 元

版权所有　侵权必究

本书如有缺页、倒页、脱页等质量问题，本社负责调换，电话：010—84657880

全国煤矿班组长安全培训系列教材
编审委员会

主　任　　李增全　马汉鹏
副主任　　周心权　黄　红　姚亚楠　武龙飞　刘建伟
　　　　　　张春利　李小平　吴国勇　孙可心　宁尚根
　　　　　　杜志刚　刘祥龙　丁元伟
委　员　（按姓氏笔画排序）
　　　　　　于善勇　万志军　王　华　王　虎　王　朔
　　　　　　王　锋　王　嘉　王永湘　王胜江　孔光宇
　　　　　　双　伟　卢卫永　田　斌　史成磊　曲晓明
　　　　　　朱世阳　任自锐　任旭红　刘　帅　刘金娃
　　　　　　刘建伟　刘晓宁　孙　淼　孙荣良　孙海峰
　　　　　　纪晓峰　纪新海　杜运夯　李　宝　李卫芳
　　　　　　李云龙　李亚兵　李旭哲　李军峰　李若飞
　　　　　　杨世模　杨西栋　杨秀生　杨相海　宋元文
　　　　　　宋云峰　张　冲　张　惠　张　雷　张士勇
　　　　　　张文勇　张志军　张学峰　张剑涛　张彦宾
　　　　　　陈　飞　陈　静　陈中玉　陈世荣　苗化雨
　　　　　　郅荣伟　周玉君　周如刚　宗　君　赵晓联
　　　　　　胡伟元　钟　帅　洪木银　秦冬冬　贾新勇
　　　　　　党　珂　钱德利　徐　坤　高志宏　高素芹
　　　　　　高瑞明　郭　玉　郭俊杰　唐豪光　陶　勇
　　　　　　黄文明　黄学志　菅　斐　康文龙　鹿志发
　　　　　　董海波　董照堂　程长远　程衍海　焦　林
　　　　　　鲁德智　谢明芬　谢耀社　衡玲燕　魏志跃
秘　书　　郭　玉

本书编委会

主　编　宁尚根　李亚兵

副主编　黄翔宇　梁院生　宁洪进　隋　杨
　　　　　朱世明　宁昭曦　卢晓曼　石　征

编　写　刘祥龙　刘金娃　宗君　衡玲燕
　　　　　闫俊丽　罗刚　陈静　张昌进
　　　　　徐成梁　郝庆谟　张广华　郭庆友
　　　　　武帅　唐小芸　张宗平　陈建波
　　　　　王智荣　刘豹　肖庆波　魏锦丽会
　　　　　刘汝凯　李成国　张剑峰　刘海宁
　　　　　宝金海　于永威　张中雨　冯申剑一
　　　　　代壮　暴剑　冯江
　　　　　马志平　高二虎
　　　　　　　　　奥博

主　审　白国周

出版说明

为了落实《安全生产法》《煤矿安全生产标准化管理体系基本要求及评分方法(试行)》等法律法规对煤矿安全培训工作的新要求,根据应急管理部、国家矿山安全监察局"按照看得懂、记得住、用得上原则,开发分层次、分专业、分岗位的教材体系""建设安全生产数字资源库,推动安全培训课件、事故案例、电子教材等资源共建共享"的要求,我们组织了煤炭行业的专家和骨干教师,共同编写了这套"科学准确、先进实用、配套数字化资源"立体化新形态的《全国煤矿班组长安全培训系列教材》。

为了编写好本套教材,我们组织了一百多位煤炭行业的专家和教学经验丰富的骨干教师,深入煤矿企业、安全培训机构进行了大量的调研,广泛征求了各方面的意见,力求做到教材与培训大纲、考核要求、实际培训授课的有机统一和融合,确保做到科学准确和先进实用。

为了提高煤矿班组长安全培训的针对性,本套教材共分为采煤、掘进、机电、运输、通风和地测防治水6个分册,适合对煤矿班组长进行分类培训,同时考虑到一些煤矿企业每期班组长培训人数比较少的实际,我们还出版了《煤矿班组长安全培训教材(综合本)》和《煤矿班组长安全再培训教材(复训·综合本)》。

本套教材具有如下特点:

(1) 按照最新的培训和考核要求编写。 教材按照《安全生产培训管理办法》《关于高危行业领域安全技能提升行动计划的实施意见》和《煤矿安全生产标准化管理体系基本要求及评分方法(试行)》等对班组长培训的新要求编写,突出了煤矿班组长的岗位安全知识和技能提升。

(2) 内容新颖,先进性强。 教材在编写中严格按照最近几年颁布和修订的法律法规(如2024年的《煤矿安全生产条例》,2023年的《中共中央办公厅 国务院办公厅关于进一步加强矿山安全生产工作的意见》《煤矿地质工作细则》《煤矿重大事故隐患判定标准》《煤矿单班入井(坑)作业人数限员规定》,2022年的《煤矿安全规程》《煤矿防灭火细则》等),注重介绍当前煤矿生产中的新技术、新工艺、新材料、新设备和新方法(特别是煤矿智能化发展的新技术),选取了最近几年发生的典型事故案例。

(3) 体例合理，便于讲授和学习。 教材把煤矿班组长的考核内容进行了适当调整，使知识点之间有效衔接，循序渐进，便于老师讲授，也便于读者由浅入深地学习和备考。

(4) 立体化教材，配套数字化教学资源。 书中插入二维码，对于重点、难点，以及一些操作性强的内容，扫码可看视频讲解或动画演示，提高了教材的可读性。

(5) 建立分专业的考核题库，配套小程序可免费练题。 为了提高培训的针对性，我们组织有关专家和培训教师共同编写了分专业的班组长考核题库，班组长的考核更具有针对性。学员可以用手机或电脑登录"众学教培服务平台"小程序，免费练题。学员登录网络题库后，可以进行顺序练题、随机练题、模拟考试，可以建立个人错题集，便于复习提高（网络题库免费使用期为验证后1年）。学员可先按章节顺序练题，生成个人错题集，随后在错题集中练习，逐步减少错题集中题目的数量，最终掌握所有错题。

(6) 编制了配套的电子课件，便于教学。 我们组织教学经验丰富的教师编写了PPT电子课件，对购书超过100册的单位可以免费赠送，联系方式：414697740@qq.com（邮箱），13813483120（微信）。

本套教材的编审得到了中国煤矿安全技术培训中心、山西煤矿安全培训中心、山东煤矿安全技术培训中心、河北煤矿安全培训中心、四川矿山安全技术培训中心、内蒙古煤矿安全培训中心、宁夏煤矿安全技术培训中心、江苏煤矿安全技术培训中心、国家能源集团神东煤炭教育培训中心、国家能源集团乌海能源职工培训中心、平顶山天安煤业股份有限公司安全技术培训中心、兖矿能源集团员工教育培训中心、内蒙古平庄煤业（集团）有限责任公司职工教育培训中心、华亭煤业集团有限责任公司培训中心、扎赉诺尔煤业有限责任公司职工教育培训中心、铁法能源有限责任公司安全培训中心、山东能源集团济南培训中心、晋能控股煤业集团培训教育中心、晋能控股煤业集团太原煤炭气化（集团）有限责任公司培训中心、山西焦煤霍州煤电集团职工培训教育中心、甘肃靖远煤电股份有限公司职工培训处、窑街煤电集团职工教育培训中心、新汶矿业集团公司安全技术培训中心、峰峰集团教育培训中心、淮北矿业集团安全培训中心、陕西陕煤彬长矿业集团员工培训中心、郑煤集团职工教育培训中心、淮河能源控股集团职工培训中心、华阳新材料集团公司人才培训中心、山西焦煤西山煤电（集团）有限责任公司职工教育中心、神木职业技术教育中心、新疆煤炭工业安全技术培训中心、鄂尔多斯市煤炭安全技术培训中心、毕节市煤矿安全技术培训中心、华晋焦煤有限责任公司培训中心、山东煤炭技师学院培训中心、大同煤炭职业技术学院培训部、中煤华利能源控股有限公司山西分公司培训中心、川煤集团攀枝花煤矿培训中心、晋能控股电力集团培训中心、吕梁市吕能培训有限公司、潞安职业技术学院、陕西能源职业技术学院、辽北技师学院、抚顺矿业集团技师学院、山西汾西矿业（集团）公司员工学校、山西工程职业学院、山西能源学院、山东能源新矿集团、河南能源化工集团焦煤公司、河南能源化工集团永煤公司职工培训学校、河南能源化工集团鹤煤公司、河南省能源工业技师学院、潞安职业技术培训学校、河南神火集团、晋能控股装备制造集团有限公司、陕西工程科技高级技工学校、晋能控股集团技师学院、晋中职业技术学院、云南能源职业技术学院、山东肥矿技师学院、中煤职业技术学院、徐矿大学、河南理工大学安全技术培训学院、河南工程学院安全技术培训中心、兰州资源环境职业技术学院安全技术培训中心、陕西陕煤黄陵矿业有限公司、陕西陕煤韩城矿业有限公司、陕西陕煤彬长矿业有限公司、陕西陕煤蒲白矿业有限公司、开滦（集团）有限责任公司、汇永控股集团有限公司、河南煤化集团、淮北矿业集团、皖北煤电集团、黑龙江鸡西矿业集团、开滦集团、潞安化工集团新元煤矿、山东能源集团、山西中安华智科技发展有限责任公司、中国矿业大学（北京）、中国矿业大学教育培训中心、吕梁学院、徐州众安图书有限公司等单位的大力支持，在此表示衷心感谢！

中国煤炭工业协会培训中心

2024 年 4 月

视频和网络题库使用流程

1. 微信扫描本书封底的注册码，完成"众学教培服务平台"小程序的注册（可以点击右上角三个点，添加到桌面上，便于以后使用）。已经注册过的，无须重复注册。

2. 在"众学教培服务平台"中"我的"里面找"扫一扫"，扫描本书封底的验证码（一书一码，只能一人验证）。

3. 在"众学教培服务平台"中"我的"里面找"扫一扫"，扫描书中的二维码即可观看视频。

4. 在"众学教培服务平台"中"题库"里面找"煤矿班组长（综合本）"题库，即可进行网络练题。

5. 使用中如有问题，请联系QQ414697740、微信13813483120，或者加入煤矿安全培训QQ群869935149进行交流。

目 录

第一篇 煤矿安全基本知识

第一章 煤矿安全生产方针与法律法规 ········· 1
 第一节 煤矿安全生产形势、特点与方针 ········· 1
 第二节 煤矿安全生产主要法律 ········· 4
 第三节 煤矿安全生产主要行政法规 ········· 11
 第四节 煤矿安全生产主要部门规章 ········· 15
 第五节 煤矿常见违法行为与法律责任 ········· 23

第二章 煤矿生产技术 ········· 24
 第一节 矿井地质基本知识 ········· 24
 第二节 矿井开拓与生产系统 ········· 27
 第三节 采煤与掘进技术 ········· 32

第三章 煤矿灾害防治 ········· 40
 第一节 矿井通风 ········· 40
 第二节 矿井瓦斯灾害防治 ········· 46
 第三节 矿井火灾防治 ········· 52
 第四节 矿尘防治 ········· 58
 第五节 矿井水灾防治 ········· 61
 第六节 顶板灾害防治 ········· 65
 第七节 冲击地压灾害防治 ········· 69

第四章 矿井机电运输安全 ········· 73
 第一节 矿井供电系统与供电安全 ········· 73
 第二节 矿井防爆电气设备安全 ········· 79
 第三节 矿井提升的安全运行 ········· 83
 第四节 矿井运输安全 ········· 85

第五章　煤矿爆破安全

第一节　煤矿炸药与爆破器材 …………………………………………………… 89
第二节　爆破作业安全管理 ……………………………………………………… 91
第三节　爆炸材料运输和使用的安全管理 ……………………………………… 97
第四节　爆破事故的致因及预防 ………………………………………………… 98

第六章　煤矿事故应急处置与现场急救

第一节　煤矿事故应急预案 ……………………………………………………… 103
第二节　矿井自救设施与设备 …………………………………………………… 105
第三节　煤矿灾害应急处置 ……………………………………………………… 109
第四节　煤矿现场急救技术 ……………………………………………………… 116

第七章　煤矿职业病危害防治

第一节　煤矿职业健康形势 ……………………………………………………… 129
第二节　煤矿主要职业危害及防治措施 ………………………………………… 130
第三节　煤矿职业危害告知和应急处置 ………………………………………… 135
第四节　煤矿从业人员职业病预防的权利和义务 ……………………………… 137
第五节　煤矿职业卫生健康监护基本要求 ……………………………………… 137

第二篇　煤矿班组安全管理

第八章　煤矿安全生产规章制度与班组"三违"防范

第一节　煤矿安全生产规章制度 ………………………………………………… 140
第二节　煤矿"三违"及其防治 ………………………………………………… 149
第三节　煤矿班组安全教育培训 ………………………………………………… 157
第四节　煤矿班组长的不安全行为管控 ………………………………………… 159

第九章　煤矿班组安全风险管控与隐患排查治理

第一节　安全风险和隐患基本知识 ……………………………………………… 165
第二节　煤矿班组长岗位风险管控和隐患排查治理 …………………………… 172

第十章　煤矿班组安全生产标准化管理

第一节　煤矿安全生产标准化管理体系 ………………………………………… 181
第二节　煤矿班组安全生产标准化 ……………………………………………… 182
第三节　煤矿班组岗位作业流程标准化 ………………………………………… 185

第十一章　煤矿班组现场安全管理 ······ 195
　第一节　煤矿班组现场安全管理内容 ······ 195
　第二节　煤矿班组现场安全管理要素 ······ 197
　第三节　采煤班组现场安全管理 ······ 198
　第四节　掘进班组现场安全管理 ······ 200
　第五节　机电运输现场安全管理 ······ 202
　第六节　"一通三防"现场安全管理 ······ 210
　第七节　爆破作业现场安全管理 ······ 213
　第八节　地测防治水现场安全管理 ······ 215

第十二章　煤矿企业劳动组织管理 ······ 217
　第一节　煤矿班组劳动组织管理内容 ······ 217
　第二节　煤矿劳动定员管理 ······ 218

第三篇　煤矿班组长与班组建设

第十三章　煤矿班组长 ······ 221
　第一节　煤矿班组长的地位和作用 ······ 221
　第二节　煤矿班组长的工作职责 ······ 222
　第三节　煤矿班组长的权利和义务 ······ 224
　第四节　新时代煤矿班组长从业基本素质 ······ 225
　第五节　煤矿班组长的选聘、考核、激励和撤免 ······ 226

第十四章　煤矿班组建设 ······ 229
　第一节　煤矿班组建设的重要性 ······ 229
　第二节　煤矿班组建设的方向 ······ 229
　第三节　班组文化建设 ······ 232

参考文献 ······ 234

第一篇　煤矿安全基本知识

第一章　煤矿安全生产方针与法律法规

第一节　煤矿安全生产形势、特点与方针

一、煤矿安全生产形势

近年来,我国煤矿安全生产形势持续稳定向好。随着落后产能淘汰退出,截至2023年底,全国煤矿数量减少到4100余处,年产120万t以上的大型煤矿产量占85%左右,实现"一井一面"或"一井两面"生产煤矿达1904处,已建成智能采掘工作面1400余个,有智能化工作面的煤矿达730余处。2022年,煤矿事故168起、死亡245人,煤矿瓦斯事故起数、死亡人数均同比下降44%,未发生冲击地压和火灾死亡事故。尽管近年来煤矿安全生产工作取得明显成效,但形势依然复杂严峻,重大事故尚未杜绝,较大事故时有发生,一般事故还经常发生,还存在一些突出问题。

（1）安全培训不到位。受煤价波动等多种因素影响,安全培训工作弱化,培训质量不高,精准培训有差距。煤矿安全培训走形式、走过场,假培训、假办班、乱办班,假考核、乱发证、办假证等时有发生。

（2）违法违规行为屡禁不止、屡罚不改。煤矿超层越界开采、超能力超强度生产、违规开采安全煤柱、违规转包分包、不经批准擅自复工复产等违法违规行为严重。

（3）危险源辨识、风险管控不够深入。一些地区、部门和煤矿企业风险意识不强,把风险管控等同于一般性安全检查,在办公室、在电脑里搞风险辨识与管控,没有落实到煤矿井下现场,没有真正辨识系统性、深层次的危险源,也没有切实制定风险管控措施。

（4）企业主体责任落实不到位。安全发展理念树得不牢,重生产轻安全,好像是为政府抓安全,缺乏内生动力。一些国有企业多层级管理,责任落实层层递减,制度措施和现场管理"两张皮"。

（5）事故教训吸取不深刻。2020年重庆松藻煤矿"9·27"重大火灾事故后,不到3个月吊水洞煤矿又发生重大事故。湖南省耒阳市2011年、2012年连续发生透水事故后,2020年又发生重大透水事故,3起事故如出一辙。2023年内蒙古发生2起煤矿特别重大事故后,鄂尔多斯市小纳林沟露天煤矿3月4日因存在重大隐患被责令停产整改,3月8—20日竟然

还偷偷出煤7万多吨。

（6）随着开采深度的增加，一些矿井灾害日益严重。截至2021年底，全国有高瓦斯矿井840处、煤与瓦斯突出矿井718处、冲击地压矿井133处。随着开采深度的增加，部分煤矿由低瓦斯矿井向高瓦斯矿井或煤与瓦斯突出矿井演变、无冲击地压危险矿井向弱冲击或强冲击危险矿井演变、水文地质类型由简单向复杂或极复杂演变，大采深矿井地热、岩爆等问题凸显，且多种灾害叠加，煤与非煤、油气等相互伴生，防控难度增大。

（7）采掘接续紧张没有有效解决。一些煤矿采掘接续紧张问题一直没有得到有效解决，甚至有的矿井还在加重，导致灾害治理时间、空间不足。传统上煤矿生产接续按照"两头"保"一面"布置，现在为了灾害治理需要"多头"保"一面"，但一些煤矿在投入上、队伍上、管理上、技术上跟不上，陷入了采掘接续紧张的恶性循环。

（8）外部环境不确定性带来安全风险。受国际能源贸易摩擦、行业特点和极端天气等影响，个别地区、个别时段可能出现煤炭市场异常波动、价格大起大落、企业开开停停，造成生产不均衡，事故风险增加。

"十四五"时期是煤矿安全发展向更高水平迈进的关键时期。煤矿安全生产必须以习近平新时代中国特色社会主义思想为指导，以改革创新为根本动力，以保护矿工生命安全为根本目的，健全矿山安全法治、安全责任、灾害防治、科技支撑、基础保障和社会化服务等六大体系，实施矿山智能化建设、重大灾害治理、风险分级管控和隐患排查治理、从业人员素质提升、监管监察能力建设和信息化建设等重点工程，扎实推进煤矿安全治理体系与治理能力现代化，才能实现煤矿安全的根本好转。

二、煤矿井下作业特点

随着科学技术的创新和快速发展，煤炭工业面貌不断得到改善，以大型煤炭基地、大型煤炭企业和大型现代化煤矿为主的格局基本形成，大量落后不安全的小煤矿被淘汰，煤矿机械化、信息化和智能化程度逐步提高，安全生产条件大为改善。但是煤炭工业是一个特殊行业，生产条件和工作环境相对特殊，工作场所环境变化大，生产安全事故始终影响和制约着煤矿的生产建设。因此，煤矿班组长了解井下作业场所的特点，对于履行自己的岗位职责具有重要意义。

（一）煤矿作业环境特殊

煤矿作业场所多为地下作业，条件相对艰苦，而且我国95%以上的煤矿是井工煤矿，井深平均在400 m以上，作业环境具有明显的特殊性。

（1）狭窄不平，变化大。采煤工作面空间依据煤层厚度而定，中厚煤层作业空间稍大，薄煤层、极薄煤层作业空间非常狭小，给行人和运输造成不便。此外，采掘作业面经常处在交替衔接之中，采掘作业的条件变化较大。

（2）光线不足，噪声大。作业场所没有自然采光，井下作业人员要靠矿灯照明；采、掘、运等设备运转声响大，经常造成噪声超标。

（3）阴凉潮湿，风速大。有的巷道或工作面经常出现淋水或积水，导致井下环境湿度较大。为保障通风质量，必须有较大的风速。

（4）粉尘严重，危害大。在生产过程中，伴有粉尘、有害气体产生；采深大的矿井伴有地热现象，环境温度较高。

（5）井深巷远，强度大。作业场所在地下，井深巷远，加上辅助时间，作业人员在井下时间较长,劳动强度大。

(二) 煤矿生产系统复杂

(1) 煤矿生产工艺复杂。煤矿井下生产具有多工种、多方位、多系统立体交叉连续作业的特点。采煤、掘进、通风、机电、排水、供电、运输等系统中,任何部位或任何环节出现问题,都可能酿成事故,甚至造成重特大事故。

(2) 煤矿生产和建设常常同时进行。要保证矿井持续生产,保持采掘平衡,必须在工作面回采的同时,不断进行巷道开拓准备,保证生产接替,这些生产建设环节的交叉,增加了安全生产、组织管理和技术管理的复杂性。

(三) 煤矿生产设备多

(1) 煤矿机电设备多而复杂。因为煤矿生产环节多,工艺复杂,所以井下生产要用到提升运输设备、通风压风设备、电气设备、排水设备、采掘设备以及保障安全生产的安全监测监控及瓦斯抽采设备。

(2) 煤矿机电设备向机械化、自动化、智能化的方向发展。综采成套设备的生产能力在适宜的煤层条件下,采煤工作面可实现年产超千万吨,出现了"一矿一面、一个采区、一条生产线"的高效集约化生产模式。高度智能化的采煤机实现了远程操控和工作面无人操作,带式输送机运输系统实现了自动化,矿井主要通风机、主提升设备操作实现了智能化。

(四) 煤矿事故诱发因素多样

(1) 由于煤矿生产条件的特殊性,大多数煤矿灾害因素多,致灾机理复杂。矿井瓦斯、矿尘、水、火、冲击地压及有毒有害气体经常威胁着煤矿安全生产,甚至引起重大安全事故。

(2) 安全管理不到位,设备、物料处于不安全状态,违章指挥、违章作业是造成人为事故的重要因素。

三、煤矿安全生产方针

(一) 煤矿安全生产方针的内容

安全生产方针是指国家对安全生产工作的总要求,是安全生产工作的方向。煤矿企业必须遵循"安全第一、预防为主、综合治理"的安全生产方针,把它作为安全生产工作的指导思想和行为准则。

1. 安全第一

安全第一是指强调安全,强调人的生命与健康高于一切,安全优先,以人为本,把安全放在一切工作的首位。煤矿企业要树立红线意识,落实"不安全不生产,隐患不排除不生产,安全措施不落实不生产"的原则,井下从业人员要珍惜自身生命健康,保持随时、随地安全生产的习惯,杜绝侥幸心理,实现自主保安、相互保安。煤矿企业应当在保障安全生产的基础上最大限度地提高经济效益,才能持续健康发展。

2. 预防为主

预防为主是指实现安全生产的主要工作在于预防,把安全生产工作的关口前移,超前防范,通过预防工作及时把各类事故消灭在萌芽之中。一切隐患都是可以消除的,一切事故都是可以预防的。煤矿企业要建立隐患排查、事故预防机制,采取有效的事前控制措施,保证安全生产。井下作业人员要自觉执行作业规程和操作规程,严格遵守劳动纪律,搞好安全生产。

3. 综合治理

综合治理是指综合运用各种手段,包括加强安全生产管理,保证安全生产投入,加强安全生产教育培训,做好业务保安、科技兴安工作,充分发挥各方面的安全监督作用,来保证安全生产。综合治理要求做到全方位、全过程、全员管理;重视科学技术对煤矿安全的重要支撑作用,提高煤矿生产机械化、自动化、信息化水平。综合治理是安全生产工作的重心所在,是保证安全管理目标实现的重要途径。

"安全第一、预防为主、综合治理"的安全生产方针是一个有机统一的整体。安全第一体现了以人为本的发展思想,是预防为主、综合治理的统帅和灵魂,没有安全第一的思想,预防为主就失去了思想支撑,综合治理就失去了整治依据。预防为主是实现安全第一的根本途径。只有把安全生产的重点放在建立风险管控预防体系上,超前防范,及时发现和整改事故隐患,才能有效减少事故损失,实现安全第一。综合治理是落实安全第一、预防为主的手段和方法。只有不断健全和完善综合治理工作机制,才能有效贯彻安全生产方针,真正把安全第一、预防为主落到实处,不断开创安全生产工作的新局面。

(二)贯彻煤矿安全生产方针对班组长的要求

(1)牢固树立"安全第一"的思想,做到不安全不生产、风险不管控不生产。

(2)遵守煤矿安全管理制度,学法、知法、守法,树立依法进行煤矿安全生产作业的意识。

(3)遵纪守规,不违反劳动纪律,不违章作业,不违章指挥。

(4)带领班组成员认真履行全员安全生产责任,按照安全操作规程作业,做到操作标准化。

(5)参加安全生产培训,掌握煤矿安全知识和实际操作技能。

(6)做好劳动保护,做好工伤预防,避免职业伤害。

(7)工作中随时检查自己所处的作业环境,做到自主保安和相互保安。

(8)树立安全理念,实现由"要我安全"向"我要安全"和"我能安全"的转变。

第二节 煤矿安全生产主要法律

我国的煤矿安全生产法律法规体系由煤矿安全生产相关的法律、法规(行政法规和地方性法规)、规章(部门规章和地方性规章)、标准规范构成。

一、《中华人民共和国刑法》(以下简称《刑法》)

2020年12月26日,第十三届全国人大常委会第二十四次会议审议通过了《刑法修正案(十一)》,于2021年3月1日起正式施行。修订后的《刑法》中关于安全生产的犯罪主要有以下几种。

(一)重大责任事故罪

在生产、作业中违反有关安全管理的规定,因而发生重大伤亡事故或者造成其他严重后果的,处三年以下有期徒刑或者拘役;情节特别恶劣的,处三年以上七年以下有期徒刑。

【案例1-1】 2016年7月29日20时许,白×在未认真检查本班现场安全状况、未及时发现刮板输送机机尾稳固支柱存在的问题,且未取得操作证的情况下,开始生产作业。次日8时许,白×在点动刮板输送机时未发出信号,导致违章擅自提前进入工作面,冒险翻越刮板输送机的采煤工张×被刮板输送机拱起的溜槽挤压至顶板受伤,后经抢救无效死亡。

法院审理认为,白×作为煤矿负责安全生产和安全监督检查的队长,未认真履行职责、违反安全生产管理规定,在未取得操作证的情况下违章作业,致使发生一人死亡的事故,其行为已构成重大责任事故罪。根据白×的犯罪情节、悔罪表现,综合被害人家属得到的赔偿情况,法院判决其有期徒刑6个月,缓刑1年。

(二)强令违章冒险作业罪

强令他人违章冒险作业,或者明知存在重大事故隐患而不排除,仍冒险组织作业,因而发生重大伤亡事故或者造成其他严重后果的,处五年以下有期徒刑或者拘役;情节特别恶劣的,处五年以上有期徒刑。

【案例1-2】 2015年1月4日,淮沪煤电有限公司××煤矿开拓二区201队喷浆班班长蒋×带领工人王××、魏××和邹×到××煤矿井下63号钻场喷浆作业。当班作业完成后,蒋×私自决定并强制工人王××、魏××和邹×违章冒险工作,将63号钻场的叉车移动到62号钻场下方。在操作的过程中,未按照规定操作,叉车脱手下滑冲出轨道,致使工人吴××和盛×受伤,吴××经抢救无效死亡。

案例解读

蒋×违反操作规定,强令他人违章冒险作业,发生一人死亡、两人受伤的重大伤亡事故,其行为构成强令、组织他人冒险作业罪,被判处有期徒刑两年。

(三)重大劳动安全事故罪

安全生产设施或者安全生产条件不符合国家规定,因而发生重大伤亡事故或者造成其他严重后果的,对直接负责的主管人员和其他直接责任人员,处三年以下有期徒刑或者拘役;情节特别恶劣的,处三年以上七年以下有期徒刑。

上述三种犯罪中的"发生重大伤亡事故或者造成其他严重后果",是指如下情形之一的:① 造成死亡1人以上,或者重伤3人以上的;② 造成直接经济损失100万元以上的;③ 其他造成严重后果或者重大安全事故的情形。

上述三种犯罪中的"情节特别恶劣",是指具有下列情形之一:

(1)造成死亡3人以上或者重伤10人以上,负事故主要责任的。

(2)造成直接经济损失500万元以上,负事故主要责任的。

(3)其他造成特别严重后果、情节特别恶劣或者后果特别严重的情形。

【案例1-3】 2016年10月13日,黔西南州贞丰县荣胜煤矿发生一起较大瓦斯爆炸事故,造成7人死亡、7人受伤,直接经济损失约815万元。李佩×身为荣胜煤矿法定代表人、主要投资人,对该矿疏于管理,致使矿难事故发生;实际负责人李显×、总工程师马××、安全副矿长丛××、生产副矿长宋××和机电副矿长于××在明知该矿安全生产条件不符合国家规定的情况下,仍然组织安排工人下井生产采煤。12时30分许,该矿1203采煤工作面因瓦斯积聚,工人爆破作业引发瓦斯爆炸事故。2018年5月22日,黔西南州中级人民法院终审裁定:李显×、李佩×、马××、丛××、宋××和于××犯重大劳动安全事故罪,分别被判处有期徒刑4年、3年6个月、3年、3年、2年6个月和2年4个月(缓刑3年)。

案例解读

(四)危险作业罪

在生产、作业中违反有关安全管理的规定,有下列情形之一,具有发生重大伤亡事故或

者其他严重后果的现实危险的,处一年以下有期徒刑、拘役或者管制:

(1) 关闭、破坏直接关系生产安全的监控、报警、防护、救生设备、设施,或者篡改、隐瞒、销毁其相关数据、信息的。

(2) 因存在重大事故隐患被依法责令停产停业、停止施工、停止使用有关设备、设施、场所或者立即采取排除危险的整改措施,而拒不执行的。

(3) 涉及安全生产的事项未经依法批准或者许可,擅自从事矿山开采、金属冶炼、建筑施工,以及危险物品生产、经营、储存等高度危险的生产作业活动的。

【案例1-4】 2021年3月7日,刘×在金沙县龙宫煤矿二号井检测瓦斯过程中,用牌板遮挡摄像头,用黑色电胶布封闭T_2甲烷传感器的进气口,防止瓦斯超限报警。3月8日,廖××为避免T_2甲烷传感器超限报警,用黑色电胶布封闭T_2甲烷传感器进气口,过了一段时间又将其撕掉。3月8日,金沙县能源局执法人员在对龙宫煤矿二号井21404综采工作面回风巷T_5甲烷传感器超限报警情况核实检查中发现:3月8日11时45分21404综采工作面回风巷T_5甲烷传感器超限报警,最大浓度3.42%,超限时长16 min,在此期间T_2甲烷传感器监测数据最大浓度为0.48%,属人为故意对T_2甲烷传感器监控数据进行屏蔽,造成瓦斯超限后甲烷传感器监测数据失真。5月18日,廖××、刘×主动到公安机关自首,并如实供述自己用电胶布封闭T_2甲烷传感器进气孔的事实。2021年9月22日,金沙县人民法院判廖××和刘×犯危险作业罪,判处拘役3个月,缓刑6个月。

(五) 工程重大安全事故罪

建设单位、设计单位、施工单位、工程监理单位违反国家规定,降低工程质量标准,造成重大安全事故的,对直接责任人员,处五年以下有期徒刑或者拘役,并处罚金;后果特别严重的,处五年以上十年以下有期徒刑,并处罚金。

(六) 不报、谎报安全事故罪

在安全事故发生后,负有报告职责的人员不报或者谎报事故情况,贻误事故抢救,情节严重的,处三年以下有期徒刑或者拘役;情节特别严重的,处三年以上七年以下有期徒刑。

【案例1-5】 2019年7月29日,贵州省修文县龙窝煤矿发生一起较大煤与瓦斯突出事故,造成4人死亡、2人轻伤,直接经济损失731.72万元。龙窝煤矿在东下山违规布置施工隐蔽作业区域,在不具备安全生产条件的情况下,越界违法开采。事故发生后,该矿实际控制人郑××和矿长杨××组织瞒报事故,逃避修文县人民政府的核查。最终因遇难者家属报警,事情败露。2021年1月27日,贵阳市中级人民法院终审裁定:郑××和杨××犯不报、谎报安全事故罪,分别判处有期徒刑1年和6个月;综合其所犯的重大责任事故罪和非法采矿罪,最终执行有期徒刑7年和5年。

此外,《刑法》规定的与煤矿生产有关的犯罪还有非法采矿罪,破坏性采矿罪,以危害方法危害公共安全罪和非法制造、买卖、运输、邮寄、储存爆炸物罪。

二、**《中华人民共和国安全生产法》(以下简称《安全生产法》)**

修订后的《安全生产法》自2021年9月1日起施行。制定《安全生产法》的目的是加强安全生产工作,防止和减少生产安全事故,保障人民群众生命财产安全,促进经济社会持续健康发展。

该法包括生产经营单位的安全生产保障、从业人员的安全生产权利义务、安全生产的监督管理、生产安全事故的应急救援与调查处理、法律责任等内容。此次修改决定共42条,约占原条款的1/3,修改力度大、涉及条文多,较大幅度地对《安全生产法》进行完善。对于《安全生产法》,煤矿班组长和从业人员应当重点掌握如下内容:

(一) 煤矿班组长应当掌握的重点内容

(1) 安全生产工作坚持中国共产党的领导。

(2) 安全生产工作应当以人为本,坚持人民至上、生命至上,把保护人民生命安全摆在首位,树牢安全发展理念,坚持安全第一、预防为主、综合治理的方针,从源头上防范化解重大安全风险。

视频解读

(3) 安全生产工作实行管行业必须管安全、管业务必须管安全、管生产经营必须管安全,强化和落实生产经营单位主体责任与政府监管责任,建立生产经营单位负责、职工参与、政府监管、行业自律和社会监督的机制。

(4) 生产经营单位应当教育和督促从业人员严格执行本单位的安全生产规章制度和安全操作规程,并向从业人员如实告知作业场所和工作岗位存在的危险因素、防范措施以及事故应急措施。

(5) 生产经营单位应当关注从业人员的身体、心理状况和行为习惯,加强对从业人员的心理疏导、精神慰藉,严格落实岗位安全生产责任,防范从业人员行为异常导致事故发生。

(6) 生产经营单位必须为从业人员提供符合国家标准或者行业标准的劳动防护用品,并监督、教育从业人员按照使用规则佩戴、使用。

(7) 生产经营单位必须依法参加工伤保险,为从业人员缴纳保险费。国家鼓励生产经营单位投保安全生产责任保险;属于国家规定的高危行业、领域的生产经营单位,应当投保安全生产责任保险。

(8) 任何单位或者个人对事故隐患或者安全生产违法行为,均有权向负有安全生产监督管理职责的部门报告或者举报。

(9) 生产经营单位发生生产安全事故后,事故现场有关人员应当立即报告本单位负责人。

(10) 任何单位和个人都应当支持、配合事故抢救,并提供一切便利条件。

(二) 从业人员的安全生产权利义务

(1) 生产经营单位与从业人员订立的劳动合同,应当载明有关保障从业人员劳动安全、防止职业危害的事项,以及依法为从业人员办理工伤保险的事项。生产经营单位不得以任何形式与从业人员订立协议,免除或者减轻其对从业人员因生产安全事故伤亡依法应承担的责任。

(2) 生产经营单位的从业人员有权了解其作业场所和工作岗位存在的危险因素、防范措施及事故应急措施,有权对本单位的安全生产工作提出建议。

(3) 从业人员有权对本单位安全生产工作中存在的问题提出批评、检举、控告;有权拒绝违章指挥和强令冒险作业。

生产经营单位不得因从业人员对本单位安全生产工作提出批评、检举、控告或者拒绝违章指挥、强令冒险作业而降低其工资、福利等待遇或者解除与其订立的劳动合同。

(4) 从业人员发现直接危及人身安全的紧急情况时,有权停止作业或者在采取可能的应急措施后撤离作业场所。

生产经营单位不得因从业人员在紧急情况下停止作业或者采取紧急撤离措施而降低其

工资、福利等待遇或者解除与其订立的劳动合同。

（5）生产经营单位发生生产安全事故后，应当及时采取措施救治有关人员。

因生产安全事故受到损害的从业人员，除依法享有工伤保险外，依照有关民事法律尚有获得赔偿的权利的，有权提出赔偿要求。

（6）从业人员在作业过程中，应当严格落实岗位安全责任，遵守本单位的安全生产规章制度和操作规程，服从管理，正确佩戴和使用劳动防护用品。

（7）从业人员应当接受安全生产教育和培训，掌握本职工作所需的安全生产知识，提高安全生产技能，增强事故预防和应急处理能力。

（8）从业人员发现事故隐患或者其他不安全因素，应当立即向现场安全生产管理人员或者本单位负责人报告；接到报告的人员应当及时予以处理。

三、《中华人民共和国劳动法》（以下简称《劳动法》）

修订后的《劳动法》自 2018 年 12 月 29 日起施行。制定《劳动法》的目的是保护劳动者的合法权益、调整劳动关系、建立和维护适应社会主义市场经济的劳动制度、促进经济发展和社会进步。对于《劳动法》，煤矿班组长应重点掌握如下内容：

（1）劳动者享有平等就业和选择职业的权利、取得劳动报酬的权利、休息休假的权利、获得劳动安全卫生保护的权利、接受职业技能培训的权利、享受社会保险和福利的权利、提请劳动争议处理的权利以及法律规定的其他劳动权利。劳动者应当完成劳动任务，提高职业技能，执行劳动安全卫生规程，遵守劳动纪律和职业道德。

（2）用人单位濒临破产进行法定整顿期间或者生产经营状况发生严重困难，确需裁减人员的，应当提前 30 日向工会或者全体职工说明情况，听取工会或者职工的意见，经向劳动行政部门报告后，可以裁减人员。用人单位依据《劳动法》规定裁减人员，在 6 个月内录用人员的，应当优先录用被裁减的人员。

（3）用人单位依据《劳动法》的规定解除劳动合同的，应当依照国家有关规定给予经济补偿。

（4）劳动者有下列情形之一的，用人单位不得依据《劳动法》的规定解除劳动合同：

① 患职业病或者因工负伤并被确认丧失或者部分丧失劳动能力的。

② 患病或者负伤，在规定的医疗期内的。

③ 女职工在孕期、产期、哺乳期内的。

④ 法律、行政法规规定的其他情形。

（5）劳动者解除劳动合同，应当提前 30 日以书面形式通知用人单位。

（6）有下列情形之一的，劳动者可以随时通知用人单位解除劳动合同：

① 在试用期内的。

② 用人单位以暴力、威胁或者非法限制人身自由的手段强迫劳动的。

③ 用人单位未按照劳动合同约定支付劳动报酬或者提供劳动条件的。

（7）国家实行劳动者每日工作时间不超过 8 h，平均每周工作时间不超过 44 h 的工时制度。用人单位应当保证劳动者每周至少休息 1 日。煤矿企业因生产特点不能实行上述规定的，经劳动行政部门批准，可以实行其他工作和休息办法。劳动者连续工作一年以上的，享受带薪年休假。用人单位在元旦、春节、国际劳动节、国庆节及法律法规规定的其他休假节日期间应当依法安排劳动者休假。

(8) 工资分配应当遵循按劳分配原则,实行同工同酬。用人单位根据本单位的生产经营特点和经济效益,依法自主确定本单位的工资分配方式和工资水平。国家实行最低工资保障制度。用人单位支付劳动者的工资不得低于当地最低工资标准。劳动者在法定休假日和婚丧假期间以及依法参加社会活动期间,用人单位应当依法支付工资。用人单位与劳动者发生劳动争议,当事人可以依法申请调解、仲裁、提起诉讼,也可以协商解决。

四、《中华人民共和国劳动合同法》(以下简称《劳动合同法》)

修订后的《劳动合同法》自2013年7月1日起施行。制定《劳动合同法》的目的是完善劳动合同制度,明确劳动合同双方当事人的权利和义务,保护劳动者的合法权益,构建和发展和谐稳定的劳动关系。对于《劳动合同法》,煤矿班组长应当重点掌握如下内容:

(1) 订立劳动合同,应当遵循合法、公平、平等自愿、协商一致、诚实信用的原则。

(2) 用人单位应当按照劳动合同约定和国家规定,向劳动者及时足额支付劳动报酬。用人单位拖欠或者未足额支付劳动报酬的,劳动者可以依法向当地人民法院申请支付令,人民法院应当依法发出支付令。

(3) 劳动者拒绝用人单位管理人员违章指挥、强令冒险作业的,不视为违反劳动合同。

(4) 劳动者对危害生命安全和身体健康的劳动条件,有权对用人单位提出批评、检举和控告。

(5) 劳动者提前30日以书面形式通知用人单位,可以解除劳动合同。劳动者在试用期内提前3日通知用人单位,可以解除劳动合同。

(6) 用人单位有下列情形之一的,劳动者可以解除劳动合同:

① 未按照劳动合同约定提供劳动保护或者劳动条件的。

② 未及时足额支付劳动报酬的。

③ 未依法为劳动者缴纳社会保险费的。

④ 用人单位的规章制度违反法律、法规的规定,损害劳动者权益的。

⑤ 因《劳动合同法》第二十六条第一款规定的情形致使劳动合同无效的。

⑥ 法律、行政法规规定劳动者可以解除劳动合同的其他情形。

用人单位以暴力、威胁或者非法限制人身自由的手段强迫劳动者劳动的,或者用人单位违章指挥、强令冒险作业危及劳动者人身安全的,劳动者可以立即解除劳动合同,不需事先告知用人单位。

(7) 劳动者有下列情形之一的,用人单位可以解除劳动合同:

① 在试用期间被证明不符合录用条件的。

② 严重违反用人单位的规章制度的。

③ 严重失职,营私舞弊,给用人单位造成重大损害的。

④ 劳动者同时与其他用人单位建立劳动关系,对完成本单位的工作任务造成严重影响,或者经用人单位提出,拒不改正的。

⑤ 因《劳动合同法》第二十六条第一款第一项规定的情形致使劳动合同无效的。

⑥ 被依法追究刑事责任的。

(8) 有下列情形之一的,用人单位提前30日以书面形式通知劳动者本人或者额外支付劳动者一个月工资后,可以解除劳动合同:

① 劳动者患病或者非因工负伤,在规定的医疗期满后不能从事原工作,也不能从事由

用人单位另行安排的工作的。

② 劳动者不能胜任工作，经过培训或者调整工作岗位，仍不能胜任工作的。

③ 劳动合同订立时所依据的客观情况发生重大变化，致使劳动合同无法履行，经用人单位与劳动者协商，未能就变更劳动合同内容达成协议的。

五、《中华人民共和国职业病防治法》（以下简称《职业病防治法》）

2001年10月27日第九届全国人民代表大会常务委员会第二十四次会议通过《职业病防治法》后，该法分别于2011年、2016年、2017年和2018年经历了四次修订。制定《职业病防治法》的目的是：预防、控制和消除职业病危害，防治职业病，保护劳动者健康及其相关权益，促进经济社会发展。对于《职业病防治法》，煤矿班组长应重点掌握如下内容：

(1) 产生职业病危害的用人单位的设立除应当符合法律、行政法规规定的设立条件外，其工作场所还应当符合下列职业卫生要求：

① 职业病危害因素的强度或者浓度符合国家职业卫生标准。

② 有与职业病危害防护相适应的设施。

③ 生产布局合理，符合有害与无害作业分开的原则。

④ 有配套的更衣间、洗浴间、孕妇休息间等卫生设施。

⑤ 设备、工具、用具等设施符合保护劳动者生理、心理健康的要求。

⑥ 法律、行政法规和国务院卫生行政部门关于保护劳动者健康的其他要求。

(2) 用人单位必须采用有效的职业病防护设施，并为劳动者提供个人使用的职业病防护用品。用人单位为劳动者个人提供的职业病防护用品必须符合防治职业病的要求；不符合要求的，不得使用。

(3) 产生职业病危害的用人单位，应当在醒目位置设置公告栏，公布有关职业病防治的规章制度、操作规程、职业病危害事故应急救援措施和工作场所职业病危害因素检测结果。

对产生严重职业病危害的作业岗位，应当在其醒目位置，设置警示标识和中文警示说明。警示说明应当载明产生职业病危害的种类、后果、预防以及应急救治措施等内容。

(4) 任何单位和个人不得将产生职业病危害的作业转移给不具备职业病防护条件的单位和个人。不具备职业病防护条件的单位和个人不得接受产生职业病危害的作业。

(5) 用人单位与劳动者订立劳动合同（含聘用合同，下同）时，应当将工作过程中可能产生的职业病危害及其后果、职业病防护措施和待遇等如实告知劳动者，并在劳动合同中写明，不得隐瞒或者欺骗。

劳动者在已订立劳动合同期间因工作岗位或者工作内容变更，从事与所订立劳动合同中未告知的存在职业病危害的作业时，用人单位应当依照规定，向劳动者履行如实告知的义务，并协商变更原劳动合同相关条款。

用人单位违反规定的，劳动者有权拒绝从事存在职业病危害的作业，用人单位不得因此解除与劳动者所订立的劳动合同。

(6) 用人单位应当对劳动者进行上岗前的职业卫生培训和在岗期间的定期职业卫生培训，普及职业卫生知识，督促劳动者遵守职业病防治法律、法规、规章和操作规程，指导劳动者正确使用职业病防护设备和个人使用的职业病防护用品。

劳动者应当学习和掌握相关的职业卫生知识，增强职业病防范意识，遵守职业病防治法律、法规、规章和操作规程,正确使用、维护职业病防护设备和个人使用的职业病防护用品,发现职业病危害事故隐患应当及时报告。

劳动者不履行规定义务的,用人单位应当对其进行教育。

(7) 对从事接触职业病危害的作业的劳动者,用人单位应当按照国务院卫生行政部门的规定组织上岗前、在岗期间和离岗时的职业健康检查,并将检查结果书面告知劳动者。职业健康检查费用由用人单位承担。

用人单位不得安排未经上岗前职业健康检查的劳动者从事接触职业病危害的作业;不得安排有职业禁忌的劳动者从事其所禁忌的作业;对在职业健康检查中发现有与所从事的职业相关的健康损害的劳动者,应当调离原工作岗位,并妥善安置;对未进行离岗前职业健康检查的劳动者不得解除或者终止与其订立的劳动合同。

(8) 劳动者离开用人单位时,有权索取本人职业健康监护档案复印件,用人单位应当如实、无偿提供,并在所提供的复印件上签章。

(9) 对遭受或者可能遭受急性职业病危害的劳动者,用人单位应当及时组织救治、进行健康检查和医学观察,所需费用由用人单位承担。

六、《中华人民共和国矿山安全法》(以下简称《矿山安全法》)

《矿山安全法》自1993年5月1日起施行。其立法的目的是:保障矿山安全生产,防止矿山事故,保护矿山职工的人身安全,促进采矿业的发展。

《矿山安全法》是调整劳动关系中关于保护劳动者在采矿生产过程中安全与健康的关系,有关国家机关和社会团体监督、检查矿山安全法规贯彻、执行情况所发生的关系准则。若矿山企业、事业单位及其行政主管部门(或法人代表)不履行《矿山安全法》的规定,该法的执行部门可以直接或请求有关机关依法强制其履行。因此,它是现阶段我国矿山企业在安全生产中必须遵循的法律。

第三节　煤矿安全生产主要行政法规

一、《煤矿安全生产条例》

2024年1月24日,国务院总理李强签署第774号国务院令,公布了《煤矿安全生产条例》,自2024年5月1日起施行。制定《煤矿安全生产条例》,旨在加强煤矿安全生产工作,防止和减少煤矿生产安全事故,保障人民群众生命财产安全。《煤矿安全生产条例》共6章76条,主要规定了以下内容。

专家解读

(1) 坚持党的领导,确立工作原则。明确煤矿安全生产工作坚持中国共产党的领导,坚持人民至上、生命至上,坚持安全第一、预防为主、综合治理的方针。

(2) 强化源头治理,严查风险隐患。要求煤矿企业对风险隐患进行自查自改并按规定报告。监管部门要建立健全督办制度,督促煤矿企业消除重大事故隐患。对"带病生产"的煤矿企业,依法采取责令停产整顿直至关闭的处罚措施。

(3) 夯实煤矿企业主体责任。严格准入条件,明确煤矿企业取得安全生产许可证后方可进行生产。落实煤矿企业全员安全生产责任制。要求煤矿企业进行煤矿灾害鉴定并按照灾害程度和类型实施灾害治理。

（4）严格落实监管监察责任。规定煤矿安全生产实行地方党政领导干部安全生产责任制。明确监管部门和监管职责，要求县级以上地方人民政府负有煤矿安全生产监督管理职责的部门，依法对煤矿企业特别是一线生产作业场所进行监督检查。矿山安全监察机构履行煤矿安全监察职责，负责对地方政府煤矿安全生产监管工作进行监督检查，有权进入煤矿现场并采取相应处置措施。

（5）加大惩处力度。对煤矿安全生产违法行为，规定了罚款、行业和职业禁入、责令停产整顿、予以关闭等法律责任。

二、《中共中央办公厅 国务院办公厅关于进一步加强矿山安全生产工作的意见》

2023年9月6日，中共中央办公厅、国务院办公厅印发了《中共中央办公厅 国务院办公厅关于进一步加强矿山安全生产工作的意见》。这是新中国成立以来第一个经党中央、国务院同意印发的矿山安全生产领域的纲领性文件。它的出台实施，充分体现了以习近平同志为核心的党中央对矿山安全生产工作的高度重视。它以习近平新时代中国特色社会主义思想为指导，深入贯彻党的二十大精神，坚持统筹发展和安全，坚持人民至上、生命至上，既注重守正和创新相结合，认真总结近年来的成熟经验和好的做法，又注重问题导向和目标导向相统一，着力从根本上消除事故隐患、从根本上解决问题，提出了一系列加强矿山安全生产工作的重大任务和措施，为做好当前和今后一个时期矿山安全生产工作指明了方向和路径，对推动矿山行业安全发展、高质量发展具有里程碑意义。煤矿企业应当把贯彻落实《中共中央办公厅 国务院办公厅关于进一步加强矿山安全生产工作的意见》作为一项重大政治任务，动真碰硬、真抓实干，攻坚克难、善作善成，确保各项任务措施落地生根。对于《中共中央办公厅 国务院办公厅关于进一步加强矿山安全生产工作的意见》，煤矿班组长应重点掌握如下规定：

（1）1个采矿权范围内原则上只能设置1个生产系统。审批首次申请安全生产许可证的，应进行现场核查。

（2）使用应当淘汰的危及生产安全的工艺、设备且拒不整改仍然生产建设的，或者经停产整顿仍不具备安全生产条件的矿山，应依法予以关闭取缔。

（3）地下矿山应当建立人员定位、安全监测监控、通信联络、压风自救和供水施救等系统。

（4）矿山企业应当健全以安全风险分级管控和隐患排查治理双重预防机制为核心的安全生产标准化管理体系。严格开展风险辨识评估并实施分级管控，定期开展全员全覆盖隐患排查治理，建立风险隐患台账清单，实行闭环管理。对排查整改不到位导致重大隐患依然存在或发生事故的，依法追究企业及相关责任人责任。

（5）强化重大灾害治理。矿山企业应当查明隐蔽致灾因素，实施煤与瓦斯突出、冲击地压、水害等重大灾害分区管理、超前治理。

（6）停工停产整改的矿山应当制定整改方案，限定单班下井人数，同一作业地点控制在10人以内，并向矿山安全监管监察部门报告后方可进行整改作业。

（7）煤矿应当配备相关专业中专以上学历或者中级以上专业技术职称的专职技术人员。灾害严重矿山应当按要求配备灾害治理专职领导人员、专门机构、专业人员。

（8）矿山企业应当建立健全并落实全员安全生产岗位责任制和安全生产管理制度。按照要求绘制、更新相关图纸，并报送矿山安全监管监察部门。未经安全培训合格的从业人员不得上岗作业，矿长、总工程师和分管安全、生产、机电等工作的副矿长每年应当接受专门的安全教育培训。首次取证的地下矿山特种作业人员应当具有高中以上文化程度。严格井下劳动定员管理,不得超定员安排人员下井作业,提高井下艰苦岗位津贴。取消井下劳务派遣用工,矿山企业或承包单位对欠薪应依法承担清偿责任。

灾害事前预防转型　　　事故监测预警　　　重大隐患排查治理　　　矿山智能化

注:2023年9月18日,国务院新闻办公室新闻发布会上,国家矿山安全监察局对《中共中央办公厅 国务院办公厅关于进一步加强矿山安全生产工作的意见》中涉及的灾害事前预防转型、事故监测预警和重大隐患排查治理三个问题的进行了解答(扫描以上二维码即可观看相关的解答视频)。

三、《关于防范遏制矿山领域重特大生产安全事故的硬措施》

2024年1月16日,国务院安全生产委员会印发了《关于防范遏制矿山领域重特大生产安全事故的硬措施》(安委〔2024〕1号,以下简称《硬措施》),针对当前矿山安全生产领域存在的突出问题,提出8个方面的硬措施。《硬措施》的出台实施,是贯彻落实习近平总书记关于安全生产重要指示批示精神的必然要求,是贯彻落实党中央、国务院重大决策部署的具体举措,是遏制当前矿山领域重特大生产安全事故多发频发势头的非常之举,为做好当前和今后一个时期矿山安全生产工作指明了方向路径、抓住了关键要害,对推动矿山领域高质量发展和高水平安全良性互动具有重大现实意义。各级矿山安全监管监察部门和各矿山企业要深刻认识《硬措施》出台的重大意义,自觉把思想和行动统一到习近平总书记重要指示批示精神和党中央、国务院重大决策部署上来,切实增强抓好贯彻落实的政治自觉、思想自觉和行动自觉,把贯彻落实《硬措施》作为一项重大政治任务和具体行动,发扬斗争精神,不折不扣、雷厉风行、求真务实、敢作善为抓落实,确保各项任务措施落地见效。

各级矿山安全监管监察部门和各矿山企业要结合实际,制定宣传贯彻《硬措施》的具体方案,明确职责,周密组织,持续深入开展宣传贯彻活动。要把《硬措施》宣贯和《关于进一步加强矿山安全生产工作的意见》宣贯有机结合,凝聚工作合力。国家矿山安全监察局将组织编写《硬措施》解读要点,各级矿山安全监管监察部门和各矿山企业要在解读要点基础上,结合实际增加本地区、本企业典型案例,增强宣贯效果。

《硬措施》对大力提升从业人员素质提出了明确要求:

(1)矿山企业必须严格实施安全生产教育和培训计划,大力提升从业人员安全意识和安全素养,配备安全生产管理机构和人员("五职"矿长必须有主体专业大专以上学历且有10年以上矿山一线从业经历,"五科"专业技术人员必须为主体专业毕业且有5年以上矿山一线从业经历);"五职"矿长和主要负责人每年必须接受矿山安全监察机构会同监管部门组织的专门安全教育培训,新上岗的从业人员岗前安全培训时间不得少于72学时并经培训考核合格后方可上岗,取消井下劳务派遣用工。

(2)从业人员必须熟知各类灾害避灾路线、地面建筑场所的安全疏散通道和自救逃生方法;不熟悉避灾逃生路线,或者不能熟练使用自救器等紧急自救装备的,不得安排上岗作业。严厉整治封闭占堵消防通道、逃生通道行为,确保生命通道畅通。

(3) 严格矿山安全培训机构执业能力监督检查,坚决整治假培训、假考试、假证书等乱象。加强矿山安全培训管理,细化完善各类矿山从业人员安全生产教育培训的频次、内容、范围、时间、考核等规定要求,严格执行教考分离。对矿山安全管理机构和人员配备不满足规定要求,或者特种作业人员无证上岗的,依法限期整改直至停产整顿,并严肃追究主要负责人责任。

《硬措施》对强化重大灾害治理提出了明确要求:

矿山企业必须按规定采用钻探、物探、化探等方法相互验证,查清隐蔽致灾因素并采取有效措施后方可进行采掘作业。对灾害矿井该鉴定不鉴定、该戴帽不戴帽、不按灾害等级设防或者鉴定弄虚作假的,责令立即停止生产、排除隐患。对发生瓦斯亡人事故、瓦斯涉险事故以及瓦斯高值超限的煤矿,必须停止作业、严肃追究责任,并由地方煤矿安全监管部门对企业瓦斯防治的机构、人员、装备、制度等方面进行全方位评估,经评估不具备防治能力的,不得恢复生产。对探放水造假、禁采区采掘作业、极端天气不撤人的,必须按重大事故隐患严格处罚。对露天矿山边坡角、台阶高度、平盘宽度等不符合设计要求的,或者边坡监测系统达不到相关规定要求的,责令立即制定安全措施、限期整改直至停产整顿。

四、《工伤保险条例》

修订后的《工伤保险条例》自 2011 年 1 月 1 日起施行。制定《工伤保险条例》的目的是保障因工作遭受事故伤害或者患职业病的职工获得医疗救治和经济补偿,促进工伤预防和职业康复,分散用人单位的工伤风险。该条例主要规定了工伤保险基金、工伤认定、劳动能力鉴定、工伤保险待遇、监督管理、法律责任等方面的内容。

工伤保险,是指劳动者在工作中或在规定的特殊情况下,遭受意外伤害或患职业病导致暂时或永久丧失劳动能力以及死亡时,劳动者或其遗属从国家和社会获得物质帮助的一种社会保险制度。

(一) 工伤认定

(1) 工伤保险认定的范围。职工有下列情形之一的,应当认定为工伤:① 在工作时间和工作场所内,因工作原因受到事故伤害的;② 工作时间前后在工作场所内,从事与工作有关的预备性或者收尾性工作受到事故伤害的;③ 在工作时间和工作场所内,因履行工作职责受到暴力等意外伤害的;④ 患职业病的;⑤ 因工外出期间,由于工作原因受到伤害或者发生事故下落不明的;⑥ 在上下班途中,受到非本人主要责任的交通事故或者城市轨道交通、客运轮渡、火车事故伤害的;⑦ 法律、行政法规规定应当认定为工伤的其他情形。

职工有下列情形之一的,视同工伤:① 在工作时间和工作岗位,突发疾病死亡或者在 48 h 之内经抢救无效死亡的;② 在抢险救灾等维护国家利益、公共利益活动中受到伤害的;③ 职工原在军队服役,因战、因公负伤致残,已取得革命伤残军人证,到用人单位后旧伤复发的。

(2) 有下列情形之一的,不能认定为工伤或者视同工伤:① 故意犯罪的;② 醉酒或者吸毒的;③ 自残或者自杀的。

(3) 工伤认定所需材料:① 工伤认定申请表;② 与用人单位存在劳动关系(包括事实劳动关系)的证明材料;③ 医疗诊断证明或者职业病诊断证明书(或者职业病诊断鉴定书)。

(二)工伤保险待遇

职工因工作遭受事故伤害或者患职业病进行治疗,享受工伤医疗待遇。

职工治疗工伤应当在签订服务协议的医疗机构就医,情况紧急时可以先到就近的医疗机构急救。

治疗工伤所需费用符合工伤保险诊疗项目目录、工伤保险药品目录、工伤保险住院服务标准的,从工伤保险基金支付。

职工住院治疗工伤的伙食补助费,以及经医疗机构出具证明,报经办机构同意,工伤职工到统筹地区以外就医所需的交通、食宿费用从工伤保险基金支付,基金支付的具体标准由统筹地区人民政府规定。

工伤职工到签订服务协议的医疗机构进行工伤康复的费用,符合规定的,从工伤保险基金支付。

工伤职工因日常生活或者就业需要,经劳动能力鉴定委员会确认,可以安装假肢、矫形器、假眼、假牙和配置轮椅等辅助器具,所需费用按照国家规定的标准从工伤保险基金支付。

职工因工作遭受事故伤害或者患职业病需要暂停工作接受工伤医疗的,在停工留薪期内,原工资福利待遇不变,由所在单位按月支付。

停工留薪期一般不超过12个月。伤情严重或者情况特殊的,经设区的市级劳动能力鉴定委员会确认,可以适当延长,但延长不得超过12个月。工伤职工评定伤残等级后,停发原待遇,按照《工伤保险条例》的有关规定享受伤残待遇。工伤职工在停工留薪期满后仍需治疗的,继续享受工伤医疗待遇。

生活不能自理的工伤职工在停工留薪期需要护理的,由所在单位负责。

工伤职工已经评定伤残等级并经劳动能力鉴定委员会确认需要生活护理的,从工伤保险基金按月支付生活护理费。

生活护理费按照生活完全不能自理、生活大部分不能自理或者生活部分不能自理三个不同等级支付,其标准分别为统筹地区上年度职工月平均工资的50%、40%或者30%。

五、《生产安全事故应急条例》

2019年2月17日国务院公布了《生产安全事故应急条例》,自2019年4月1日起施行。《生产安全事故应急条例》是第一部专门针对生产安全事故应急工作的行政法规。它作为实施《安全生产法》《突发事件应对法》的重要支撑,其颁布实施必将全面提高我国生产安全事故应急工作的法治水平和应急能力。针对生产经营单位的事故应急工作,它明确了三项制度、一个机制和四个方面应急管理保障要求:应急预案制度、定期应急演练制度和应急值班制度,第一时间应急响应机制,人员、物资、科技和信息化四个方面应急管理保障要求。

第四节 煤矿安全生产主要部门规章

一、《煤矿安全规程》

修订后的《煤矿安全规程》自2022年4月1日起施行,制定《煤矿安全规程》的目的是保障煤矿安全生产和从业人员人身安全与健康,防止煤矿事故与职业危害。

《煤矿安全规程》是安全生产法律法规体系的重要组成部分,在煤炭行业具有极高的权威性,在煤矿安全生产领域居于主体规章地位,是安全生产监管监察执法的重要依据,是规范煤矿安全生产行为的重要准绳。

(一)《煤矿安全规程》的特点

(1) 强制性。《煤矿安全规程》是必须严格遵守和执行的,是煤矿安全法律法规体系的组成部分,所有煤矿企事业单位和职工的生产行为都不能与之相背离;否则,视情节或后果严重程度给予行政处分经济处罚,或追究其刑事责任。

(2) 规范性。《煤矿安全规程》对一些内容做了具体的、明确的规定,规定了煤矿生产建设中哪些行为是被允许的,哪些行为是被禁止的,哪些行为是必须的,哪些行为是采取什么措施后才允许的,具有很强的规范性。

(3) 科学性。《煤矿安全规程》是长期煤炭生产经验和科学研究成果的总结,是广大煤矿职工集体智慧的结晶,也是煤矿职工用生命和汗水换来的教训。

(4) 稳定性。《煤矿安全规程》在一段时期内是相对稳定的,不得随意修改。执行一定时间后,根据各种因素的变化,再由有关安全生产监督管理部门负责组织修订。

(二)煤矿班组长必须熟知的内容

(1) 严格执行敲帮问顶及围岩观测制度。开工前,班组长必须对工作面安全情况进行全面检查,确认无危险后,方准人员进入工作面。

(2) 当瓦斯超限达到断电浓度时,班组长、瓦斯检查工、矿调度员有权责令现场作业人员停止作业,停电撤人。

(3) 突出煤层工作面的作业人员、瓦斯检查工、班组长应当掌握突出预兆。发现突出预兆时,必须立即停止作业,按避灾路线撤出,并报告矿调度室。班组长、瓦斯检查工、矿调度员有权责令相关现场作业人员停止作业,停电撤人。

(4) 井下发生火灾时,矿值班调度和在现场的区、队、班组长应当依照灾害预防和处理计划的规定,将所有可能受火灾威胁区域中的人员撤离,并组织人员灭火。电气设备着火时,应当首先切断其电源;在切断电源前,必须使用不导电的灭火器材进行灭火。

(5) 爆破前,班组长必须亲自布置专人将工作面所有人员撤离警戒区域,并在警戒线和可能进入爆破地点的所有通路上布置专人担任警戒工作。

(6) 爆破前,脚线的连接工作可由经过专门训练的班组长协助爆破工进行。爆破母线连接脚线、检查线路和通电工作,只准爆破工一人操作。

(7) 爆破前,班组长必须清点人数,确认无误后,方准下达起爆命令。

(8) 爆破后,待工作面的炮烟被吹散,爆破工、瓦斯检查工和班组长必须首先巡视爆破地点,检查通风、瓦斯、煤尘、顶板、支架、拒爆、残爆等情况。发现危险情况,必须立即处理。

(9) 处理拒爆、残爆时,应当在班组长指导下进行,并在当班处理完毕。如果当班未能完成处理工作,当班爆破工必须在现场向下一班爆破工交接清楚。

(10) 班组长应当具备兼职救护队员的知识和能力,能够在发生险情后第一时间组织作业人员自救互救和安全避险。

(11) 对作业场所和工作岗位存在的危险有害因素及防范措施、事故应急措施、职业病危害及其后果、职业病危害防护措施等,煤矿企业应当履行告知义务,从业人员有权了解并提出建议。

(12) 从业人员有权制止违章作业,拒绝违章指挥;当工作地点出现险情时,有权立即停止作业,撤到安全地点;当险情没有得到处理不能保证人身安全时,有权拒绝作业。

(13) 从业人员必须遵守煤矿安全生产规章制度、作业规程和操作规程,严禁违章指挥、违章作业。

(14) 煤矿企业必须对从业人员进行安全教育和培训。培训不合格的,不得上岗作业。

(15) 入井(场)人员必须戴安全帽等个体防护用品,穿带有反光标识的工作服。入井(场)前严禁饮酒。

(16) 入井人员必须随身携带自救器、标识卡和矿灯,严禁携带烟草和点火物品,严禁穿化纤衣服。

(17) 煤矿必须建立矿井安全避险系统,对井下人员进行安全避险和应急救援培训,每年至少组织1次应急演练。

煤矿班组长应当在日常工作中带领班组成员坚持学规程、用规程,不能等到出了事故才想起学习规程。

二、《煤矿防治水细则》

修订后的《煤矿防治水细则》自2018年9月1日起施行。对于《煤矿防治水细则》,煤矿班组长应重点掌握如下内容:

(1) 煤矿防治水工作应当坚持预测预报、有疑必探、先探后掘、先治后采的原则,根据不同水文地质条件,采取探、防、堵、疏、排、截、监等综合防治措施。

(2) 煤矿主要负责人必须赋予调度员、安检员、井下带班人员、班组长等相关人员紧急撤人的权力,发现突水征兆、极端天气可能导致淹井等重大险情,立即撤出所有受水患威胁地点的人员,在原因未查清、隐患未排除之前,不得进行任何采掘活动。

(3) 煤炭企业、煤矿应当对井下职工进行防治水知识的教育和培训,对防治水专业人员进行新技术、新方法的再教育,提高防治水工作技能和有效处置水灾的应急能力。

(4) 煤炭企业、煤矿应当组织开展水害应急预案、应急知识、自救互救和避险逃生技能的培训,使矿井管理人员、调度室人员和其他相关作业人员熟悉预案内容、应急职责、应急处置程序和措施。

(5) 矿井必须规定避水灾路线,设置能够在矿灯照明下清晰可见的避水灾标识。巷道交叉口必须设置标识,采区巷道内标识间距不得大于200 m,矿井主要巷道内标识间距不得大于300 m,并让井下职工熟知,一旦突水,能够安全撤离。

三、《防治煤与瓦斯突出细则》

修订后的《防治煤与瓦斯突出细则》自2019年10月1日起施行。对于《防治煤与瓦斯突出细则》,煤矿班组长应重点掌握如下内容:

(1) 有突出矿井的煤矿企业、突出矿井应当依据《防治煤与瓦斯突出细则》,结合矿井开采条件,制定、实施区域和局部综合防突措施。区域综合防突措施包括下列内容:区域突出危险性预测;区域防突措施;区域防突措施效果检验;区域验证。局部综合防突措施包括下列内容:工作面突出危险性预测;工作面防突措施;工作面防突措施效果检验;安全防护措施。突出矿井应当加强区域和局部(简称两个"四位一体")综合防突措施实施过程的安全管理和质量管控,确保质量可靠、过程可溯。

(2) 煤矿企业、煤矿的各职能部门负责人对职责范围内的防突工作负责;区(队)长、班组长对管辖范围内防突工作负直接责任；瓦斯防突工对所在岗位的防突工作负责。

(3) 突出矿井的区(队)长、班组长和有关职能部门的工作人员应当全面熟悉两个"四位一体"综合防突措施、防突的规章制度等内容。

(4) 突出煤层工作面的作业人员、瓦斯检查工、班组长应当熟悉突出预兆，发现有突出预兆时，必须立即停止作业，按避灾路线撤出，并报告矿调度室。班组长、瓦斯检查工、矿调度员有权责令相关现场作业人员停止作业、停电撤人。

(5) 突出矿井必须编制突出事故应急预案。突出煤层每个采掘工作面开始作业后10天内应当进行1次突出事故逃生、救援演习，以后每半年至少进行1次逃生演习，但当安全设施或者作业人员发生较大变化时必须进行1次逃生演习。

(6) 突出矿井的管理人员和井下工作人员必须接受防突知识培训，经考试合格后方可上岗作业。突出矿井井下工作人员的培训包括防突基本知识以及与本岗位相关的防突规章制度。

四、《防治煤矿冲击地压细则》

修订后的《防治煤矿冲击地压细则》自2018年8月1日起施行。对于《防治煤矿冲击地压细则》，煤矿班组长应当重点掌握如下内容：

(1) 冲击地压矿井必须编制冲击地压事故应急预案，且每年至少组织一次应急预案演练。

(2) 人员进入冲击地压危险区域时必须严格执行"人员准入制度"。准入制度必须明确规定人员进入的时间、区域和人数，井下现场设立管理站。

(3) 进入严重(强)冲击地压危险区域的人员必须采取穿戴防冲服等特殊的个体防护措施，对人体的胸部、腹部、头部等主要部位加强保护。

(4) 冲击地压矿井必须制定采掘工作面冲击地压避灾路线，绘制井下避灾线路图。冲击地压危险区域的作业人员必须掌握作业地点发生冲击地压灾害的避灾路线以及被困时的自救常识。井下有危险情况时，班组长、调度员和防冲专业人员有权责令现场作业人员停止作业、停电撤人。

(5) 冲击地压矿井必须依据冲击地压防治培训制度，定期对井下相关的作业人员、班组长、技术员、区队长、防冲专业人员与管理人员进行冲击地压防治的教育和培训，保证防冲相关人员具备必要的岗位防冲知识和技能。

五、《煤矿防灭火细则》

为了加强煤矿防灭火工作，有效防控煤矿火灾事故，保障煤矿安全生产及从业人员生命安全和健康，2021年10月21日国家矿山安全监察局印发了《煤矿防灭火细则》，于2022年1月1日起开始实施。对于《煤矿防灭火细则》，煤矿班组长应重点掌握如下内容：

(1) 煤矿企业、煤矿的主要负责人(法定代表人、实际控制人)是本单位防灭火工作的第一责任人，总工程师是防灭火工作的技术负责人。煤矿企业、煤矿应当明确防灭火工作负责部门，建立健全防灭火管理制度和各级岗位责任制度。开采容易自燃和自燃煤层的矿井应当配备满足需要的防灭火专业技术人员。

(2) 煤矿企业、煤矿必须对从业人员进行防灭火教育和培训，定期对防灭火专业技术人员进行培训，提高其防灭火工作技能和有效处置火灾的应急能力。

(3) 井下严格实行明火管制,并符合下列规定:
① 严禁在采掘工作面进行电焊、气割等动火作业。
② 严禁携带烟草和点火物品,严禁穿化纤衣服入井。
③ 井下严禁使用灯泡取暖和使用电炉。
④ 井下爆破作业时,应当按照矿井瓦斯等级选用煤矿许用炸药和雷管,并严格按施工工艺进行爆破。
⑤ 井口和井下电气设备必须装设防雷击和防短路的保护装置。
(4) 井下和井口房内不得进行电焊、气焊和喷灯焊接等作业。如果必须在井下主要硐室、主要进风井巷和井口房内进行电焊、气焊和喷灯焊接等工作,每次必须制定安全措施,由矿长批准并遵守下列规定:
① 指定专人在场检查和监督。
② 电焊、气焊和喷灯焊接等工作地点的前后两端各 10 m 的井巷范围内,应当采用不燃性材料支护,并有供水管路,有专人负责喷水,焊接前应当清理或者隔离焊碴飞溅区域内的可燃物。上述工作地点应当至少备有 2 个灭火器。
③ 在井口房、井筒和倾斜巷道内进行电焊、气焊和喷灯焊接等工作时,必须在工作地点的下方用不燃性材料设施接受火星。
④ 电焊、气焊和喷灯焊接等工作地点的风流中,甲烷浓度不得超过 0.5%,且在检查证明作业地点附近 20 m 范围内巷道顶部和支护背板后无瓦斯积存时,方可进行作业。
⑤ 电焊、气焊和喷灯焊接等作业完毕后,作业地点应当再次用水喷洒,并有专人在作业地点检查 1 h,发现异常,立即处理。
⑥ 煤与瓦斯突出矿井井下进行电焊、气焊和喷灯焊接时,必须停止突出煤层的掘进、回采、钻孔、支护以及其他所有扰动突出煤层的作业。
⑦ 严禁不具备资质条件的电焊(气割)工入井动火作业。在井口和井筒内动火作业时,必须撤出井下所有作业人员。在主要进风巷动火作业时,必须撤出回风侧所有人员。
煤层中未采用砌碹或者喷浆封闭的主要硐室和主要进风大巷中,不得进行电焊、气焊和喷灯焊接等工作。
(5) 井下使用的汽油、柴油、煤油必须装入盖严的铁桶内,由专人押运送至使用地点,剩余的汽油、煤油必须运回地面,严禁在井下存放。
井下使用柴油机车,如确需在井下贮存柴油的,必须设有独立通风的专用贮存硐室,并制定安全措施。井下柴油最大贮存量不得超过矿井 3 天柴油需要量。专用贮存硐室应当满足井下机电设备硐室的安全要求。
井下使用的润滑油、棉纱、布头和纸等,必须存放在盖严的铁桶内。使用后的棉纱、布头和纸,也必须放在盖严的铁桶内,并由专人定期送到地面处理,不得乱放乱扔。严禁将剩油、废油泼洒在井巷或者硐室内。
井下清洗风动工具时,必须在专用硐室内进行,并使用不燃性和无毒性洗涤剂。
(6) 井下爆炸物品库、机电设备硐室、检修硐室、材料库、井底车场、使用带式输送机或者液力偶合器的巷道以及采掘工作面附近的巷道中,必须备有灭火器材,其数量、规格和存放地点,应当在灾害预防和处理计划中确定,宜配备自动灭火装置。
(7) 井下工作人员必须熟悉灭火器材的使用方法和本职工作区域内灭火器材的存放

地点。

六、《煤矿地质工作细则》

2023年12月29日,国家矿山安全监察局印发了《煤矿地质工作细则》。修订后的《煤矿地质工作细则》共十章、五个附录,102条。修订的主要内容涉及以下十个方面:

(1) 调整章节结构。将"煤矿隐蔽致灾地质因素普查"由第四章调整至第三章;将掘进、回采期间地质工作各自独立设为一节。

(2) 加强隐蔽致灾地质因素普查。明确了普查工作对象为建设煤矿、生产煤矿、资源整合煤矿等;增加了如离层空间、地表水体、油气及油气井、煤层气井、冲击地压危险性、煤(岩)层风氧化带、火烧区、边坡稳定性等因素,明确了每3年1次的普查周期。

(3) 夯实人员保障基础。规定煤矿企业、煤矿应配备由地质及相关专业技术人员担任的地质副总工程师。

(4) 强化煤矿冲击地压工作。将冲击地压危险等级作为井工煤矿地质类型划分的一项主要指标,增加了如煤层顶板坚硬岩层、采空区大面积悬顶、冲击倾向性、冲击危险性等相关地质工作内容。

(5) 优化煤矿地质类型和地质报告编写周期。规定基建煤矿移交生产后3年内完成地质类型划分,地质类型划分报告和生产地质报告每3年修编1次,二者可合并编写。

(6) 严格把控各类地质报告质量。规定无上级公司的煤矿,应当聘请专家对地质类型划分报告和生产地质报告进行评审。

(7) 加强新技术对地质探查的保障作用。具体包括:提升地质构造探查精度(如原《煤矿地质工作规定》要求查明井田内直径大于30 m的陷落柱,《煤矿地质工作细则》修改为20 m),增加先进技术装备在地质编录、掘进和回采地质探查中的应用。

(8) 强化露天煤矿边坡地质工作。增加了露天煤矿地质工程条件补充勘探、露天煤矿边坡稳定性预测和评价等内容;增加了边坡动态监测系统建设、安设工业视频监控等边坡监测的规定。

(9) 新增揭煤地质说明书。增加了编写揭煤地质说明书及其编写提纲和说明书审批的要求。

(10) 深化煤矿地质数字化建设。为适应煤矿数字化、智能化建设发展趋势,首次将透明地质、数字矿图纳入《煤矿地质工作细则》,增加了编绘数字地质图件、建设地质测量信息"一张图"和透明地质保障系统等内容,同时逐步推动地质透明化与采掘活动、灾害防治等结合,为智能开采提供地质保障。

七、《煤矿安全培训规定》

修订后的《煤矿安全培训规定》自2018年3月1日起施行。制定《煤矿安全培训规定》的目的是加强和规范煤矿安全培训工作,提高从业人员的安全素质,防止和减少伤亡事故。对于《煤矿安全培训规定》,煤矿班组长应重点掌握以下内容:

(1) 煤矿其他从业人员应当具备初中及以上文化程度。煤矿其他从业人员,是指除煤矿主要负责人、安全生产管理人员和特种作业人员以外,从事生产经营活动的其他从业人员,包括煤矿其他负责人、其他管理人员、技术人员和各岗位的工人、使用的被派遣劳动者和临时聘用人员。

（2）煤矿企业应当对其他从业人员进行安全培训，保证其具备必要的安全生产知识、技能和事故应急处理能力，知悉自身在安全生产方面的权利和义务。

（3）煤矿企业或者具备安全培训条件的机构应当按照培训大纲对其他从业人员进行安全培训。其中，对从事采煤、掘进、机电、运输、通风、防治水等工作的班组长的安全培训，应当由其所在煤矿的上一级煤矿企业组织实施；没有上一级煤矿企业的，由本单位组织实施。

（4）煤矿企业其他从业人员的初次安全培训时间不得少于72学时，每年再培训的时间不得少于20学时。煤矿企业或者具备安全培训条件的机构对其他从业人员安全培训合格后，应当颁发安全培训合格证明；未经培训并取得培训合格证明的，不得上岗作业。

（5）企业井下作业人员调整工作岗位或者离开本岗位一年以上重新上岗前，以及煤矿企业采用新工艺、新技术、新材料或者使用新设备的，应当对其进行相应的安全培训，经培训合格后，方可上岗作业。

（6）煤矿企业从业人员在劳动合同期满变更工作单位或者依法解除劳动合同的，原工作单位不得以任何理由扣押其考核合格证明或者特种作业操作证。

八、《煤矿领导带班下井及安全监督检查规定》

修订后的《煤矿领导带班下井及安全监督检查规定》自2015年7月1日起施行。对于《煤矿领导带班下井及安全监督检查规定》，煤矿班组长应重点掌握如下内容：

（1）煤矿是落实领导带班下井制度的责任主体，每班必须有矿领导带班下井，并与工人同时下井、同时升井。

（2）煤矿没有领导带班下井的，煤矿从业人员有权拒绝下井作业，煤矿不得因此降低从业人员工资、福利等待遇或者解除与其订立的劳动合同。

（3）任何单位和个人对煤矿领导未按照规定带班下井或者弄虚作假的，均有权向煤炭行业管理部门、煤矿安全监管部门、煤矿安全监察机构举报和报告。

（4）煤矿领导带班下井时，其领导姓名应当在井口明显位置公示。煤矿领导每月带班下井工作计划的完成情况，应当在煤矿公示栏公示，接受群众监督。

多年的实践经验表明，领导带班与工人同时下井，有利于发现现场的安全问题，减少事故发生。

九、《矿山生产安全事故报告和调查处理办法》

2023年1月17日，国家矿山安全监察局印发了《矿山生产安全事故报告和调查处理办法》。制定该方法的目的是规范矿山生产安全事故报告和调查处理，防范和遏制矿山生产安全事故。对于《矿山生产安全事故报告和调查处理办法》，煤矿班组长应重点掌握如下内容：

（1）根据事故造成的人员伤亡或者直接经济损失，事故分为以下等级：

① 特别重大事故，是指造成30人以上死亡，或者100人以上重伤（包括急性工业中毒，下同），或者1亿元以上直接经济损失的事故。

② 重大事故，是指造成10人以上30人以下死亡，或者50人以上100人以下重伤，或者5000万元以上1亿元以下直接经济损失的事故。

③ 较大事故，是指造成3人以上10人以下死亡，或者10人以上50人以下重伤，或者1000万元以上5000万元以下直接经济损失的事故。

④ 一般事故，是指造成3人以下死亡，或者10人以下重伤，或者100万元以上1000万

元以下直接经济损失的事故。

上述的"以上"包括本数,所称的"以下"不包括本数。

(2)矿山发生事故(包括涉险事故)后,事故现场有关人员应当立即报告矿山负责人;矿山负责人接到报告后,应当于1h内报告事故发生地县级及以上人民政府矿山安全监管部门,同时报告国家矿山安全监察局省级局。发生较大及以上等级事故的,可直接向省级人民政府矿山安全监管部门和国家矿山安全监察局省级局报告。

(3)报告事故应当包括下列内容:

① 事故发生单位概况。主要包括单位全称、所有制形式和隶属关系、生产能力、生产状态、证照情况等。

② 事故发生的时间、地点以及事故现场情况。

③ 事故类别。煤矿事故类别分为顶板、冲击地压、瓦斯、煤尘、机电、运输、爆破、水害、火灾、其他。非煤矿山事故类别分为物体打击、车辆伤害、机械伤害、起重伤害、触电、淹溺、灼烫、火灾、高处坠落、坍塌、冒顶片帮、透水、爆破、火药爆炸、中毒和窒息、溃坝、其他。

④ 事故的简要经过,入井人数,安全升井人数,事故已经造成伤亡人数、涉险人数、失踪人数和初步估计的直接经济损失。

⑤ 已经采取的措施。

⑥ 其他应当报告的情况。

(4)事故报告应当及时、准确、完整,任何单位和个人不得瞒报、谎报或者迟报。

(5)矿山及抢险救援队伍等有关单位和人员应当妥善保护事故现场及相关证据。任何单位和个人不得破坏事故现场、毁灭证据。

十、《煤矿重大事故隐患判定标准》

修订后的《煤矿重大事故隐患判定标准》自2021年1月1日起施行。制定该标准的目的是准确认定、及时消除煤矿重大生产安全事故隐患。该标准与现行的煤矿安全规定和工作实际相衔接,最大限度地减少了引用标准判定重大事故隐患时的自由裁量权,提高了判定的可操作性。

煤矿重大事故隐患包括以下15个方面:

(1)超能力、超强度或者超定员组织生产。

(2)瓦斯超限作业。

(3)煤与瓦斯突出矿井,未依照规定实施防突出措施。

(4)高瓦斯矿井未建立瓦斯抽采系统和监控系统,或者系统不能正常运行。

(5)通风系统不完善、不可靠。

(6)有严重水患,未采取有效措施。

(7)超层越界开采。

(8)有冲击地压危险,未采取有效措施。

(9)自然发火严重,未采取有效措施。

(10)使用明令禁止使用或者淘汰的设备、工艺。

(11)煤矿没有双回路供电系统。

(12)新建煤矿边建设边生产,煤矿改扩建期间,在改扩建的区域生产,或者在其他区域的生产超出安全设施设计规定的范围和规模。

（13）煤矿实行整体承包生产经营后，未重新取得或者及时变更安全生产许可证而从事生产，或者承包方再次转包，以及将井下采掘工作面和井巷维修作业进行劳务承包。

（14）煤矿改制期间，未明确安全生产责任人和安全管理机构，或者在完成改制后，未重新取得或者变更采矿许可证、安全生产许可证和营业执照。

（15）其他重大事故隐患。

煤矿班组长应当熟悉本班组相关的重大事故隐患的判定标准，能够及时发现、如实上报工作场所存在的重大事故隐患。

第五节　煤矿常见违法行为与法律责任

法律责任是指违法者对其违法所造成的对社会和受害者的危害应承担的法律后果。

一、煤矿常见违法行为

根据《安全生产法》《矿山安全法》《煤炭法》《煤矿安全监察条例》等法律法规，煤矿生产中常见的违法行为有很多，列举如下：

（1）安全设施和条件不符合国家安全标准、行业安全标准、《煤矿安全规程》和行业技术规范。

（2）违章指挥、违章作业、违反劳动纪律等。

（3）超能力、超强度、超定员生产等。

（4）不如实告知作业场所职业危害因素。

（5）使用不符合安全标准的设备、器材、仪器、仪表、防护用品等。

（6）对重大事故预兆或者已发现的事故隐患不及时采取措施。

（7）煤矿发生事故不按规定及时、如实上报。

（8）未按规定进行安全教育和培训。

此外，看见别人违章不加制止，或者看见装没看见，听之任之，不加制止，这样的行为也属于违法行为。

二、法律责任

法律责任分为行政责任、民事责任和刑事责任。

（1）行政责任。对个人安全生产违法行为行政处分的种类：警告、记过、记大过、降级、撤职、留用、开除。

（2）民事责任。承担民事责任的方式：停止侵害；排除妨碍；清除危险；返还财产；恢复原状；修理、重作、更换；赔偿损失；支付违约金；清除影响、恢复名誉；赔礼道歉。以上 10 种方式可以单独使用，也可以合并使用。安全生产违法现象所应承担的民事责任主要是赔偿损失。

（3）刑事责任。《刑法》规定的安全生产犯罪主要有以下几种：重大责任事故罪，强令、组织他人违章冒险作业罪，危险作业罪，重大劳动安全事故罪，工程重大安全事故罪，危险物品肇事罪和不报、谎报安全事故罪。

（注：本书配套了煤矿班组长安全培训考核题库（综合本），扫描封底二维码，学员登录"众学教培服务平台"可以免费练题。一书一码，盗版书不能登录。具体登录方法见本书目录前面一页。）

第二章 煤矿生产技术

第一节 矿井地质基本知识

一、岩石与岩层

岩石是一种或一种以上矿物组成的集合体。根据岩石的成因,岩石可分为:岩浆岩、沉积岩、变质岩三大类。

岩层是指由两个平行的或近于平行的界面所限制的岩性相同或近似的层状岩石。

(1) 岩层的产状:岩层在地壳中的空间存在状态(水平岩层、倾斜岩层、直立岩层和倒转岩层)。

(2) 岩层的产状三要素:走向、倾向、倾角,如图 2-1 所示。

走向:倾斜岩层的层面与水平面的交线,称为走向线。走向线上各点的高程都相等。走向线两端延伸的方向,称为岩层的走向。走向表示倾斜岩层在水平面上的延伸方向。

当岩层是平面时,其走向线为一条直线,各点走向不变;当岩层为曲面时,其走向线为一条曲线,各点走向不同。

倾向:岩层层面上垂直于走向线,并沿岩层层面倾斜向下引出的直线,叫真倾斜线。真倾斜线在水平面上的投影线所指岩层向下倾斜的方向,就是岩层的倾向。

倾角:真倾斜线与其在水平面上的投影线的夹角。

二、地质构造

原始形成的沉积岩层受地壳运动的影响而发生了倾斜、褶皱,有的还发生了断裂,沿断裂面产生了位移。这种由地壳运动而造成的岩层或岩体的原始产状和原始形态的改变,称为地质构造变动。发生构造变动的岩层或岩体,形成了各式各样的构造形态(如褶皱、裂隙、断层),称为地质构造。

(一) 断裂构造

地壳中的岩石(岩层或岩体),特别是脆性较大和靠近地表的岩石,在受力情况下容易产生断裂和错动,总称为断裂构造。

(1) 节理:几乎所有岩石中都可看到有规律的、纵横交错的裂隙。

(2) 断层:岩块沿着破裂面有明显位移的断裂构造。

断层的几个要素:断层面、断层线、断盘,如图 2-2 所示。根据断层两盘相对位移的关系分类:

① 正断层(上盘相对下降,下盘相对上升的断层)。

② 逆断层(上盘相对上升,下盘相对下降的断层)。

③ 平推断层（断层两盘沿着断层面在水平方向发生相对位移的断层）。

④ 枢纽断层：断层运动具有旋转性质，好像上盘围绕着一个轴作旋转运动的断层。

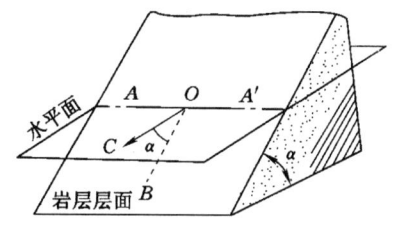

AOA'—走向线；OB—倾斜线；OC—倾向线；α—倾角

图 2-1　岩层的产状

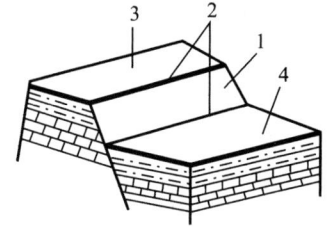

1—断层面；2—交面线；3—下盘（上升盘）；4—上盘（下降盘）

图 2-2　断层的要素

（二）褶皱构造

岩层在水平方向积压力长期作用下，发生塑性变形而形成波状弯曲，这种构造形态称为褶皱构造。褶皱构造中岩层的一个弯曲，称为褶曲。褶曲的基本形态分为背斜和向斜。

背斜：突出的弯曲，两翼岩层从中心向外倾斜。向斜：岩层向下凹陷的弯曲，两翼岩层自两侧向中心倾斜，如图 2-3 所示。

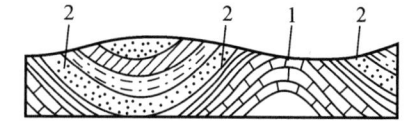

1—背斜；2—向斜

图 2-3　褶皱构造

三、煤层

煤层是指顶、底板岩石之间所夹的一套煤及其矸石层。煤层是煤系的主要组成部分，煤层层数、厚度及其变化是评价煤田经济价值的主要因素。

（一）煤层顶、底板

（1）顶板，煤层上覆的岩层。根据岩性、厚度及采煤过程中的垮落难易程度，顶板分为：伪顶、直接顶和基本顶。

（2）底板，位于煤层之下的岩层，分为直接底和基本底两种。煤层柱状如图 2-4 所示。

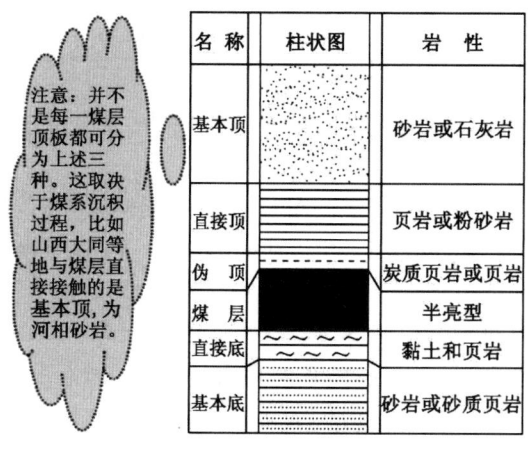

图 2-4　煤层柱状图

(二) 煤层结构

煤层结构是指煤层中是否含有夹石层,分为简单结构、复杂结构和极复杂结构三种。

(三) 煤层形态

煤层形态是指煤层赋存的空间几何形态,分为层状煤层、似层状煤层和不规则状煤层三种形态。

(四) 煤层厚度

(1) 厚度分类。煤层厚度是指煤层上下层面之间的垂直距离。

① 煤层总厚度:包括夹矸层在内的煤层全部厚度之和。

② 煤层有益(纯煤)厚度:所有煤分层厚度的总和。

③ 煤层可采厚度:在现代经济技术条件下适于开采的煤分层的总厚度。

(2) 煤层厚度等级。

① 薄煤层,≤1.3 m。

② 中厚煤层,1.3~3.5 m。

③ 厚煤层,>3.5 m。

四、矿图

在矿井设计、施工和生产管理等工作中,需要测绘一系列的图纸,这些图称为矿图。《煤矿安全规程》规定,井工煤矿必须按规定填绘反映实际情况的下列图纸:

(1) 矿井地质图和水文地质图。矿井地质图是反映矿井各种地质现象与井巷工程之间的相互关系及它们空间分布情况的所有图件。矿井水文地质图是反映矿井水文地质条件的图纸,其中矿井水文地质图包括:矿井充水性图、矿井涌水量与各种相关因素动态曲线图、矿井综合水文地质图、矿井综合水文地质柱状图、矿井水文地质剖面图、矿井含水层等水位(压)线图、区域水文地质图、矿区岩溶图。

(2) 井上、下对照图。井上、下对照图是将井田范围内的地物、地貌和井下的采掘工程情况综合画在一张平面图上的图件。

(3) 巷道布置图。巷道布置图是指反映全矿井或井下某一区域巷道的平面位置和相互关系的图纸。

(4) 采掘工程平面图。采掘工程平面图是将开采煤层或其分层内的采掘工程和地质情况,采用标高投影的原理,按一定比例尺绘制而成的图纸。

(5) 通风系统图。通风系统图是表示矿井通风网络,通风设备、设施,风流的方向和风量等参数的平面图或立体图。

(6) 井下运输系统图。井下运输系统图是表示井下煤流方向、辅助运输方向等信息的平面图,一般包括巷道名称、巷道参数、设备和设施参数、轨道参数、煤流方向、辅助运输方向等。

(7) 安全监控布置图和断电控制图、人员位置监测系统图。安全监控布置图是指反映各安全监控设备安装的位置,即各设备放置的地方,并从原理上反映监测系统怎样动作、运行及主要功能的图纸。

(8) 压风、排水、防尘、防火注浆、抽采瓦斯等管路系统图。

(9) 井下通信系统图。

(10) 井上、下配电系统图和井下电气设备布置图。

(11) 井下避灾路线图。井下避灾路线图是指导作业人员在遇到各种灾害时的撤退路线图,通常包括避瓦斯爆炸路线、避火路线、避水路线等。

以上11项图件是煤矿生产必不可少的基础性、全局性资料,是煤矿安全、建设、生产和管理依据的基础,是了解、掌握煤矿地质规律和分析煤矿生产问题的重要依据,要求煤矿必须备齐,并随着开采的进行及时填绘、经常修改,保持图件内容最大限度地符合地质条件和开采状况的变化。

煤矿班组长应当熟悉《煤矿地质测量图例》规定的图形符号、线条、注记等,掌握最基本的矿图识读方法,能够读懂本岗位作业相关的图件,熟练掌握煤矿井下避灾路线图。

第二节 矿井开拓与生产系统

由于煤矿开采的对象是赋存于地下的煤层,受地质条件和生产技术的限制和影响,一个矿井(一套生产系统)所能开采的煤层范围是有限的,往往难以开采整个煤田,在一个井田上进行开采的煤矿一般叫矿井。

一、煤田开发

煤田的范围差异较大,大的煤田面积可达数千平方千米,储量可达数百亿吨。对于这样的煤田,如果用一个矿井来开采,无论技术上、经济上和安全上都是不合理的。因此,在开发一个煤田时,应将煤田划分成若干个较小的部分,由若干个矿井进行开采。划归一个矿井开采的那部分煤田称为井田。

煤田划分为井田后,每个井田的范围仍然很大。井田的走向长度可达数千米甚至数万米,倾斜程度可达数千米,井田的储量可供开采数十年甚至数百年。为了有计划地按照一定的顺序进行开采,需要将井田划分为若干个更小的部分。

(一) 井田划分为阶段和水平

1. 阶段

在井田范围内,沿着煤层的倾斜方向,按一定标高把煤层划分为若干个平行于走向的长条部分,每个长条部分具有独立的生产系统,称为阶段。每个阶段都有独立的运输和通风系统。

2. 水平

上下两阶段分界的水平面,称为水平。

一般而言,阶段与水平二者既有联系又有区别。其区别在于阶段表示的是井田范围中的一部分,强调的是煤层开采范围和储量;而水平是指布置在某一标高水平面上的巷道,强调的是巷道布置。二者的联系是利用水平上的巷道去开采阶段内的煤炭资源。井田内水平和阶段的开采顺序,一般是先采上部水平和阶段,后采下部水平和阶段。

(二) 井田划分为盘区或带区

开采倾角很小的近水平煤层,井田沿倾斜方向的高差很小,很难将其划分成若干个以一定标高为界的阶段,则可将井田直接划为盘区或带区。通常沿煤层的延展方向布置大巷,在大巷两侧划分成具有独立生产系统的块段,这样的块段称为盘区或带区。

(三) 井田划分为开采区域

随着煤矿机械化和新技术、新方法、新设备的出现,我国已经建设了许多大型和特大型矿井。由于矿井生产能力大、井田范围广，辅助提升任务非常繁重，井下通风线路长，特别是当瓦斯涌出量大时，矿井通风更加困难。为了解决矿井辅助提升和通风问题，我国不少特大型矿井将井田划分为若干个具有独立通风系统的开采区域。各开采区域具有独立进风、回风系统，其内部可采用采区式、盘区式或带区式准备方式，并有自己的辅助井筒，担负进风和回风任务，有时还担负辅助提升工作。井下出煤则由服务于全矿的主井集中提出。

二、矿井开拓

为开采煤炭，由地表进入煤层为开采水平服务所进行的井巷布置和开掘工程，称为井田开拓。在某一井田地质、地形及开采技术条件下，矿井开拓巷道有多种布置方式，开拓巷道的布置方式称为开拓方式。

(一) 按井筒(硐)形式分类

矿井开拓按井筒(硐)形式可分为立井开拓、斜井开拓、平硐开拓、综合开拓。

1. 立井开拓

主井、副井均采用立井的开拓方式，称为立井开拓。煤层赋存较深，表土层较厚时，一般采用立井开拓。如图2-5所示，井田沿倾斜方向分为2个阶段，设2个开采水平。在阶段内沿走向划分为若干个采区。为减少初期工程量，尽快投产，可设中央采区。每个采区再划分为3个区段。

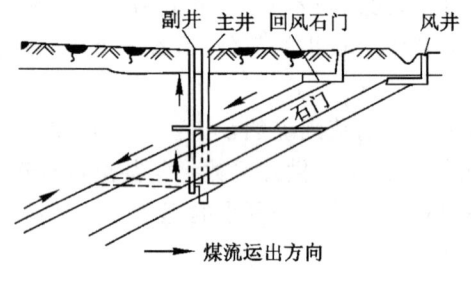

图2-5 立井开拓

2. 斜井开拓

主井、副井均为斜井的开拓方式称为斜井开拓，如图2-6所示。

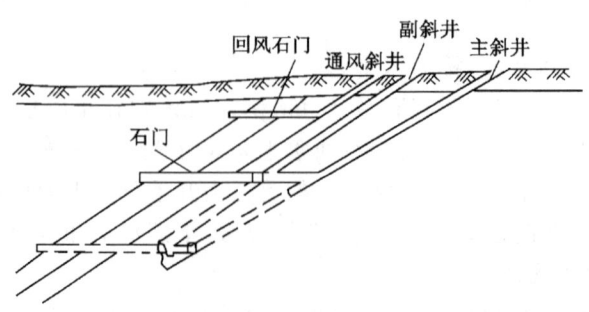

图2-6 斜井开拓

3. 平硐开拓

服务于地下开采，在地层中开掘的直通地面的水平巷道，称为平硐。主要用于运输煤炭的平硐称为主平硐。用主平硐的开拓方式称为平硐开拓(图2-7)。

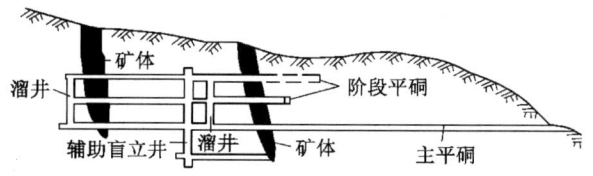

图 2-7 平硐开拓

4. 综合开拓

在复杂的地形、地质及开采技术条件下,采用单一的井筒形式开拓,在技术上有困难、经济上也不合理。各种开拓方式均有优缺点,若将两种开拓方式的主要优点结合起来,就出现了综合开拓,即采用立井、斜井、平硐等任何两种或两种以上的开拓方式,称为综合开拓。可供选择的综合开拓方式有:立井—斜井、平硐—斜井、立井—平硐及立井—斜井—平硐等。

(二) 按开采水平数目分类

井田开拓按开采水平数目可分为单水平开拓(井田内只设一个开采水平)、多水平开拓(井田内设2个及2个以上水平)。

(三) 按开采方式分类

井田开拓按开采方式可分为上山式开拓、下山式开拓及混合式开拓。

上山式开拓,即开采水平只开采上山阶段,阶段内一般采用采区式或盘区式准备。

上下山开拓,即开采水平分别开采上山阶段及下山阶段,阶段内采用采区式或盘区式准备。近水平煤层往往采用带区式准备。

(四) 按开采水平大巷布置方式分类

井田开拓按开采水平大巷所在层位和布置方式可分为分煤层大巷开拓、集中大巷开拓、分组集中大巷开拓。分煤层大巷开拓,即每个煤层设大巷;集中大巷开拓,即煤层群中设置大巷,通过采区石门与各煤层联系;分组集中大巷开拓,即将煤层分组,分组中设集中大巷。

有时为了简便,命名开拓方式可能忽略大巷布置方式,如立井开拓方式中有立井单水平上下山式、立井多水平上下山式、立井多水平上山及下山式等。

三、矿井巷道

矿井开采需要在地下煤(岩)层中开凿大量的井巷和硐室,常按巷道的空间特征和用途来分类。

(一) 按巷道所处空间位置和形状分类

矿井巷道按巷道所处空间位置和形状,可分为垂直巷道、倾斜巷道和水平巷道。

1. 垂直巷道

立井:直接通达地面出口的垂直巷道,又称竖井。立井一般位于井田中部,担负全矿煤炭提升任务的为主立井,担负人员升降和材料、设备、矸石等辅助提升任务的为副立井。

暗立井:没有直接通达地面出口的垂直巷道,装有提升设备,也有主暗立井、副暗立井之分。暗立井通常用作上下两个水平之间的联系,即将下部水平的煤炭通过主暗立井提升到上部水平,将上部水平的材料、设备和人员等转运到下部水平。

溜井:担负自上而下溜放煤炭任务的暗井。

2. 倾斜巷道

斜井：有直接出口通达地面的倾斜巷道。担负全口径下煤炭提升任务的斜井叫主斜井，担负矿井通风、行人、运料等辅助提升任务的斜井叫副斜井。

暗斜井：没有直接通达地面的出口，用作相邻上下水平联系的倾斜巷道，其任务是将下部水平的煤炭运到上部水平，将上部水平的材料、设备等运到下部水平。

上山：服务于一个采（盘）区的倾斜巷道，也称为采（盘）区上山；没有通达地面的出口，且位于开采水平之上，沿煤层或岩层从主要运输大巷由下向上开掘的倾斜巷道。上山用于开采其开采水平以上的煤层。按用途和装备，可将上山分为输送机上山（或运输上山）、轨道上山、通风上山和行人上山等。输送机上山（或运输上山）内的煤炭运输方向为由上到下运至水平大巷。

下山：由运输大巷向下，沿煤岩层开掘的为一个采（盘）区服务的倾斜巷道，也称为采（盘）区下山。按用途和装备，可将下山分为输送机下山（或运输下山）、轨道下山、通风下山和行人下山等。

3. 水平巷道

平硐：有出口直接通达地面的水平巷道。一般以一条主平硐担负全矿运煤、排矸、材料设备运输、进风、排水、供电和行人等任务，专作通风用的平硐称为通风平硐。

石门：与煤层走向垂直或斜交的水平岩石巷道。服务于全阶段、一个采区、一个区段的石门，分别称为阶段石门、采区石门、区段石门，用于运输的石门称为运输石门，用于通风的石门称为通风石门。

煤门：开掘在煤层中并与煤层走向垂直或斜交的水平巷道。煤门的长度取决于煤层的厚度，只有在厚煤层中才有必要掘进煤门。

平巷：没有出口直接通达地面，沿煤层走向开掘的水平巷道。开掘在岩层中的平巷叫岩石平巷，开掘在煤层中的平巷叫煤层平巷。按用途，可将平巷分为运输平巷、通风平巷等；按服务范围，将服务全阶段、分段、区段的平巷分别称为阶段平巷、分段平巷、区段平巷。

硐室：在井下开凿和建造的在空间3个轴线上长度相差不大且又不直通地面的较短的地下巷道，如绞车房、变电所、水泵房、炸药库和煤仓等。硐室一般断面较大且长度较短。

（二）按巷道服务范围及其用途分类

矿井巷道按巷道服务范围及其用途，可分为开拓巷道、准备巷道和回采巷道。

1. 开拓巷道

为全矿井或一个开采水平服务的巷道叫开拓巷道。如井筒、井底车场、主要石门、阶段（水平）大巷、采区石门等井巷，以及掘进这些巷道的辅助巷道都属于开拓巷道。

2. 准备巷道

为采区一个以上区段、分段服务的巷道叫准备巷道，属于这类巷道的有采区上（下）山、区段集中巷、区段石门、采区车场、采区变电所等。

3. 回采巷道

形成采煤工作面及为其服务的巷道叫回采巷道，属于这类巷道的有采煤工作面的开切眼、区段运输平巷和区段回风平巷。

四、矿井生产系统

(一)井下生产系统

煤矿井下生产系统主要有采煤系统、掘进系统、运煤系统、通风系统、运料排矸系统、排水系统、动力供应系统等。在煤矿生产过程中这些系统担负提升、运输、通风、排水、人员安全进出、材料设备上下井、矸石出运、供电、供气、供水等任务,生产系统的畅通和安全是矿井安全生产的前提和保证。

生产系统

1. 采煤系统

煤矿生产的中心环节是利用各种采煤方法进行采煤作业。采煤系统包括合理的巷道布置和适宜的采煤工艺(包括破煤、装煤、运煤、支护、采空区处理等,主要在图 2-8 中的 24、25 处进行)。

2. 掘进系统

掘进系统就是按照井田开采规划的总体部署和采煤设计要求,开掘各种类型的巷道,合理有序地开采煤炭资源的准备系统。采掘衔接是矿井生产均衡的重要保证,掘进作业是其中的重要环节。

3. 运煤系统

将井下煤炭运输提升到地面的设备设施及井巷布置统称为运煤系统。运煤系统担负煤炭运输和提升的重要任务。如图 2-8 所示的煤炭运输线路为:25→20→14→12→10→5→4→3→1。

4. 通风系统

新鲜空气由进风井进入矿井后,经过井下各用风场所,然后从回风井排出矿井,风流所经过的整个路线及其配套的通风设施称为矿井通风系统。矿井通风系统是煤矿井下生产中重要的系统之一,它负责向煤矿井下提供新鲜适宜的空气,并营造一个舒适的气候环境。如图 2-8 所示的风流线路为:地面→2→3→4→5→11→15→19→20→25;污风→23→17→8→7→6→排出。

5. 运料排矸系统

担负井下需要材料、设备和矸石的运输,运送井下人员的系统称为运料排矸系统,又称为辅助运输系统。如图 2-8 所示的材料和设备的运送线路为:地面→2→3→4→5→9→11→15→23→25。

6. 排水系统

抽排矿井地下水的系统称为排水系统。它的作用就是将矿井水不断地抽排到地面,防止矿井被淹没,保证人身安全和正常生产。矿井排水系统包括泵房、水仓、水泵、管路等设施。采掘工作面涌水由区段运输平巷、采区上山排到采区下部车场,经运输大巷、石门等巷道的排水沟,自流到井底车场水仓,由中央水泵房排到地面。

7. 动力供应系统

供电和供应压气的系统统称为动力供应系统。供电系统主要为井下机械设备提供动力。常用的煤矿供电系统是:地面变电所、井下中央变电所、采区变电所、移动式变电站、工作面配电点。

煤矿井下除以上主要生产系统外,还有一些辅助系统,如煤矿安全避险系统、灌浆系统、瓦斯抽排系统、通信系统等,都为煤矿安全生产提供技术、设施设备保障。

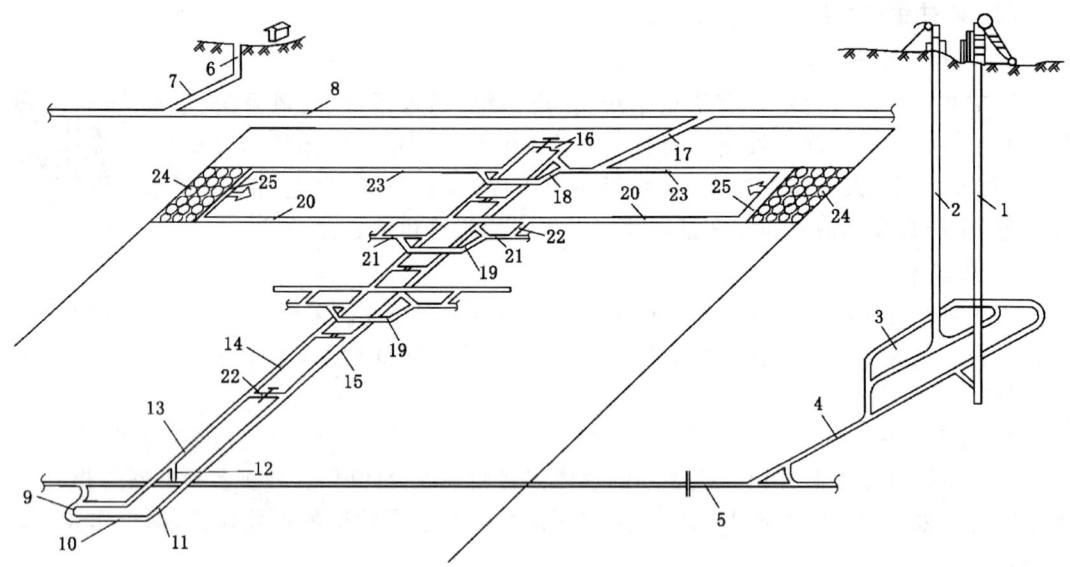

1—主井;2—副井;3—井底车场;4—主要运输石门;5—阶段运输大巷;6—回风井;7—回风石门;8—回风大巷;9—采区运输石门;10—采区下部车场底板绕道;11—采区下部车场;12—采区煤仓;13—行人进风巷;14—运输上山;15—轨道上山;16—上小绞车房;17—采区回风石门;18—采区上部车场;19—采区中部车场;20—区段运输平巷;21—下区段回风平巷;22—联络巷;23—区段回风平巷;24—开切眼;25—采煤工作面

图 2-8 矿井生产系统示意图

(二) 工业广场及地面生产系统

工业广场是布置地面生产系统、建筑物、构筑物和井筒位置的场所。工业广场建筑物最主要的是主井、副井(主井主要用来运送煤炭,副井主要用来运送材料和人员),其他工业建筑的位置取决于主、副井的位置;在工业广场内,有办公楼、修配厂、绞车房、矿灯房、变电站、电车房、材料库、电工房、油库、煤仓、金属支架厂等工业建筑和设施,有食堂、宿舍、招待所、医院等民用建筑和生活设施,还有各种管线、轨道等。

工业广场还包括地面煤炭深加工系统(原煤的筛分、破碎、拣选、地面储装运)、地面排矸系统和地面管线系统等。

第三节 采煤与掘进技术

一、采煤方法及工艺

(一) 有关概念

采煤工作面:在矿井内进行采煤作业的场地。采煤工作面的采煤高度称为采高,采煤工作面的煤壁长度称为采煤工作面长度。

煤壁:在采煤工作面中,直接进行采掘的煤层暴露面。

采煤工艺:在采场内根据煤层的自然赋存条件和采用的采煤机械,按照一定顺序完成采煤工作面各道工序的方法及其相互配合。采煤工作面工序包括破煤、装煤、运煤、支护顶板、采空区处理(放顶)等基本工序及其一些辅助工序。各道工序要求不同,在进行的顺序上、时间和空间上必须有规律地进行安排和配合。采煤工作面在一定时间内,按照一定的顺序完成采煤工作各项工序的过程,称为采煤工艺过程。

采煤方法:根据不同的矿山地质及技术条件,可有不同的采煤系统与采煤工艺相配合,从而构成多种多样的采煤方法。总起来认为:采煤方法就是采煤系统与采煤工艺的综合及其在时间和空间上的相互配合。采煤方法主要分为壁式体系和柱式体系两种。我国大多采用壁式体系采煤法。

(二) 采煤方法

地下开采是指通过挖掘井筒、巷道到达煤层,采用一定的巷道布置方式,用人工爆破或机械开采煤炭,再利用运输、提升机械运送至地面。

地下开采按其工作面布置方式、采煤工艺、顶板控制方法、推进方向等特点,基本上可以分为壁式体系采煤法和柱式体系采煤法。按照采煤工作面的推进方向与煤层走向的关系,壁式体系采煤法又可分为走向长壁采煤法和倾斜长壁采煤法。

长壁采煤法以工作面的开采长度为主要标志。采煤工作面长度一般在 50 m 以上的称为长壁工作面。长壁采煤工作面两端一般至少各有一条回采巷道与之相连,以形成生产系统;采煤工作面较长,通常为 80~300 m。

(1) 走向长壁采煤法,如图 2-9 所示,首先将采(盘)区划分为区段,在区段内布置回采巷道(区段平巷、开切眼),采煤工作面呈倾斜布置,沿走向推进,上下回采巷道基本上是水平的,且与采(盘)区上山相连。

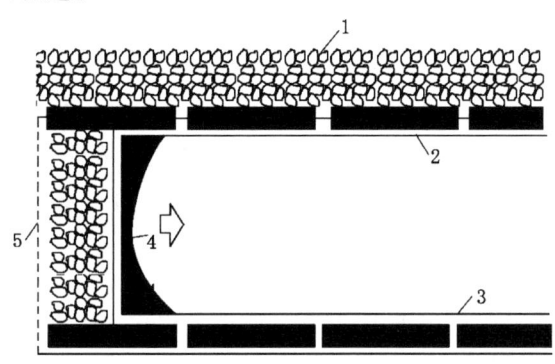

1—采空区;2—工作面回风巷;3—工作面进风巷;4—工作面;5—开切眼
图 2-9 走向长壁采煤法

(2) 倾斜长壁采煤法,如图 2-10 所示,首先将井田或阶段划分为带区及分带,在分带内布置回采巷道(分带斜巷、开切眼),采煤工作面呈水平布置,沿倾向推进,两侧的回采巷道是倾斜的,并通过联络巷直接与大巷相连。

采煤工作面可分别用爆破、滚筒式采煤机或刨煤机破煤、装煤,用支架支护空间,用垮落法或充填法处理采空区。

(三) 采煤工艺

采煤工作面内主要有破煤、装煤、运煤、支护及采空区处理等工序。其中,前三者是为了开采煤炭,简称为"采";后两者是为了控制顶板,简称为"控"。我国以长壁开采为代表的采煤工艺技术的发展大体经历了 3 个阶段:第一阶段主要为爆破落煤阶段;第二阶段为普通机

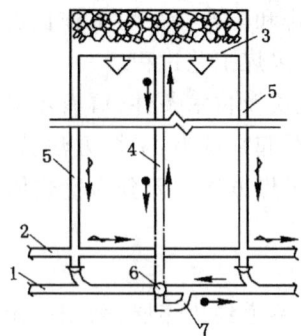

1—运输大巷;2—轨道大巷;3—采煤工作面;4—运输巷;5—轨道巷;6—溜煤眼;7—绕道
图 2-10 倾斜长壁采煤法

械化采煤阶段;第三阶段为破煤、装煤、运煤、支护、采空区处理综合机械化、自动化阶段,即综合机械化采煤阶段。

1. 爆破落煤

爆破落煤由打眼、装药、填炮泥、连炮线及起爆等工序组成。

2. 普通机械化采煤

普通机械化采煤工作面布置如图 2-11 所示,普通机械化采煤工艺的主要特点是用采煤机落煤。采煤机主要有刨煤机和滚筒采煤机两类。滚筒采煤机主要有单滚筒和双滚筒两种。

(1) 落煤、装煤。普采工作面的落煤与装煤由采煤机完成。

(2) 运煤。普采工作面的运煤采用可弯曲刮板输送机。推移输送机时,利用液压千斤顶将输送机移到目的地,并使输送机平、直,符合要求。

(3) 支护。普采工作面使用单体液压支柱与铰接顶梁组成的悬臂支架支护顶板。

(4) 采空区处理。采空区处理一般采用全部垮落法。对极坚硬的顶板,可以利用深孔爆破方法强制放顶以保证工作面的安全生产。

3. 综合机械化采煤

综采工艺的主要特点是采用采煤机落煤,用整体自移式液压支架支护顶板,落煤、装煤、运煤、支护全部工序实现了机械化,综采工作面设备布置如图 2-12 所示。综采工作面设备配套很关键,尤其应使采煤机、刮板输送机和液压支架这三大设备均符合工作面的条件,并在生产能力、设备强度、空间尺寸等方面配套。

(1) 落煤、装煤。落煤、装煤由采煤机完成。综采工作面主要采用双向割煤,往返一次进两刀,斜切式进刀。

(2) 运煤。采用可弯曲刮板输送机运煤。

(3) 支护。综采工作面支护主要采用自移式液压支架,工作面两端一般采用端头支架支护。按支架与围岩的相互作用方式,支架可分为支撑式、掩护式及支撑掩护式 3 种基本类型。

支架的形式不同则移架和推移刮板输送机的方式也不同。整体式支架移架和推移刮板输送机共用一个液压千斤顶连接支架底座和刮板输送机槽,互为支点进行推、拉刮板输送机和支架。迈步式自移支架的移动,依靠本身两框架互为支点,用一个千斤顶推、拉两框架分别前移,用另一个千斤顶推移刮板输送机。

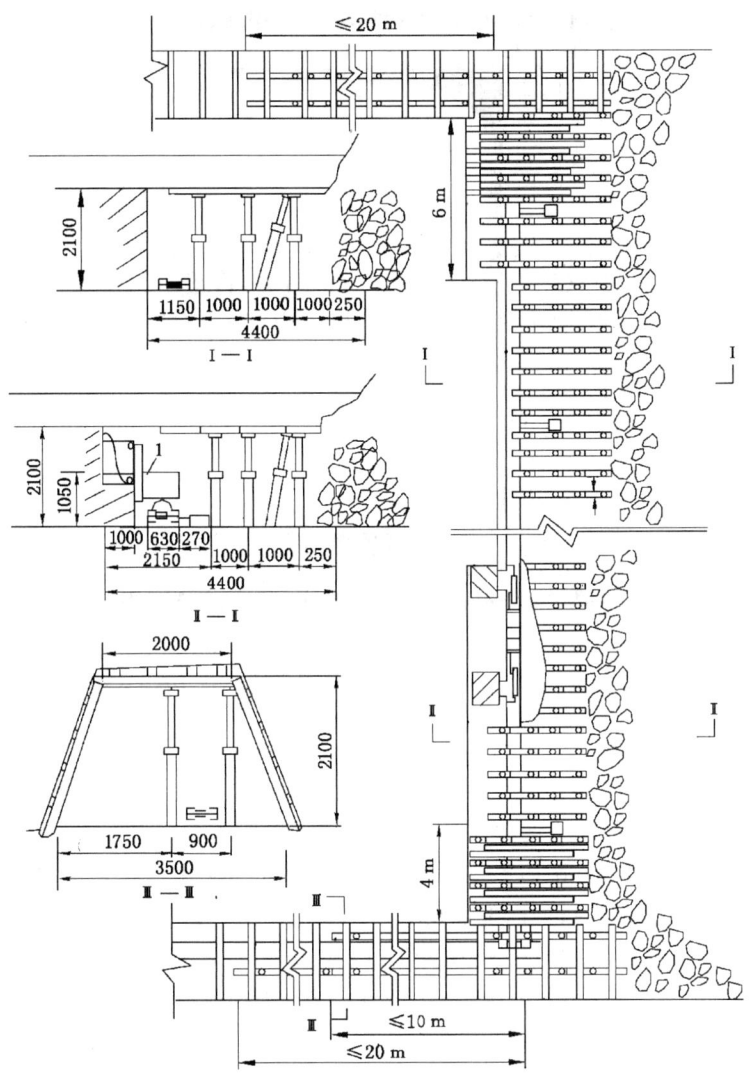

图 2-11 普通机械化采煤工作面布置

(4) 采空区处理。综采工作面主要用垮落法处理采空区。

4. 综采放顶煤采煤工艺

综采放顶煤采煤工艺的主要特点是采用采煤机割煤和放顶煤。综采放顶煤采煤工艺是在厚煤层中沿煤层底板布置采煤工作面，煤壁采用采煤机割煤，顶煤从支架后部放煤口放煤，前后两个刮板输送机运煤的采煤工艺。综采放顶煤与综采工艺基本相似，只是综采放顶煤适用于厚煤层开采，且多一道放煤工序。放煤是利用矿山压力将工作面顶部煤在工作面推进过后破碎，在支架掩护梁上的放煤窗口放落，并将冒落顶煤通过后部刮板输送机运出。

(四) 矿山压力概述

1. 矿山压力的基本概念

矿山压力是由于采掘活动的影响，在采掘空间周围岩体上及支护物上所产生的力。由

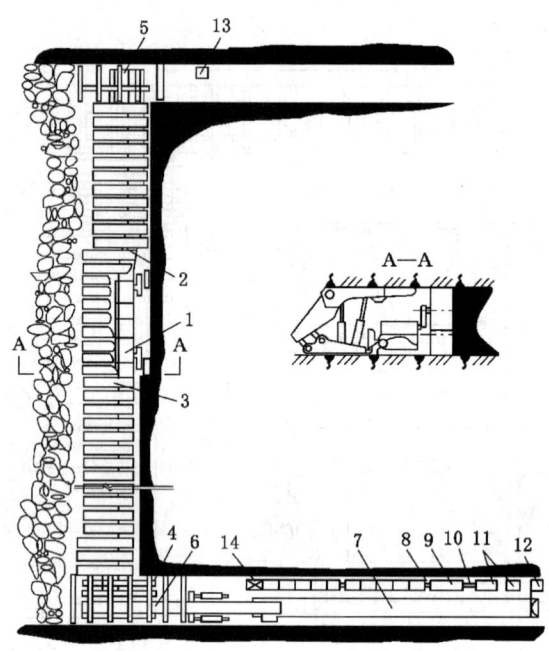

1—采煤机;2—刮板输送机;3—支架;4—下端头支护;5—上端头支护;6—转载机;7—带式输送机;
8—配电箱;9—乳化液泵站;10—设备平板列车;11—移动变电站;12—喷雾泵站;13—液压绞车;
14—集中控制台

图 2-12 综采工作面设备布置

于矿山压力的作用引起围岩及支护物的位移、变形、破坏等一系列的力学现象称为矿压显现。矿压是矿压显现的原因,矿压显现是矿压作用的结果,矿压存在是绝对的、不可控制的,矿压显现是相对的、有条件的、可以控制的。

影响矿压显现的基本因素有岩石力学性质、开采深度、煤层倾角、节理、裂隙、断层与褶曲、挤压与破碎带等。巷道位置、开采程序、支护方法、顶板控制方法、工作面推进速度、采高与控顶距、上部煤层残留煤柱等开采因素对矿山压力显现也有很大的影响。

2. 采煤工作面直接顶的初次垮落和基本顶的周期来压

(1) 直接顶的初次垮落:工作面自开切眼向前推进一段距离后(8~25 m),假如没有支护,直接顶悬露达到一定距离,在其重力的作用下,就要开始垮落,称为工作面直接顶的初次垮落,这时直接顶的跨距称为初次垮落步距。

《煤矿安全规程》规定:采煤工作面必须及时支护,严禁空顶作业。所有支架必须架设牢固,并有防倒措施。严禁在浮煤或者浮矸上架设支架。单体液压支柱的初撑力,柱径为100 mm 的不得小于 90 kN,柱径为 80 mm 的不得小于 60 kN。对于软岩条件下初撑力确实达不到要求的,在制定措施、满足安全的条件下,必须经矿总工程师审批。严禁在控顶区域内提前摘柱。碰倒或者损坏、失效的支柱,必须立即恢复或者更换。移动输送机机头、机尾需要拆除附近的支架时,必须先架好临时支架。

采煤工作面遇顶底板松软或者破碎、过断层、过老空区、过煤柱或者冒顶区,以及托伪顶开采时,必须制定安全措施。

【案例 2-1】 2019 年 10 月 26 日,四川省川南煤业泸州古叙煤电有限公司石屏一矿

13619上综采工作面在过断层期间发生一起较大顶板事故,造成6人死亡、1人受伤,直接经济损失721万元。事故直接原因:13619上综采工作面受地质构造、应力叠加、生产组织等因素影响未能正常推进,导致部分液压支架被"压死"。支架上方破碎的砂质泥岩在断层裂隙水长时间的浸泡下发生软化离散,稳定性降低。作业人员在采用扩帮、挖底的方式处理被"压死"支架的过程中,支架上方饱含水分的破碎岩石从顶梁前端迅速溃入工作面,垮漏的水石混合物呈泥石流状态快速流向工作面下方,将作业人员掩埋导致事故发生。

(2) 工作面基本顶的周期来压:随着回采工作面的推进,在基本顶初次来压以后,裂隙带岩层形成的结构,将始终经历"稳定—失稳—再稳定"的变化,这种变化将呈现周而复始的过程。由于结构失稳导致了工作面顶板来压。这种来压将随着工作面的推进而呈周期性变化。因此,由于裂隙带岩层周期性失稳而引起的顶板来压现象称为工作面顶板的周期来压。

周期来压的主要表现形式是:顶板下沉速度急剧增加,顶板的下沉量变大;支柱所受的载荷普遍增加;还可能引起煤壁片帮、支柱折损、顶板发生台阶下沉等现象。如果支柱参数选择不合适或者单体支柱稳定性较差,则可能导致局部冒顶甚至顶板沿工作面切落等事故。

工作面周期来压时的安全措施:① 通过矿压观测,准确判断周期来压的时间和位置,做好预测预报工作;② 做好来压前的支护工作,保证支架的规格质量,保证一定的支护密度和支架稳定性;③ 合理缩小控顶距,以利于工作面维护;④ 保证直接顶垮落的质量。采空区冒落的矸石可以减轻基本顶的来压强度;⑤ 加强正规循环,保持工作面推进速度。

【案例2-2】 2020年6月4日,山东省莱芜市辛庄煤矿有限公司-140 m水平603采区60307采煤工作面发生一起顶板事故,造成2人被埋。该工作面采用走向长壁后退式采煤法,爆破工艺落煤,刮板输送机运煤,单体液压支柱+金属铰接顶梁支护顶板,回柱方式为"见四回一"全部垮落法管理顶板。事故发生的原因:60307采煤工作面周期来压,摧垮工作面 6 m×4 m 范围内的单体液压支柱+铰接顶梁(Ⅱ型长梁)支护,将2名支柱工埋住。

二、巷道掘进和支护

(一) 巷道掘进工序

掘进是在岩(土)层或矿层中,开掘各种形状、断面或纵横交错的井、巷、硐室的工作。掘进工序分为主要工序和辅助工序。

主要工序是直接在工作面上完成保证工作面进度的工序,以及在巷道掘进区域进行的支护作业。主要工序由巷道穿过的岩石性质而定。掘进硬岩时,主要工序有钻眼、装药、爆破、通风和工作面的安全检查、装岩、巷道支护;掘进软岩的基本工序有:开掘岩石、装岩、支护。如采用风镐、联合机等方法开掘,则掘进作业有连续作业的特点。主要工序可以按严格的程序依次完成,也可以在时间上同时进行(钻眼和装岩部分平行、钻眼与支护完全平行)。

辅助工序是保证主要工序正常进行的工序,包括调车、通风、排水、临时支架、工作面铺轨、照明、敷设风筒和电缆等工作。在大多数情况下它是与主要工序同时进行的,而不需占用掘进循环时间。

(二) 井巷工程施工方法

井巷工程施工方法包括钻眼爆破法和机械化掘进法,两者的主要差别在于破岩方法不同。井巷工程施工方法的主要工序有破岩、装岩、运岩和支护等。

1. 破岩

1) 钻爆破岩法

钻爆破岩法是指利用电钻或风钻等进行打眼、装药爆破的方法。为了提高打眼的速度可以使用专门的钻眼机械打眼，如风动凿岩机等。钻爆破岩法推广光面爆破。光面爆破是指在钻眼爆破过程中，通过采取一定的措施，使爆破后的巷道断面形状、尺寸基本符合设计要求，并尽量使巷道轮廓以外的围岩不受破坏的一种破岩方法。光面爆破是一种合理利用炸药能量的控制爆破技术，爆破后岩壁无明显的爆震龟裂，保护了围岩的整体性，提高了围岩的稳定性与自承能力。目前国内煤矿煤巷掘进以机械化掘进为主，岩巷掘进以钻爆破岩法为主。

2) 机械化破岩法

机械化破岩法是指利用综掘机对煤岩体进行切割和破碎的方法。该方法具有掘进速度快、效率高、巷道成形好、施工质量好等优点，在煤巷掘进中得到了广泛应用。综合机械化掘进机可与自卸车、梭车、带式输送机等配套，实现掘进、运输连续作业，实现全自动凿岩机一次成巷施工。

2. 装岩与运岩

装运煤岩有人工装运和机械装运2种方法。常用的装岩机有耙斗式装岩机、铲斗式装岩机、蟹爪式装岩机等设备。运输普遍采用矿车，用人或电机车调车。掘进煤巷时可以直接用刮板输送机或带式输送机运煤，综掘设备本身连接有装煤运煤设施。

3. 巷道支护

维持巷道的有效断面，保持巷道安全使用空间的工作称为巷道支护，其目的是阻止围岩变形和垮落，防止顶板事故发生。巷道支护材料有水泥、石料、混凝土、木材和金属材料（如轻便钢轨、矿用工字钢、特殊工字钢、矿用特殊型钢等）。支护形式有架棚支护（金属拱形支护、木支护）、锚杆支护、锚喷支护、砌碹支护等。按支护存在的时间，分为临时支护和永久支护，锚喷支护和砌碹支护属于巷道永久支护，服务年限较长。

1) 架棚支护

架棚支护按棚式支架的材料构成可分为木支架、金属支架和钢筋混凝土支架3种；按巷道断面形状可分为梯形支架和拱形支架（图2-13）；按支架结构可分为刚性支架和可缩性支架。

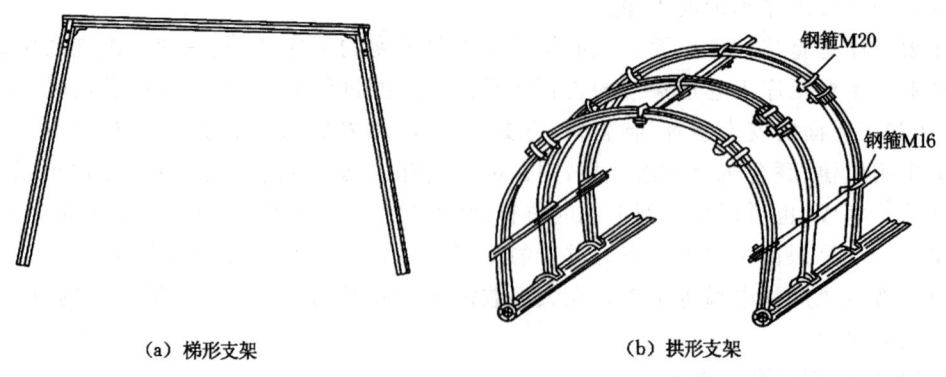

(a) 梯形支架　　　　　　　　　　(b) 拱形支架

图 2-13　金属支架

2) 砌碹支护

砌碹支护的主要形式是直墙拱顶式，是一种被动支护形式（图2-14）。该支护具有坚固、耐久、防火、通风阻力小等优点。缺点是施工复杂、劳动强度大、成本高和进度慢等。直墙拱顶支护由拱、墙和基础 3 部分组成。

4. 锚杆支护、喷射混凝土支护

锚杆支护就是将锚杆预设在围岩中,使岩体得以加固,形成一个完整的支护结构,是一种主动支护形式,其支护原理如图 2-15 所示。锚杆种类有钢筋或钢丝绳砂浆锚杆、金属锚杆、木锚杆、树脂锚杆等。

喷射混凝土支护是将一定配比的水泥、砂、石子和速凝剂等混合搅拌均匀,装入喷射机,以压缩空气为动力,使拌和料沿管路吹送至喷头处与水混合,并以较高的速度喷射在岩面上凝结硬化而成的一种支护形式。

锚喷支护是锚杆支护、喷射混凝土支护和锚杆+喷射混凝土联合支护的总称。目前,我国大多数煤矿都采用锚喷支护。

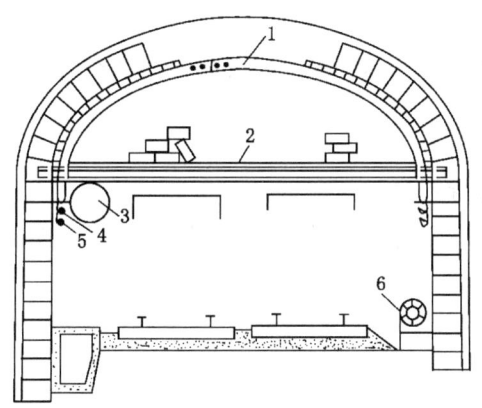
1—碹胎;2—工作台;3—风筒;4、5—线缆;6—供水管
图 2-14　砌碹支护

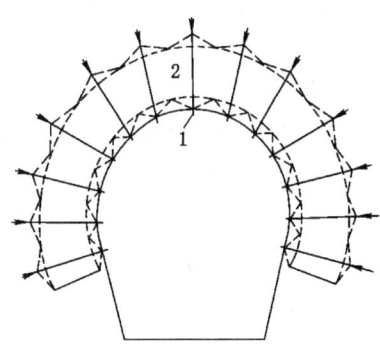
1—锚杆;2—岩层
图 2-15　锚杆支护原理示意图

巷道掘进作业危险性较大,应采取按技术标准设计、配备安全设施、进行有效的尘毒监测、强化安全管理、制定严格的安全规章制度等措施来确保掘进安全。巷道开掘后必须及时进行临时支护,方可进行其他作业。临时支护前和永久支护前必须严格执行敲帮问顶制度,两次敲帮问顶必须有安全员在场监护,并在隐患排查记录上签字。其主要内容包括:敲帮问顶工具、时间、责任人、顶板是否完整等。

(注:本书配套了煤矿班组长安全培训考核题库(综合本),扫描封底二维码,学员登录"众学教培服务平台"可以免费练题。一书一码,盗版书不能登录。具体登录方法见本书目录前面一页。)

第三章 煤矿灾害防治

第一节 矿井通风

矿井通风是利用通风动力,将地面的新鲜空气,沿着通风路线不断地进入井下各采掘工作面、机电硐室、爆炸材料库以及其他用风地点,以满足生产用风的需要,同时将用过的污浊空气不断地排出地面。这种向矿井井下连续不断地输入新鲜空气并排出污浊空气的通风过程称为矿井通风。

矿井通风的基本任务是:

(1)向井下各工作场所连续供给适量的新鲜空气。

(2)稀释并排除井下各种有害气体和浮游粉尘,使有害气体和浮游粉尘符合《煤矿安全规程》的规定。

(3)为井下创造适宜的气候条件,提供良好的生产环境,保障职工的身体健康和生命安全,为设备的正常运转创造条件。

(4)提高矿井的抗灾能力。

一、矿井空气

矿井空气是矿井井巷内气体的总称,包括地面进入井下的新鲜空气和井下产生的有毒有害的气体、浮尘。矿井空气的主要来源是地面空气,但是地面空气进入井下以后,在其化学成分和物理状态上发生一系列的变化,因而矿井空气与地面空气在性质和成分上均有较大差别。

(一)矿井空气中有害气体

在煤矿生产过程中产生或煤层中涌出的常见有毒有害气体:CO、NO_2、SO_2、H_2S、CH_4、NH_3、H_2。矿井空气中常见有害气体的性质、来源及对人的危害性见表3-1。

表3-1 矿井空气中常见有害气体的性质、来源及对人的危害性

气体名称	主要来源	相对空气密度	色和味	溶水性	危害性	最高容许浓度/%
一氧化碳(CO)	爆破作业、火灾、煤尘和瓦斯爆炸、煤自燃	0.97	无色、无味、无臭	微溶	极毒。一氧化碳与血红素的亲和力比氧和血红素的亲和力大250～300倍,阻了氧与血红素的结合而使人体缺氧,引起窒息和死亡	0.0024

表3-1(续)

气体名称	主要来源	相对空气密度	色和味	溶水性	危害性	最高容许浓度/%
二氧化碳(CO_2)	煤岩中涌出,有机物氧化,人员呼吸,爆破作业	1.52	无色、无味、无臭	易溶	微毒。对呼吸系统有刺激作用,在肺中的含量增加时能使血液酸度变大,刺激呼吸中枢	
二氧化硫(SO_2)	含硫矿物氧化,在含硫矿物中爆破作业	2.2	有刺激性臭味及酸味	易溶	与眼、呼吸道的湿表面接触后能形成亚硫酸,因而对眼、呼吸器官有强烈腐蚀作用,严重时会引起肺水肿	0.0005
二氧化氮(NO_2)	爆破作业	1.57	棕红色、有刺激性臭味	极易溶	强烈毒性。能和水结合成硝酸,对肺组织起破坏作用,造成肺水肿;对眼睛、鼻腔、呼吸道等有强烈刺激作用	0.00025
硫化氢(H_2S)	有机物腐烂,硫化矿物水解,煤岩中放出	1.19	无色、微甜、臭鸡蛋味、0.0001%时即可闻到	易溶	强烈毒性。能使血液中毒,对眼睛黏膜及呼吸道系统有强烈刺激作用	0.00066
氨气(NH_3)	爆破作业	0.6	无色、有恶臭	易溶	刺激皮肤、呼吸道,使人流泪、咳嗽、头晕,严重中毒者会发生肺水肿	0.004
氢气(H_2)	蓄电池充电时放出	0.07	无色、无味、无臭	不溶	浓度达4%~7%时有爆炸性	
甲烷(CH_4)	煤岩涌出	0.554	无色、无味、无臭、无毒		具有爆炸性	不同地点允许浓度不同

注:1. 甲烷、二氧化碳和氢气的允许浓度按《煤矿安全规程》的有关规定执行。

2. 矿井中所有气体的浓度均按体积百分比计算。

3. 二氧化氮浓度为氮氧化物换算成二氧化氮。

(二) 矿井气候条件

矿井气候条件指矿井空气的温度、湿度及风速三者的综合作用状态。这三个参数的不同组合,构成了不同的矿井气候条件。

1. 矿井空气的温度

空气的温度是影响矿井内气候条件的主要因素,气温过高,影响人体散热,破坏身体热平衡,使人感到不适,气温过低人体散热过多,容易引起感冒,对人体最适宜的温度一般认为是15~20 ℃。

《煤矿安全规程》规定:当采掘工作面空气温度超过26 ℃、机电设备硐室超过30 ℃时,必须缩短超温地点工作人员的工作时间,并给予高温保健待遇。当采掘工作面的空气温度超过 30 ℃、机电设备硐室超过 34 ℃时，必须停止作业。进风井口以下的空气温度(干球温度，下同)必须在 2 ℃以上。

2. 矿井空气的湿度

空气的湿度是指空气中所含水蒸气量即空气的潮湿程度，一般用"相对湿度"表示。相对湿度是指在同体积和同温度下，空气中实际含有的水蒸气数量与饱和水蒸气数量的百分比。对人体比较适宜的相对湿度一般为 50%～60%。

3. 井巷中的风速

在矿井井巷中，风流在单位时间内所流经的距离称为巷道中的风速。风速影响人体的对流散热和蒸发散热的效果。对流散热强度随风速而增大。当气温低于体温时，风速越大，对流散热量也越大。井巷中的风流速度应当符合表 3-2 要求。

表 3-2　井巷中的允许风流速度

井 巷 名 称	允许风速/(m·s^{-1})	
	最低	最高
无提升设备的风井和风硐		15
专为升降物料的井筒		12
风桥		10
升降人员和物料的井筒		8
主要进、回风巷		8
架线电机车巷道	1.0	8
输送机巷，采区进、回风巷	0.25	6
采煤工作面、掘进中的煤巷和半煤岩巷	0.25	4
掘进中的岩巷	0.15	4
其他通风人行巷道	0.15	

设有梯子间的井筒或者修理中的井筒，风速不得超过 8 m/s；梯子间四周经封闭后，井筒中的最高允许风速可以按表 3-2 规定执行。

无瓦斯涌出的架线电机车巷道中的最低风速可低于表 3-2 的规定值，但不得低于 0.5 m/s。

综合机械化采煤工作面，在采取煤层注水和采煤机喷雾降尘等措施后，其最大风速可高于表 3-2 的规定值，但不得超过 5 m/s。

二、矿井通风系统

矿井通风系统是指风流由入风井进入井下，经过各个用风场所，然后由回风井排出矿井所经过的整个路线。矿井通风系统包括矿井通风方式、通风方法、通风网络和通风设施四个方面。矿井通风系统是保证矿井通风安全可靠、经济合理的重要基础。

(一) 矿井通风方式

矿井通风方式是根据矿井的进风井筒和回风井筒的相对位置而言的。按进、回风井筒的相对位置不同，矿井通风方式分为中央式、对角式、区域式、混合式四大类，矿井通风方式如图 3-1 至图 3-4 所示，其优缺点和适用条件比较见表 3-3。

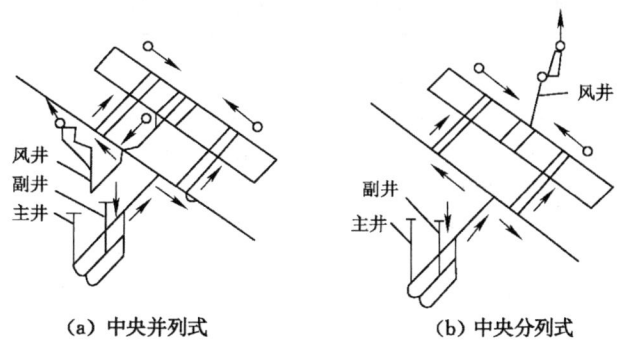

(a) 中央并列式   (b) 中央分列式

图 3-1 中央式通风系统

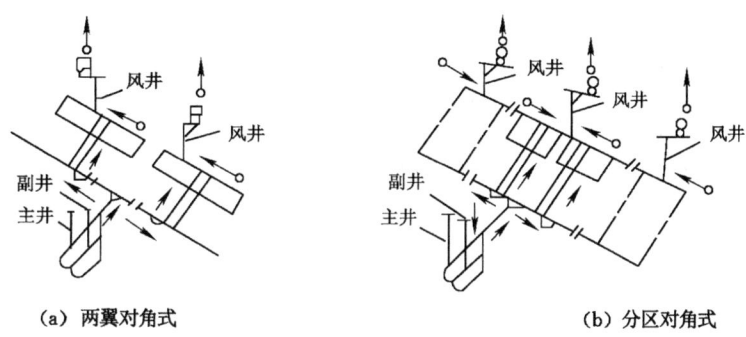

(a) 两翼对角式   (b) 分区对角式

图 3-2 对角式通风系统

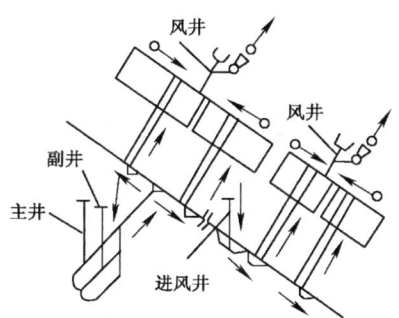

图 3-3 区域式通风系统

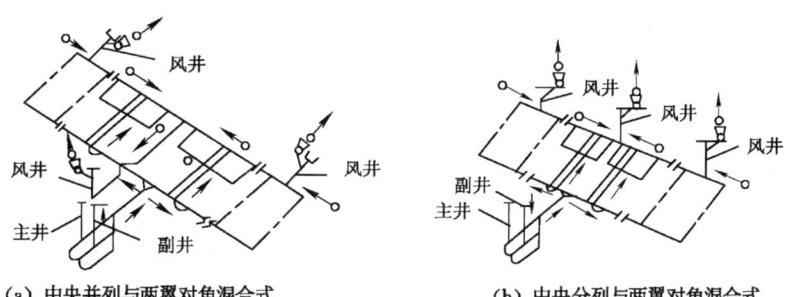

(a) 中央并列与两翼对角混合式   (b) 中央分列与两翼对角混合式

图 3-4 混合式通风系统

表 3-3 矿井通风方式的优缺点和适用条件比较表

通风方式	分类	优　点	缺　点
中央式	中央并列式	1. 进、回风井均布置在中央工业场地内，地面建筑和供电集中，占地少 2. 进、回风井相距较近，便于贯通，初期投资少，建井期短，投产快，护井煤柱留设少 3. 矿井反风容易，便于管理	1. 风流在井下的流动路线为折返式，风流路线长，通风阻力大，井底车场附近漏风大 2. 主要通风机位于工业场地内，工业场地受通风机噪声影响和回风风流的污染 3. 投产初期安全出口相距较近，安全性较差
中央式	中央边界式（或称中央分列式）	1. 通风阻力较小，内部漏风少，有利于对瓦斯和自然发火的管理；安全出口较远，安全性好 2. 工业广场不受噪声的影响及回风风流的污染	1. 风流在井下流动的路线为折返式，当开采到靠近井田走向边界时，风流路线较长，通风阻力较大 2. 增设风井工业场地，占地和压煤较多
对角式	两翼对角式	1. 风流路线短，通风阻力小，内部漏风少 2. 矿井总风压较稳定，每翼风阻比较均衡，便于管理和风量调节 3. 安全出口多，抗灾能力强 4. 工业场地不受噪声和回风风流的污染	1. 初期投资大，建井工期长，投产较晚 2. 工业场地分散，管理不便，井筒压煤较多
对角式	分区对角式	1. 初期投资少，建井工期短，投产快 2. 每个采区有独立的通风路线，互不影响，便于风量调节 3. 通风线路短，风阻小；安全出口多，抗灾能力强	1. 井筒多，占地压煤多，占用设备多 2. 风井风机服务范围小，接替频繁 3. 管理分散，反风困难
区域式		1. 每个区域形成各自独立的通风系统，风流路线短，通风阻力小、能力大、漏风少，且互不影响 2. 不仅能利用风井准备采区，缩短建井工期，而且还可以用进风井下料、排矸及升降人员 3. 风路简单，风流易于控制，通风机选型方便	风井、通风设备、工业广场多，管理分散
混合式		其优点是以上几种方式优点的结合。另外，该方式通风能力大、布置灵活、适应性强	风井、通风设备、工业广场多，管理分散

（二）矿井通风方法

利用矿井通风机械运转产生的通风动力，使空气在井下巷道流动的通风方法，称为机械通风。矿井必须采用机械通风。矿井通风方法是指主要通风机对矿井供风的工作方法。按主要通风机的安装位置不同分为抽出式、压入式及混合式三种。

1. 抽出式通风

抽出式通风是将矿井主要通风机安设在出风井一侧的地面上,新风经进风井流到井下各用风地点后,污风再通过风机排出地表的一种矿井通风方法(图 3-5)。目前我国大部分矿井一般多采用抽出式通风。

2. 压入式通风

压入式通风是将矿井主要通风机安设在进风井一侧的地面上,新风经主要通风机加压后送入井下各用风地点,污风再经过回风井排出地表的一种矿井通风方法(图 3-6)。

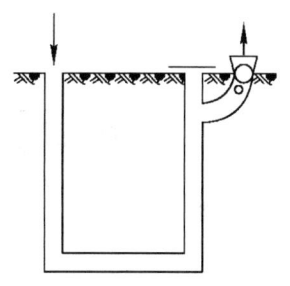

图 3-5 矿井抽出式通风

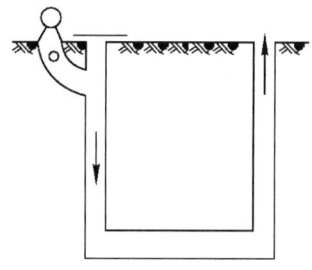

图 3-6 矿井压入式通风

3. 混合式通风

混合式通风是在进风井和回风井一侧都安设矿井主要通风机,新风经压入式主要通风机送入井下,污风经抽出式主要通风机排出井外的一种矿井通风方法。

(三)矿井通风设施

为保证风流按设计路线流动,在通风系统中设置的控制风流的构筑物,叫作通风设施。通风设施按其作用可分为三类:引导风流的设施,如风桥、风硐等;隔断风流的设施,如风墙(密闭)、风门、防爆门等;调节控制风量的设施,如风窗、调节风门(窗)等。

(1)风门。风门是巷道中既要通车和行人又要隔断风流或调节风量的设施,如图 3-7 所示。风门关闭时,切断风流;开启时行人行车;要设置两道风门,两道风门要闭锁,其间距要符合要求;风门要迎风开启。

(2)风墙(密闭)。密闭是切断风流和封闭已采完的采区和盲巷的设施,如图 3-8 所示。密闭按服务年限长短又分为临时密闭和永久密闭两种。临时密闭服务时间短,隔断风流快,砌筑方法简单,速度快。井下常见的临时密闭有帆布密闭、充气密闭、木板密闭等。永久密闭是服务年限两年以上,长期切断风流的密闭。

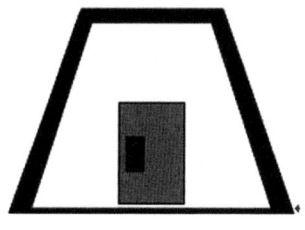

图 3-7 风门

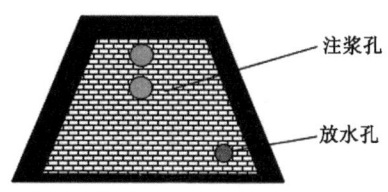

图 3-8 密闭

(3) 防爆门。在装有主要通风机的出风井口,必须安装防爆设施,在斜井口设防爆门(图3-9),在立井口设防爆井盖。其作用有两个:① 井下一旦发生瓦斯或煤尘爆炸,受高压爆炸冲击波的作用,自动打开,保护主要通风机免受毁坏;② 爆炸冲击波过后能自动关闭,迅速恢复矿井通风。在正常情况下它是气密的,以防止风流短路。

(4) 风桥。风桥是将平面交叉的进、回风流隔成立体交叉的一种通风设施。常用的有绕道式风桥、混凝土风桥(图3-10)、铁筒式风桥等。

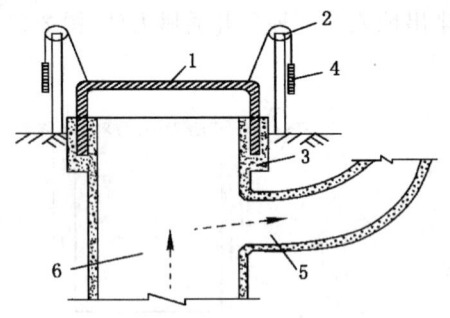

1—防爆门;2—滑轮;3—密封液槽;4—平衡锤;5—风硐;6—回风立井

图 3-9　防爆门

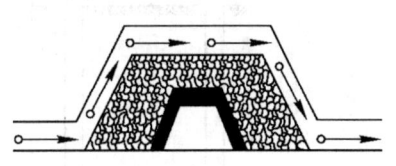

图 3-10　混凝土风桥

第二节　矿井瓦斯灾害防治

一、矿井瓦斯的基础知识

瓦斯是指矿井中主要由煤层气构成的以甲烷为主的有害气体。有时单独指甲烷。

瓦斯是伴随着煤的生成而生成的,是成煤过程中的一种伴生体。经过很长的地质年代,煤体和围岩中只保留了少量瓦斯,大部分已逸散到大气中了。煤层的倾角大,埋藏浅,顶板透气性好,煤层中保留下来的瓦斯量就少;反之,煤层中保留下来的瓦斯量就多。

(一) 瓦斯的性质

瓦斯是一种无色、无味、无臭的气体。要检查空气中的瓦斯及其浓度,需要用专业的瓦斯检测仪进行检测。

(1) 瓦斯比空气轻,相对空气密度0.554,因此,瓦斯经常积聚在巷道顶部、上山掘进头、采煤工作面上隅角等处。

(2) 瓦斯有较强的扩散性。瓦斯可以在煤体孔隙和裂隙中流动,从煤岩涌出的瓦斯很快扩散到巷道空间。

(3) 当井下空气中瓦斯浓度较高时,会使氧含量相对减少,从而造成人员窒息。为避免发生窒息事故,应禁止人员进入井下通风不好的区域。

(4) 瓦斯具有燃烧性和爆炸性。当瓦斯与空气混合达到一定浓度时,遇到火源能燃烧和爆炸,造成重大灾害事故。

(二) 瓦斯的危害

(1) 瓦斯燃烧。在瓦斯燃烧地点,空气中的氧气被大量消耗掉,可能引起火灾或瓦斯和煤尘爆炸事故。

(2) 瓦斯爆炸。瓦斯爆炸后产生高温、高压冲击波；引起煤尘爆炸；反向冲击造成更严重破坏；摧毁巷道与设备；产生大量有害气体，伤害井下人员。

(3) 瓦斯窒息。瓦斯虽无毒性，但不能供人呼吸。当空气中瓦斯浓度较高时，就会相应地降低空气中氧气含量，能使人因缺氧而窒息死亡。

(三) 瓦斯的存在状态

瓦斯在煤层及围岩中的赋存状态有两种：一种是游离状态，另一种是吸附状态。

1. 游离状态

游离状态的瓦斯以自由气体状态存在于煤层或围岩的孔洞之中，其分子可自由运动，处于承压状态，占瓦斯总量的10%~20%。

2. 吸附状态

吸附状态的瓦斯按照结合形式的不同，又分为吸着状态和吸收状态。吸着状态是指瓦斯被吸着在煤体或岩体微孔表面，在表面形成瓦斯薄膜；吸收状态是指瓦斯被溶解于煤体中，与煤的分子相结合，即瓦斯分子进入煤体胶粒结构，类似于气体溶解于液体的现象。

煤体中瓦斯存在的状态不是固定不变的，而是处于不断交换的动平衡状态，当条件发生变化时，这一平衡就会被打破。由于压力增高或温度降低使一部分吸附瓦斯转化为游离瓦斯的现象，叫作瓦斯解吸，占瓦斯总量的80%~90%。

(四) 矿井瓦斯涌出

生产过程中煤层岩层中的瓦斯不断向采掘工作面和井巷空间释放的现象称为瓦斯涌出。瓦斯通过煤体或围岩的细微裂隙从其暴露面上均匀、缓慢、连续不断地放出的形式，是井下瓦斯涌出的主要形式。它的特点是时间长、涌出量大、范围大且一般不易察觉，是一种普通涌出。还有一种特殊形式的瓦斯涌出，即瓦斯喷出和煤与瓦斯突出。矿井瓦斯涌出与煤层瓦斯含量等因素密切相关。

1. 矿井瓦斯涌出量

矿井瓦斯涌出量是指在开采过程中，单位时间内或单位重量的煤中释放的瓦斯量。

(1) 绝对瓦斯涌出量：单位时间内涌入采掘空间的瓦斯数量，用 m^3/min 来表示。

(2) 相对瓦斯涌出量：在矿井正常生产条件下，月平均日产1t煤所涌出的瓦斯数量，用 m^3/t 来表示。

2. 矿井瓦斯等级划分

根据《煤矿瓦斯等级鉴定暂行办法》(煤安监技装〔2018〕9号)规定，矿井瓦斯等级应当依据实际测定的瓦斯涌出量、瓦斯涌出形式、实际发生的瓦斯动力现象、实测的突出危险性等参数确定。矿井瓦斯等级划分为：

(1) 低瓦斯矿井。矿井同时满足下列条件为低瓦斯矿井：

① 矿井相对瓦斯涌出量不大于 $10\ m^3/t$。

② 矿井绝对瓦斯涌出量不大于 $40\ m^3/min$。

③ 矿井任一掘进工作面绝对瓦斯涌出量不大于 $3\ m^3/min$。

④ 矿井任一采煤工作面绝对瓦斯涌出量不大于 $5\ m^3/min$。

(2) 高瓦斯矿井。矿井满足下列情形之一的为高瓦斯矿井：

① 矿井相对瓦斯涌出量大于 $10\ m^3/t$。

② 矿井绝对瓦斯涌出量大于 $40\ m^3/min$。

③ 矿井任一掘进工作面绝对瓦斯涌出量大于 3 m³/min。

④ 矿井任一采煤工作面绝对瓦斯涌出量大于 5 m³/min。

(3) 煤(岩)与瓦斯(二氧化碳)突出矿井(以下简称突出矿井)。在矿井的开拓、生产范围内有突出煤(岩)层的矿井为突出矿井。有下列情形之一的煤(岩)层为突出煤(岩)层：发生过煤(岩)与瓦斯(二氧化碳)突出的；经鉴定或者认定具有煤(岩)与瓦斯(二氧化碳)突出危险的。

二、瓦斯爆炸及其防治

煤矿井下空气中的瓦斯含量达到一定浓度时，遇到高温火源，就会产生燃烧和爆炸，从而引起井下火灾，造成人员伤亡，严重破坏矿井的正常生产。

(一) 瓦斯爆炸的危害

矿井一旦发生瓦斯爆炸，就会造成一系列极其严重的危害，其危害主要表现在以下几方面：

(1) 爆炸产生高温。爆炸时产生的热量，使周围气体温度迅速升高，爆炸瞬间温度为 1850～2650 ℃。这样的高温，会造成人员伤亡，并可能引起火灾，烧毁设备、设施，损坏巷道。

(2) 爆炸产生高压气体和强大冲击波。由于爆炸时气体温度骤然升高，引起爆源附近气体体积急速膨胀，气体压力突然增大，形成强大的高压冲击波。强大的冲击波可使井下人员遭受伤亡，严重摧毁巷道支架、井下设施和设备，造成巷道顶板冒落。此外，在爆炸冲击波的作用下，会使别处积存的瓦斯冲出，并能扬起大量煤尘，从而造成瓦斯或煤尘的连续爆炸，使灾害扩大。

(3) 爆炸产生大量的有毒、有害气体。瓦斯爆炸要消耗大量氧气，同时伴生大量的有害气体，其中主要是一氧化碳和二氧化碳。若有煤尘参与爆炸，产生的一氧化碳气体会更多，造成的人员伤亡更严重。统计资料表明，瓦斯、煤尘爆炸事故中死亡的人数，90%左右都是因为 CO 中毒、窒息死亡。

(二) 瓦斯爆炸的条件

瓦斯爆炸必须具备三个基本条件：一定浓度的瓦斯、高温火源和足够的氧气，缺少其中任何一个条件，瓦斯就不能发生爆炸。

1. 一定浓度的瓦斯(5%～16%)

瓦斯爆炸具有一定的浓度范围，只有在这个浓度范围内，瓦斯才能够爆炸。在新鲜空气中，瓦斯爆炸的界限一般认为是 5%(爆炸下限)～16%(爆炸上限)，5%～9.5%时，爆炸威力逐渐增强；浓度为 9.5%时，威力最强，因为空气中的全部瓦斯和氧气都能参与反应。

瓦斯的爆炸界限并不是固定不变的，如果混合气体中有其他可燃性气体或煤尘混入，爆炸前混合气体的温度升高、压力变化等，都会使瓦斯的爆炸界限下降，从而使瓦斯浓度达不到爆炸下限时也可能发生爆炸，增加其危险性。因此，对矿井瓦斯的管理，最重要的是在任何情况下瓦斯浓度都不允许达到或接近爆炸下限。

2. 高温火源(650～750 ℃)

煤矿井下的明火、煤炭自燃、电弧、电火花、炽热的金属表面以及撞击和摩擦火花，都能点燃瓦斯。

3. 足够的氧气(≥12%)

瓦斯爆炸实际上是一定浓度的瓦斯和氧气相混合时所进行的激烈氧化反应。没有足够的氧气，氧化不剧烈，就不会发生爆炸。瓦斯的爆炸界限随瓦斯和空气混合气体中氧含量的降低而缩小，当氧气浓度降到12%时，瓦斯混合气体就失去爆炸性，遇火也不会爆炸。

(三) 瓦斯爆炸的防治

预防瓦斯爆炸的措施主要有三个方面，即防止瓦斯积聚、防止瓦斯引燃和防止瓦斯灾害事故扩大。

1. 防止瓦斯积聚

瓦斯爆炸的条件之一是瓦斯浓度达到爆炸界限范围。因此，防止瓦斯积聚到瓦斯爆炸下限浓度，就是最积极有效的措施。

防止瓦斯积聚主要应做好以下工作：

(1) 加强通风。加强通风就是要有效、连续、稳定地向井下各用风地点供给适量的新鲜风流，用足够的新鲜空气把瓦斯稀释到《煤矿安全规程》允许的浓度。

(2) 加强检查。经常检查井下各地点的瓦斯浓度和通风情况，可以准确及时地掌握井下瓦斯涌出情况和风流中的瓦斯浓度，这是防止瓦斯爆炸的前提。

(3) 及时处理局部积聚的瓦斯。在矿井日常生产中，及时处理局部积聚的瓦斯是瓦斯管理工作的重要内容，也是防止瓦斯爆炸事故、保证安全生产的重要工作。生产中容易积聚瓦斯的地点主要有：采煤工作面的上隅角、停风的盲巷、顶板冒落形成的空硐内以及低风速巷道的顶板附近等。

【案例3-1】 2016年10月31日，重庆市永川区金山沟煤业有限责任公司发生特别重大瓦斯爆炸事故。事故共造成33人死亡、1人受伤，直接经济损失3682.22万元。事故直接原因：金山沟煤业有限责任公司在超层越界违法开采区域采用国家明令禁止的"巷道式采煤"工艺，不能形成全风压通风系统，使用一台局部通风机违规同时向多个作业地点供风，风量不足，造成瓦斯积聚；违章"裸眼"爆破产生的火焰引爆瓦斯，煤尘参与了爆炸。

事故案例

2. 防止瓦斯引燃

采取一切措施杜绝井下高温热源，可达到防止瓦斯引燃的目的。

(1) 严格明火管理。严禁在井下使用明火和吸烟。下井人员要自觉接受井口安检人员检查，禁止携带烟草和点火工具下井；井下禁止使用电炉或灯泡取暖；井口房和通风机房附近20 m内，不得有烟火或者用火炉取暖；井下和井口房内不得进行电焊、气焊或喷灯焊，特殊情况必须烧焊时，必须制定安全措施，严格执行《煤矿安全规程》的有关规定。

(2) 严格机电防爆管理。井下有瓦斯涌出的区域应选用矿用防爆型电气设备；对电气设备的防爆性能要经常检查维护，消灭电器失爆；井下电缆的选择和使用要严格执行《煤矿安全规程》的规定；井下禁止敲打和拆卸矿灯，禁止带电检修和移动电气设备；掘进工作面的电气设备和局部通风机必须装设风电闭锁装置。

(3) 加强爆破管理。井下必须使用取得产品许可证的煤矿许用炸药和煤矿许用电雷管；爆破工必须经过专门培训，严格执行《煤矿安全规程》中对井下爆破工作的各项规定。

(4) 严防产生撞击和摩擦火花。倾斜井巷运输必须按《煤矿安全规程》要求装设完善的保险装置，并经常检查维护，使其处于良好状态；在容易摩擦发热的机械部件上安设过热保护装置;对转动摩擦的机械部件加强检查维护,保持转动灵活、润滑良好;井下作业中,应采取措施防止铁器撞击。

(5) 加强火区管理。按规定,经常检查密闭墙,测定火区温度与瓦斯浓度。

三、煤与瓦斯突出及防治

在井下采掘过程中,在很短的时间内,大量瓦斯与碎煤(或岩石)从煤体中突然抛向采掘空间,并伴有巨大的响声和强大的冲击力,这种复杂的动力现象称为煤与瓦斯突出,简称突出。

(一)煤与瓦斯突出的预兆

(1) 有声预兆。煤层在变形过程中发出劈裂声、爆竹声、闷雷声,间隔时间不一,在突出瞬间常伴有巨雷般的响声;支架受力发出"嘎嘎"声音甚至折裂声音。

(2) 无声预兆。其主要表现是:

① 煤层结构变化、层理紊乱、煤层由硬变软、由薄变厚、倾角由小变大、煤由湿变干、暗淡无光泽,煤层顶底板出现断裂,煤岩严重破坏等。

② 瓦斯涌出异常(忽大忽小)、煤尘增大、气温异常、气味异常,打钻喷瓦斯、喷煤粉并伴有哨声、蜂鸣声等。

③ 地压显现、煤岩开裂掉碴、底鼓、煤岩自行剥落、煤壁颤动、钻孔变形等。

上述预兆并非每次突出都同时出现,而是出现一种或几种。《煤矿安全规程》要求,突出煤层工作面的作业人员、瓦斯检查工、班组长应当掌握突出预兆。发现突出预兆时,必须立即停止作业,按避灾路线撤出,并报告矿调度室。班组长、瓦斯检查工、矿调度员有权责令相关现场作业人员停止作业,停电撤人。

(二)煤矿防突工作的原则和流程

1. 煤矿防突工作的原则

防突工作必须坚持"区域综合防突措施先行、局部综合防突措施补充"的原则,按照"一矿一策、一面一策"的要求,实现"先抽后建、先抽后掘、先抽后采、预抽达标"。突出煤层必须采取两个"四位一体"综合防突措施,做到多措并举、可保必保、应抽尽抽、效果达标,否则严禁采掘活动。在采掘生产和综合防突措施实施过程中,发现有喷孔、顶钻等明显突出预兆或者发生突出的区域,必须采取或者继续执行区域防突措施。

2. 两个"四位一体"综合防突措施及其工作流程

有突出矿井的煤矿企业、突出矿井应当依据《防治煤与瓦斯突出细则》的规定,结合矿井开采条件,制定、实施区域和局部综合防突措施。区域综合防突措施包括下列内容:

(1) 区域突出危险性预测。

(2) 区域防突措施。

(3) 区域防突措施效果检验。

(4) 区域验证。

局部综合防突措施包括下列内容:

(1) 工作面突出危险性预测。

(2) 工作面防突措施。

(3) 工作面防突措施效果检验。

(4) 安全防护措施。

突出矿井应当加强区域和局部(两个"四位一体")综合防突措施实施过程的安全管理和质量管控,确保质量可靠、过程可溯。

(三)区域综合防突措施

突出矿井应当对开采的突出煤层进行区域突出危险性预测,经区域预测为突出危险区的煤层,必须采取区域防突措施并进行区域防突措施效果检验。经效果检验仍为突出危险区的,必须继续进行或者补充实施区域防突措施。经区域预测或者区域防突措施效果检验为无突出危险区的煤层进行揭煤和采掘作业时,必须采用工作面预测方法进行区域验证。

1. 区域预测

区域预测一般根据煤层瓦斯参数结合瓦斯地质分析的方法进行,也可以采用其他经试验证实有效的方法。经区域预测后,煤层划分为突出煤层和非突出煤层。

2. 区域防突措施

区域防突措施主要包括开采保护层和预抽煤层瓦斯两类。开采保护层时,具有抽采瓦斯系统的矿井,应同时抽采被保护层的瓦斯,以防被保护层瓦斯大量涌入保护层引起瓦斯超限。

3. 区域防突措施效果检验

开采保护层的保护效果检验主要采用残余瓦斯压力、残余瓦斯含量及其他经试验证实有效的指标和方法。采用预抽煤层瓦斯区域防突措施的,必须对区域防突措施效果进行检验,检验指标优先采用残余瓦斯含量指标,根据现场条件也可采用残余瓦斯压力或者其他经试验证实有效的指标和方法进行检验。

4. 区域验证

区域预测为无突出危险区或者区域措施效果检验有效时,采掘过程中还应当对无突出危险区进行区域验证,并保留完整的工程设计、施工和验证的原始资料。

【案例3-2】 2022年3月15日,云南省曲靖市富源县平庆煤业有限公司平庆煤矿发生煤与瓦斯突出事故,造成1人死亡,97人涉险,直接经济损失282.7万元。事故直接原因:平庆煤矿117805掘进工作面处于构造带(煤层变厚、煤体松软),且位于上覆已开采的煤层留设煤柱的应力叠加区和本煤层瓦斯富集区,采取的局部防突措施未能消除煤层的突出危险,掘进机割煤扰动诱发煤与瓦斯突出。事故暴露出该矿技术管理薄弱,未查明117805机巷掘进工作面地质构造情况;未建立以总工程师为首的瓦斯治理技术管理体系,未认真落实瓦斯抽采达标评判、通风瓦斯日分析制度等措施。该矿安全管理混乱,未认真落实县煤炭管理部门对C7+8煤层按突出煤层进行管理的要求,对117805机巷掘进工作面顶板破碎、煤层变厚、煤体松软、瓦斯异常涌出、片帮频繁等突出征兆不重视,仍组织作业。

(四)局部综合防突措施

1. 工作面的突出危险性预测

井巷揭煤工作面的突出危险性应当选用钻屑瓦斯解吸指标法或者其他经试验证实有效的方法进行预测。可采用下列方法预测煤巷掘进工作面的突出危险性:钻屑指标法、复合指标法、R值指标法、其他经试验证实有效的方法。

2. 工作面防突措施

井巷揭煤工作面的防突措施包括超前钻孔预抽瓦斯、超前钻孔排放瓦斯、金属骨架、煤体固化、水力冲孔或者其他经试验证明有效的措施。立井揭煤工作面可以选用上述除水力冲孔以外的各项措施。金属骨架、煤体固化措施,应当在采用了其他防突措施并检验有效后方可在揭开煤层前实施。对所实施的防突措施都必须进行实际考察,得出符合本矿井实际条件的有关参数。

3. 工作面防突措施效果检验

工作面执行防突措施后,必须对防突措施效果进行检验。工作面防突措施效果检验必须包括以下两部分内容:

(1) 检查所实施的工作面防突措施是否达到设计要求和满足有关规章、标准等规定,并了解、收集工作面及实施措施的相关情况、突出预兆等(包括喷孔、顶钻等),作为措施效果检验报告的内容之一,用于综合分析、判断。

(2) 各检验指标的测定情况及主要数据。

4. 安全防护措施

井巷揭穿突出煤层和在突出煤层中进行采掘作业时,必须采取避难硐室、反向风门、压风自救装置、隔离式自救器、远距离爆破等安全防护措施。

第三节 矿井火灾防治

一、矿井火灾的基础知识

凡是发生在矿井地面或井下,威胁到井下安全生产,造成损失的非控制燃烧均称为矿井火灾。如地面井口房、通风机房失火或井下输送带着火、煤炭自燃等都是非控制燃烧,均属于矿井火灾。

根据引火热源不同,矿井火灾可分为外因火灾和内因火灾。外因火灾是指由外部火源,如明火、爆破、瓦斯煤尘爆炸、机械摩擦、电路短路等原因造成的火灾。内因火灾又叫自燃火灾,是指一些易燃物(主要指煤炭)在一定条件下和环境中(破碎堆积并有空气供给)自身发生物理化学变化(氧化、发热)聚积热量而导致着火形成的火灾。

(一) 矿井火灾危害

矿井火灾对煤矿生产及职工安全的危害主要有以下几个方面:

(1) 产生大量的有毒有害气体。

(2) 引发瓦斯、煤尘爆炸。

(3) 毁坏设备设施。

(4) 引起矿井风流状态紊乱。

(5) 烧毁资源、影响生产、造成重大经济损失。

(二) 矿井火灾三要素

发生矿井火灾的原因很多,但引起火灾的基本要素有三点:

(1) 可燃物。煤矿中的煤是大量而普遍存在的可燃物。另外,坑木、各类机电设备、各种油料、炸药等都具有可燃性。可燃物的存在是火灾发生的基础。

(2) 热源。具有一定温度和足够热量的热源才能引起火灾。煤矿井下热源有:煤炭自燃、瓦斯煤尘爆炸、爆破、机械摩擦、电流短路、烧焊以及其他明火。

(3) 氧气。缺氧就不能维持燃烧。

火灾的发生,必须同时满足以上三个条件。因此,对矿井火灾的防治与扑灭都应从这三个方面考虑。

二、矿井外因火灾及其预防

外因火灾大多容易发生在井底车场、机电硐室、运输及回采巷道等机械、电气设备比较集中,而且风流比较畅通的地点。这类火灾一般发生的比较突然,发展速度也快。一个小火源,稍有疏忽,火势就可能蔓延扩大到很大的范围。如果发现不及时,处理方法不当,或者行动措施不果断,会给矿井带来严重损失以致发生惨痛的人身伤亡事故。

外因火灾的预防主要从两个方面进行:一是防止失控的高温热源;二是尽量采用不燃或阻燃材料支护和不燃或难燃制品,同时防止可燃物大量积存。

煤矿井下失控的高温热源较多,如电气设备过负荷短路产生的电弧、电火花,不正确的爆破作业产生的爆炸火焰,机械设备运转不佳造成的摩擦火花,物品碰撞引起的冲击火花,违章吸烟,使用电炉、灯泡取暖,烧焊以及瓦斯、煤尘爆炸等都能形成外因火灾。

【案例3-3】 2020年9月27日,重庆能投渝新能源有限公司松藻煤矿井下二号大倾角运煤上山带式输送机发生重大火灾事故,造成16人死亡、42人受伤,直接经济损失2501万元。事故直接原因:松藻煤矿二号大倾角运煤上山带式输送机下方煤矸堆积,起火点−63.3 m标高处回程托辊被卡死、磨穿形成破口,内部沉积粉煤;磨损严重的输送带与起火点回程托辊滑动摩擦产生高温和

事故案例

火星,点燃回程托辊破口内积存粉煤;带式输送机运转监护工发现输送带异常情况,电话通知地面集控中心停止带式输送机运行,紧急停机后静止的输送带被引燃,输送带阻燃性能不合格、巷道倾角大、上行通风,火势增强,引起输送带和煤混合燃烧;火灾烧毁设备,破坏通风设施,产生的有毒有害高温烟气快速蔓延至2324-1采煤工作面,造成重大人员伤亡。

三、矿井内因火灾及其预防

(一)内因火灾发火原因

1. 煤炭自燃条件

煤炭自燃的充分必要条件是:

(1)有自燃倾向性的煤炭被开采后呈破碎状态,堆积厚度一般要大于0.4 m。

(2)有较好的蓄热条件。

(3)有适量的通风供氧。通风是维持较高氧浓度的必要条件,是保证氧化反应自动加速的前提。实验表明,氧浓度大于15%时,煤炭氧化方可较快进行。

(4)上述三个条件共存的时间大于煤的自然发火期。

上述四个条件缺一不可,前三个条件是煤炭自燃的必要条件,最后一个条件是充分条件。

2. 煤的自燃倾向性

煤的自燃倾向性是描述煤的氧化能力的内因属性,是煤的固有特性。煤的自燃倾向性分为3类:容易自燃、自燃和不易自燃。煤的自燃倾向性划分是煤矿采取防治技术和管理措施的主要依据。

3. 煤的自然发火期

自然发火期是指在开采过程中暴露的煤炭,从接触空气到发生自燃的一段时间。煤的自然发火期越短的煤层自然发火的危险程度越大。

煤的自然发火期反映了煤的氧化特性（内因）与外在环境、治理措施、开采条件与工艺等外因属性的综合影响。所有开采煤层应当通过统计法、类比法或者实验测定等方法确定煤层最短自然发火期。

（二）内因火灾的防治措施

自燃火灾多发生在风流不畅通的地点，如采空区、压碎的煤柱、巷道顶煤、断层附近、浮煤堆积处等。防治自燃火灾的措施主要有：开采技术措施、均压防灭火、预防性灌浆、阻化剂灭火、惰性气体防灭火、凝胶防灭火、泡沫防灭火等。

1. 开采技术措施

矿井的开拓方式、采区巷道布置、回采方法和回采工艺、通风系统选择，以及技术管理水平等因素，对煤层的自燃影响很大。提高回采率，减少煤柱和采空区遗煤，破坏自燃的物质基础；提高回采速度，回采后及时封闭采空区，缩短煤炭与空气接触的时间，减少漏风，消除自燃的供氧条件，破坏煤炭自燃的过程，从而达到防止自燃的目的。

2. 预防性灌浆

预防性灌浆就是利用不燃性材料和水按一定比例配成浆液，利用高度差产生的静压或水泵产生的动压，经输浆管路输送至可能发生自燃的采空区。浆液中的固体物沉降下来，水则经巷道排出。这种预防采空区遗留煤炭自燃的措施，叫作预防性灌浆。这是我国目前广泛采取的一种预防煤炭自燃的措施。

3. 阻化剂防灭火

阻化剂是抑制煤氧结合、阻止煤氧化的化学药剂。阻化剂防灭火就是将阻化剂喷洒于煤壁、采空区或压注入煤体之内，以抑制或延缓煤炭的氧化，达到防止自燃的目的。阻化剂防灭火可采用喷洒阻化剂、压注阻化剂和汽雾阻化剂等工艺。

4. 凝胶防灭火

凝胶防灭火就是将基料和促凝剂按一定比例混合配成水溶液后，发生化学反应生成凝胶，从而破坏煤炭着火的一个或几个条件，以达到防灭火的目的。

5. 均压防灭火

均压防灭火就是利用风窗、风机、调压气室等降低采空区区域两侧风压差，从而减少向采空区漏风供氧，达到抑制和窒息煤炭自燃的方法。均压防灭火技术具有以下特点：可以在不影响工作面生产的前提下实施及采用；均压通风加强了密闭区的气密性，减少了采空区的漏风，从而加速了密闭区（或采空区）里的空气惰化；工程量小、投资少、见效快。

6. 氮气防灭火

氮气防灭火是将氮气注入预定的区域，使该区域内的空气惰化，使氧气浓度小于煤炭自燃的临界氧气浓度，从而防止煤炭氧化自燃，也可以使已经形成的火区因缺氧而逐渐熄灭。采用惰性气体防灭火时，根据矿井实际条件，注入惰性气体的方式可采用连续或者间断注入，注入惰性气体的方法可采用埋管注入、拖管注入、钻孔注入或密闭墙插管注入等。

四、矿井火灾处理与控制

矿井灭火方法可分为直接灭火法、隔绝灭火法和综合灭火法。

(一) 直接灭火法

1. 用水灭火

水是最经济、最有效、来源最广的灭火材料。一般采用水射流和水幕两种方式来灭火。

(1) 用水灭火的注意事项。

① 灭火人员应站在火源的上风侧,并要保持有畅通的排烟路线,及时将高温气体和水蒸气排出。如果人员站在下风侧会受到高温和火烟的侵害,并易受到冒顶和高温水蒸气的伤害。

② 要有足够的水量。少量的水或微弱的水流,不但灭不了火,而且在高温下与煤生成H_2和CO(水煤气),形成爆炸性混合气体。

③ 扑灭火势猛烈的火灾时,不要把水射流直接喷射到火源中心,应先从火源外围开始喷水,随着火势的减小再逐渐逼近火源中心,以免产生大量水蒸气,或导致燃烧的煤块、炽热的煤渣突然喷出而烫伤人员。

④ 不能用水扑灭带电的电气火灾。

⑤ 油类火灾若用水灭火时,只能使用雾状的细水,这样才能产生一层水蒸气笼罩在燃烧物的表面,使燃烧物与空气隔离。若用水射流灭火会使燃烧的液体飞溅,又因油比水轻,可漂浮在水面上,易扩大火灾的面积。

⑥ 要保证正常风流,以便火烟和水蒸气能顺利地排到回风流。

⑦ 经常检查火区附近的瓦斯和风流变化情况。

(2) 用水灭火的适用条件。用水灭火费用低、效果好、速度快,但用水灭火也有局限性:电气火灾和油类火灾不宜用水来扑灭;井巷顶板受高温作用后易破坏,被冷水冷却后易冒顶垮落;要铺设供水管路,并在地面建造蓄水池。

一般用水灭火的适用条件为:

① 发火地点明确,人能够接近火源。

② 发火初期阶段,火势不大,范围较小,对其他区域无影响。

③ 有充足的水源,供水系统完善。

④ 火源地点通风系统正常,风路畅通无阻,瓦斯浓度低于2%。

⑤ 灭火地点顶板完好,能在支护掩护下进行灭火作业。

经验证明,在井筒和主要巷道尤其是在带式输送机巷道中装设水幕,当火灾发生时立即启动,能很快限制火灾的蔓延扩展。在火势无法控制,又无其他有效的灭火措施时,也可用水淹没火区。但在恢复生产时需付出大量的财力和人力。

2. 用砂子或岩粉灭火

把砂子或岩粉直接撒盖在燃烧物体上将空气隔绝,使火熄灭。砂子或岩粉不导电并有吸收液体的作用,故适用于扑灭包括电气和油类火灾在内的各类初起火灾。砂子或岩粉成本低廉,易于长期保存,灭火时操作简单,所以在机电硐室、材料仓库、炸药库、绞车房、通风机房等地点,都应备有防火砂箱。

3. 用化学灭火器灭火

目前煤矿使用的化学灭火器有两类:一类是泡沫灭火器;另一类是干粉灭火器。泡沫灭火器是一种简易的泡沫发生装置,发泡量较少,主要用于小范围的火灾。如果扑灭大范围的火灾,可用高倍数泡沫发生装置灭火。

4. 高倍数泡沫灭火

高倍数泡沫灭火,就是采用高倍数泡沫发生装置将高倍数泡沫起泡剂和压力水混合,在通风机的风流推动下产生气液两相物质(高倍数泡沫),在泡沫充满巷道进入火区时,泡沫液膜上的水分蒸发吸收大量热量,起到冷却降温作用。高倍数泡沫灭火成本低、水量损失小、速度快、效果明显,可在远离火区的安全地点进行灭火。

5. 燃油惰气灭火

燃油惰气灭火就是用惰气发生装置产生惰气,注入火区灭火。用惰气扑灭矿井火灾,一般是在不能接近火源,以及用其他方法直接灭火具有很大危险或不能获得应有效果时采用。它的主要优点是:惰化火区空气,既能灭火,又能抑制瓦斯爆炸;能使火区造成正压,减少向火区漏风;惰气容易进入冒落区的小孔、裂缝,起到灭火作用;灭火后的恢复工作比较安全、迅速、经济,设备损害率小。

6. 挖除火源灭火

挖除火源灭火,就是把着火带及附近已经发热或正在燃烧的可燃物挖除并运出井外。这是一种扑灭火灾最简单、最彻底的方法,一般适用于火灾初始阶段、燃烧物较少、火势和火灾范围都不大的情况下,特别适用于煤炭自燃火灾。但前提条件是火源位于人员可直接到达的地点。

事故案例

【案例3-4】 2020年12月4日,重庆市永川区吊水洞煤矿井下发生重大火灾事故,造成23人死亡、1人重伤,直接经济损失2632万元。事故直接原因:重庆市胜杰再生资源回收有限公司在吊水洞煤矿井下回撤设备时,回撤人员在一85 m水泵房内违规使用氧气/液化石油气切割水泵吸水管,掉落的高温熔渣引燃了水仓吸水井内沉积的油垢,油垢和岩层渗出油燃烧产生大量有毒有害烟气,在火风压作用下蔓延至进风巷,造成人员伤亡。

(二) 隔绝灭火法

隔绝灭火法就是建造密闭墙切断通往火区的空气,进而使氧含量降低,达到灭火的目的。这类灭火方法是在采用直接灭火法达不到预期效果,或人员不能接近火区时使用的。

(三) 综合灭火法

综合灭火法就是隔绝灭火与其他灭火的综合应用,如直接灭火无效时,在封闭火区的基础上,再采取灌浆、注入惰性气体或喷阻化剂等措施。综合灭火法既可以用于扑灭矿井火灾,还可以有针对性地用在采空区等有自然发火危险和受火区威胁的地段。

五、火区的管理与启封

(一) 火区管理

由于矿井发生火灾(包括内因火灾和外因火灾)而封闭的采掘空间或区域,称为火区。火区封闭后,应加强管理,防止漏风,使火区内的火尽快熄灭。同时要将火区安全启封,防止在启封过程中因复燃而造成新的事故。

1. 火区卡片管理

(1) 煤矿必须绘制火区位置关系图,注明所有火区和曾经发火的地点。每一处火区都要按形成的先后顺序进行编号,并建立火区管理卡片。火区位置关系图和火区管理卡片必须永久保存。

(2) 火区位置关系图以通风系统图为基础进行绘制,标明所有火区的边界、防火密闭墙位置、历次发火点的位置、漏风路线及防灭火系统布置。图上注明火区编号、名称、发火时间。

(3) 火区管理卡片应当包括下列内容：

① 火区基本情况登记表。火区基本情况登记表中所附火区位置示意图中应当标明火源位置、防火墙类型、位置与编号、钻孔位置、火区外围风流方向以及均压技术设施等内容，并绘制必要的剖面图。

② 火灾事故报告表。

③ 火区灌注灭火材料记录表。

④ 防火墙观测记录表。

2. 火区周围采掘管理

不得在火区的同一煤层的周围进行采掘工作。在同一煤层同一水平的火区两侧、煤层倾角小于35°的火区下部区段、火区下方邻近煤层进行采掘时，必须编制设计，并遵守下列规定：

(1) 必须留有足够宽(厚)度的隔离火区煤(岩)柱，回采时及回采后能有效隔离火区，不影响火区的灭火工作。

(2) 掘进巷道时，必须有防止误冒、误透火区的安全措施。

(3) 煤层倾角在35°及以上的火区下部区段严禁进行采掘工作。

(二) 火区启封

矿井火区封闭之后，在加强火区管理的同时，最重要的任务是了解何时及如何启封火区，尽快安全地恢复生产。尽管在火区启封方面已积累了不少的经验，但在火区启封工作中也曾出现不少错误的决策和行动，导致火区重燃和重封闭，甚至造成爆炸和伤亡事故。启封火区是一项比较复杂而又危险的工作，一定要谨慎从事。封闭的火区，必须经取样化验证实火已熄灭后，方可注销或者启封。火区同时具备下列条件时，方可认为火已熄灭：

(1) 火区内的空气温度下降到30 ℃以下，或者与火灾发生前该区的日常空气温度相同。

(2) 火区内空气中的氧气浓度降到5.0%以下。

(3) 火区内空气中不含有乙烯、乙炔，一氧化碳浓度在封闭期间内逐渐下降，并稳定在0.001%以下。

(4) 火区的出水温度低于25 ℃，或者与火灾发生前该区的日常出水温度相同。

(5) 上述4项指标持续稳定1个月以上。

由于多方面的原因，所测得的火区内大气温度、一氧化碳和氧浓度并不能准确地反映着火带的燃烧情况，特别是阴燃状况，而着火带的阴燃状况在密闭墙外是难以了解的。所以，无法确定可靠的、实践可行的准确指标来判定火源是否熄灭。《煤矿安全规程》规定的几项指标只能在实践可行的前提下提供火区启封作业的相对安全保障。在火区启封时必须制定安全措施和实施计划，并报主管领导批准。要做好一切应急准备工作，要有启封失败"死灰复燃"而必须重新再次封闭的思想与物质准备(重新封闭构筑密闭墙的位置、方法、顺序、材料和安全避灾路线等)。

启封已熄灭的火区前，必须编制启封计划和制定安全措施，报上级企业技术负责人批准，无上级企业的由煤矿组织专家进行论证。启封计划和安全措施应当包括下列内容：

(1) 火区基本情况与灭火、注销情况。
(2) 火区侦查顺序与防火墙启封顺序。
(3) 启封时防止人员中毒、防止火区复燃和防止爆炸的通风安全措施。
(4) 与火区启封相关的图纸。

启封火区时,应当采用锁风启封方法逐段恢复通风,当火区范围较小、确认火源已熄灭时,可采用通风启封方法。启封过程中必须测定回风流中一氧化碳浓度、甲烷浓度和风流温度。发现有复燃现象必须立即停止启封,重新封闭。

启封火区和恢复火区初期通风等工作,必须由矿山救护队负责进行,火区回风风流所经过巷道中的人员必须全部撤出。救护队员进入火区后应当仔细记录火区破坏情况和支护情况。启封火区工作完毕后 3 天内,必须由救护队每班进行检查测定和取样分析气体成分,确认火区完全熄灭、通风情况正常后方可转入恢复生产工作。

第四节　矿尘防治

矿尘是指在矿山生产过程中产生的并能长时间悬浮于空气中的煤炭或岩石的细微颗粒,也称粉尘。煤矿生产过程中,凿岩、割煤、爆破、装运、破碎等作业都会产生大量的矿尘。

一、矿井粉尘的危害

矿尘具有很大的危害性,主要表现在以下几个方面。

(1) 污染作业环境。当煤尘浓度达到一定程度时会影响作业人员的视线,甚至会引起伤亡事故,影响劳动生产效率。《煤矿安全规程》要求,作业场所空气中粉尘(总粉尘、呼吸性粉尘)浓度应当符合表 3-4 的要求,不符合要求的,应采取有效措施。

表 3-4　作业场所空气中粉尘浓度要求

粉尘种类	游离 SiO_2 含量/%	时间加权平均容许浓度/($mg \cdot m^{-3}$)	
		总尘	呼尘
煤尘	<10	4	2.5
矽尘	10~50	1	0.7
	50~80	0.7	0.3
	≥80	0.5	0.2
水泥尘	<10	4	1.5

(2) 煤尘爆炸。煤尘爆炸产生的冲击波可以扬起巷道中沉积的煤尘,发生连续爆炸,甚至波及全矿井,强大的冲击波会造成人员伤害和设备破坏,同时还可能有高温和有毒有害气体产生。

(3) 损害机械。空气中的粉尘落到机器的转动部件上,会加速转动部件的磨损,降低机器的精度和寿命。

(4) 职业病。尘肺病是工人长期吸入大量微细矿尘而引起的以纤维组织增生为主要特征的肺部疾病。工人一旦患上尘肺病,很难治愈,当前我国煤矿由尘肺病引发的矿工致残和死亡人数远高于各类工伤事故的总和。

二、煤尘爆炸事故的特征

（一）煤尘爆炸事故的类型

煤尘爆炸事故可分为两类：单一煤尘爆炸事故和瓦斯煤尘混合爆炸事故。煤尘爆炸事故主要指前者。

（二）煤尘爆炸的条件

煤尘爆炸必须同时具备 4 个条件，缺一不可。

（1）煤尘具有爆炸性。并不是所有的煤尘都具有爆炸性，煤尘具有爆炸性是煤尘爆炸的必要条件。煤尘有无爆炸性，要通过煤尘爆炸性鉴定才能确定。

（2）煤尘的爆炸浓度。具有爆炸性的煤尘只有在空气中呈浮游状态并具有一定的浓度时才能发生爆炸。煤尘的爆炸浓度受很多因素的影响，瓦斯的存在将使煤尘爆炸浓度下限降低，从而增加了煤尘爆炸的危险性。随着瓦斯浓度的升高，煤尘爆炸浓度下限急剧下降。

（3）高温热源。能够引燃煤尘爆炸热源温度的变化范围比较大，它与煤尘中挥发分含量有关。煤矿井下能点燃煤尘的高温火源主要为爆破时出现的火焰、电气火花、冲击火花、摩擦高温、井下火灾和瓦斯爆炸等。

（4）足够的氧气含量。空气中氧气含量不低于 18%。

【案例 3-5】 2019 年 1 月 12 日，陕西省神木市百吉煤矿发生一起重大煤尘爆炸事故，造成 21 人死亡，直接经济损失 3788 万元。事故直接原因：506 连采工作面和开采保安煤柱工作面采空区及与之连通的老空区顶板大面积垮落，老空区气体压入与老空区连通的巷道内，扬起巷道内沉积的煤尘，弥漫 506 连采工作面，并达到爆炸浓度，在三支巷中部处于怠速状态下的无煤安标志非防爆 C17 运煤车产生火花，点燃煤尘，发生爆炸，造成人员伤亡。

事故案例

三、预防煤尘爆炸的技术措施

煤尘爆炸后产生的冲击波毁坏巷道、损伤人员，产生大量 CO 对人员伤害很大，煤尘爆炸还会造成矿井火灾、巷道冒落等二次灾害。预防煤尘爆炸的技术措施主要包括减、降尘措施，防止煤尘引燃措施及隔绝煤尘爆炸措施等三个方面。

（一）减、降尘措施

减、降尘措施是指在煤矿井下生产过程中，通过减少煤尘产生量或空气中悬浮煤尘含量以达到从根本上杜绝煤尘爆炸的可能性。减、降尘主要方法有煤层注水、水炮泥、喷雾降尘等。

（二）防止煤尘引燃的措施

防止煤尘引燃的措施与防止瓦斯引燃的措施大致相同。特别要注意的是，瓦斯爆炸往往会引起煤尘爆炸。此外，煤尘在特别干燥的条件下可以产生静电，放电时产生的火花也能将自身引爆。

（三）隔绝煤尘爆炸的措施

开采有煤尘爆炸危险煤层的矿井，必须有预防和隔绝煤尘爆炸的措施。矿井的两翼、相邻的采区、相邻的煤层、相邻的采煤工作面间，掘进煤巷同与其相连的巷道间，煤仓同与其相连的巷道间，采用独立通风并有煤尘爆炸危险的其他地点同与其相连的巷道间，必须用水棚或者岩粉棚隔开。必须及时清除巷道中的浮煤，清扫、冲洗沉积煤尘或者定期撒布岩粉；应当定期对主要大巷刷浆。高瓦斯矿井、突出矿井和有煤尘爆炸危险的矿井,煤巷和半煤岩巷掘进工作面应当安设隔爆设施。

(1)清除落尘。定期清除落尘,防止沉积煤尘参与爆炸可有效降低爆炸威力,使爆炸由于得不到煤尘补充而逐渐熄灭。

(2)撒布岩粉。撒布岩粉是指定期在井下某些巷道中撒布惰性岩粉,增加沉积煤尘的灰分,抑制煤尘爆炸的传播。

(3)设置水棚。隔爆水棚按隔绝煤尘爆炸作用的保护范围,分为主要隔爆棚和辅助隔爆棚。主要隔爆棚应设置的地点:

① 矿井两翼与井筒相连通的主要运输大巷和回风大巷。
② 相邻采区之间的集中运输巷道和回风巷道。
③ 相邻煤层之间的运输石门和回风石门。

辅助隔爆棚应设置的地点:
① 采掘工作面进、回风巷。
② 采区内的煤层掘进巷道。
③ 采用独立通风并有煤尘爆炸危险的其他巷道。

(4)设置岩粉棚。岩粉棚是由安装在巷道中靠近顶板处的若干块岩粉台板组成的,台板的间距稍大于板宽,每块台板上放置一定数量的惰性岩粉,当发生煤尘爆炸事故时,火焰前的冲击波将台板震倒,岩粉即弥漫于巷道中,火焰到达时,岩粉从燃烧的煤尘中吸收热量,使火焰传播速度迅速下降,直至熄灭。

(5)设置自动隔爆棚。自动隔爆棚是利用各种传感器,将瞬间测量的煤尘爆炸时的各种物理参量迅速转换成电信号,指令机构的演算器根据这些信号准确计算出火焰传播速度后选择恰当时机发出动作信号,让抑制装置强制喷撒固体或液体等消火剂,从而可靠地扑灭爆炸火焰,阻止煤尘爆炸蔓延。

四、矿井综合防尘技术

矿井综合防尘技术是指采用各种技术手段减少矿山粉尘的产生量,降低空气中的粉尘含量。矿井应当每年制定综合防尘措施、预防和隔绝煤尘爆炸措施及管理制度,并组织实施。

(一)通风防尘

通风防尘是利用矿井通风手段,排出或稀释含尘空气,引进新鲜风流。通风除尘是目前应用最广、效果最好的一项防尘技术措施。

(二)湿式作业

湿式作业是利用水或其他液体,使之与尘粒相接触而捕集粉尘的方法。湿式作业包括湿式凿岩、水封爆破、喷雾洒水、刷洗井巷周壁、喷雾净化风流等。

(三)净化风流

净化风流是使井巷中含尘的空气通过一定的设施或设备将矿尘捕获的技术措施。目前使用较多的是水幕净化风流和湿式除尘。

(1)水幕净化风流。水幕由敷设在巷道顶部或两帮的水管上间隔地安上数个喷雾器喷雾形成。喷雾器的布置应以水幕布满整个巷道断面为准,并尽可能靠近尘源,缩小含尘空气的弥散范围。一个产尘点可间隔一定距离安装多道水幕。井工煤矿采煤工作面回风巷应当安设风流净化水幕。喷射混凝土时,距离喷浆作业点下风流 100 m 内,应当设置风流净化水幕。

(2) 湿式除尘。把气流或空气中含有的粉尘颗粒分离并捕集起来的装置,称为集尘器或捕尘器。煤矿多用湿式除尘装置,利用尘粒与液滴的碰撞进行除尘。

(四) 煤层注水

煤层注水是在采煤工作面回采前预先在煤层中打若干个钻孔,通过钻孔注入压力水来润湿煤体,增加煤的水分和尘粒间的黏着力,增加煤的塑性,减少采煤时煤尘的产生和煤尘的飞扬。我国煤层注水的方式主要有长钻孔注水和短钻孔注水两种。

【案例 3-6】 2020 年 8 月 20 日,山东能源肥城矿业集团梁宝寺煤矿发生煤尘爆炸事故,造成 7 人死亡、9 人受伤。该矿为国有重点煤矿,核定生产能力 330 万 t/a,主采 3 煤层,煤尘具有爆炸性。事故直接原因:该矿综放工作面采煤机截割过程中,滚筒截齿与中间巷(工作面内与运输巷、回风巷平行的煤巷)金属支护材料机械摩擦产生火花,引燃截割中间巷松软煤体扬起的煤尘(悬浮尘),导致煤尘爆炸。事故也暴露出如下问题:该矿防尘管理不到位,未严格按设计进行煤层注水,未对中间巷沉积煤尘进行清扫、冲洗;推采过程中支架间喷雾、放顶煤喷雾使用不正常。

(五) 密闭尘源

通常产尘强度高的产尘点,往往会使矿尘向外围扩散,不易控制。如果在不影响正常作业的前提下,将产尘地点密闭起来,并使密闭空间内保持一定的负压,矿尘就不会扩散。

(六) 个体防护

在采取各种通风防尘措施之后,矿内空气仍会有一些微细矿尘,通过佩戴各种防护面具来减少矿尘吸入人体的措施就是个体防护。目前个体防护的工具主要是防尘口罩、防尘帽、防尘呼吸器等。对防尘口罩性能的要求是:对呼吸性粉尘的阻尘率应不低于 96%,并且呼吸阻力小,佩戴方便,不影响视野。

第五节 矿井水灾防治

一、煤矿防治水的原则和措施

(一) 煤矿防治水十六字基本原则

煤矿防治水工作应当坚持"预测预报、有疑必探、先探后掘、先治后采"的原则。"预测预报"是水害防治的基础,是指在勘探查清矿井充水水文地质条件的基础上,运用先进的水害评价预测理论和方法,分析与诊断矿井突(透)水水情,对矿井水害风险做出评价和预测分区。"有疑必探"是指根据矿井水害评价结论和具体预测分区,针对矿井具体的采掘工程规划方案,对可能存在水害威胁的具体采掘工作面,采用物探、化探和钻探等综合超前探放水技术手段,查明或排除水害威胁。"先探后掘"是指先综合超前探查,确定巷道掘进没有水害威胁后,方可掘进施工。"先治后采"是指根据查明的水害情况,采取有针对性的治理措施并排除水害隐患后,方可安排采掘工程。如井下采掘工程穿越导水断层时,必须预先注浆封堵加固后方可施工,防止突(透)水造成灾害。

(二) 煤矿防治水七项措施

根据不同水文地质条件,采取探、防、堵、疏、排、截、监等综合防治措施。

"探"主要指采用超前勘探方法,查明采掘工作面周围水体的具体位置和贮存状态等情况,是为有效防治矿井水害做好必要的准备,其在水害防治措施中居核心地位和起先导作用。

"防"主要指合理留设各类防隔水煤(岩)柱和修建各类防水闸门或防水闸墙等,防隔水煤(岩)柱一旦确定后,不得随意开采破坏。

"堵"主要指注浆封堵具有突水威胁的含水层或导水断层、裂隙和陷落柱等导水通道。

"疏"主要指探放老空水和对承压含水层进行疏水降压。

"排"主要指完善矿井排水系统,排水管路、水泵、水仓和供电系统等必须配套。

"截"主要指加强地表水(河流、水库、洪水等)的截流治理。

"监"主要指建立矿井地下水动态监测系统,必要时建立突水监测预警系统,及时掌握地下水的动态变化。

防治水工作的七项综合治理措施是水害防治的基本技术方法。

二、地面防治水

地面防治水是煤矿防治水的第一道防线,各级领导应该重视地面防治水工作。

《煤矿安全规程》规定:煤矿应当查清井田及周边地面水系和有关水利工程的汇水、疏水、渗漏情况;了解当地水库、水电站大坝、江河大堤、河道、河道中障碍物等情况;掌握当地历年降水量和最高洪水位资料,建立疏水、防水和排水系统。为了使地面防治水工程设计能够切合实际,首先应做好防洪调查研究,只有在查明情况的基础上,才能建立疏水、防水和排水系统。煤矿应当建立灾害性天气预警和预防机制,加强与周边相邻矿井的信息沟通,发现矿井水害可能影响相邻矿井时,立即向周边相邻矿井发出预警。

(1) 严格按《煤矿安全规程》规定选择井筒及工业广场。矿井井口和工业场地内建筑物的地面标高必须高于当地历年最高洪水位;在山区还必须避开可能发生泥石流、滑坡等地质灾害危险的地段。矿井井口及工业场地内主要建筑物的地面标高低于当地历年最高洪水位的,应当修筑堤坝、沟渠或者采取其他可靠防御洪水的措施。不能采取可靠安全措施的,应当封闭填实该井口。

(2) 防范地表水体或积水。当矿井井口附近或者开采塌陷波及区域的地表有水体或者积水时,必须采取安全防范措施,并遵守下列规定:

① 当地表出现威胁矿井生产安全的积水区时,应当修筑泄水沟渠或者排水设施,防止积水渗入井下。

② 当矿井受到河流、山洪威胁时,应当修筑堤坝和泄洪渠,防止洪水侵入。

③ 对于排到地面的矿井水,应当妥善疏导,避免渗入井下。

④ 对于漏水的沟渠和河床,应当及时堵漏或者改道;地面裂缝和塌陷地点应当及时填塞,填塞工作必须有安全措施。

(3) 防范强降雨致灾。降大到暴雨时和降雨后,应当有专业人员观测地面积水与洪水情况,井下涌水量等有关水文变化情况,井田范围及附近地面有无裂缝、采空塌陷、井上下连通的钻孔和岩溶塌陷等现象,及时向矿调度室及有关负责人报告,并将上述情况记录在案,存档备查。情况危急时,矿调度室及有关负责人应当立即组织井下撤人。

(4) 防范滑坡或泥石流等地质灾害。当矿井井口附近或者开采塌陷波及区域的地表出现滑坡或者泥石流等地质灾害威胁煤矿安全时,应当及时撤出受威胁区域的人员,并采取防治措施。

(5) 防范河道和沟渠淤塞。严禁将矸石、杂物、垃圾堆放在山洪、河流可能冲刷到的地段,防止淤塞河道和沟渠等。发现与矿井防治水有关系的河道中存在障碍物或者堤坝破损时,应当及时报告当地人民政府,清理障碍物或者修复堤坝,防止地表水进入井下。

(6) 加强雨季前的检查。煤矿每年雨季前必须对防治水工作进行全面检查。受雨季降水威胁的矿井,应当制定雨季防治水措施,建立雨季巡视制度并组织抢险队伍,储备足够的防洪抢险物资。当暴雨威胁矿井安全时,必须立即停产撤出井下全部人员,只有在确认暴雨洪水隐患消除后方可恢复生产。

三、井下防治水

(一) 矿井突水预兆

从开拓工作面开始发展到突水,在工作面及其附近显示出某些异常现象,这些异常现象统称突水预兆。识别和掌握这些预兆,可以及时采取应急措施,撤离危险区人员,防止发生人员伤亡事故。突水前预兆有以下几种:

(1) 挂红。因地下水中含有铁的氧化物,在水压作用下,通过煤岩裂隙时,附着在裂隙表面,出现暗红色铁锈。

(2) 挂汗。当采掘工作面接近积水区时,水在压力作用下,通过煤岩裂隙而在煤岩壁上凝结成许多水珠,但有时空气中的水分遇到低温煤岩壁也可凝结成水珠。因此,遇到挂汗现象,首先辨别真伪,辨别方法是剥去表面层,观察新暴露面是否也有潮气,如果煤岩潮湿则是透水征兆。

(3) 空气变冷。采掘工作面接近大量积水时,气温骤然降低,煤壁发凉,人一进去就有凉爽感,时间越长越感阴凉。

(4) 出现雾气。当巷道内温度较高时,积水渗到煤壁后引起蒸发而迅速形成雾气。

(5) 水叫。井下高压积水,向煤岩裂隙强烈挤压与两壁摩擦而发出"嘶嘶"叫声,说明采掘工作面距积水区已很近,若是煤巷掘进,则透水即将发生。

(6) 顶板淋水加大。原有裂隙淋水突然增大,应视作透水前兆。

(7) 顶板来压、底板鼓起。在地下水压作用下,顶底板弯曲变形,有时伴有潮湿、渗水现象。

(8) 水色发浑、有臭味。老空水一般发红,味涩;断层水一般发黄、味甜;溶洞水常有臭味。

(9) 有害气体增加。积水区向外散发瓦斯、二氧化碳和硫化氢等有害气体。

(10) 裂隙出现渗水。水清即离积水区尚远,水浊则离积水区已近。

以上征兆不一定都同时出现,有时可能出现其中一个,有时可能出现多个,但有时透水征兆不明显甚至不出现,因此,要认真辨别。

根据《煤矿安全规程》的规定,当出现透水征兆时,应当立即停止作业,撤出所有受水患威胁地点的人员,报告矿调度室,并发出警报。在原因未查清、隐患未排除之前,不得进行任何采掘活动。

【案例3-7】 2021年8月14日,青海省海北州柴达尔煤矿发生重大溃砂溃泥事故,造成20人死亡,直接经济损失5391.02万元。事故直接原因:该矿

事故案例

＋3690综放工作面顶部疏防水不彻底，工作面出现异常淋水、多次发生局部片帮冒顶，甚至液压支架被"压死"、工作面被封堵，但该矿未采取有效措施进行治理，违章冒险继续进行清淤，强行挑顶提架作业导致顶煤抽冒，大量顶煤、渣石及水的混合物呈泥石流状迅速溃入工作面及运输巷，造成事故发生。事故暴露出该矿安全管理混乱，在＋3690综放工作面淋水增大、煤泥溃入、多次冒顶片帮等明显征兆情况下，不过问不监督，放任安全风险失控加剧形成重大隐患；组织开展的安全大检查工作流于形式，未跟踪督促矿井整改存在的隐患。

(二)矿井井下防治水措施

根据不同水文地质条件，矿井井下主要采取探、防、堵、疏、排、监等综合防治措施。

1. 矿井探放水技术

探水是指采矿过程中用超前勘探方法，查明采掘工作面顶底板、侧帮和前方的含水构造(包括陷落柱)、含水层、积水老窑等水体的具体位置、产状等，其目的是为有效防治矿井水害做好必要的准备。

采掘工作必须执行"预测预报、有疑必探，先探后掘、先治后采"的原则。在地面无法查明水文地质条件时，应当在采掘前采用物探、钻探或者化探等方法查清采掘工作面及其周围的水文地质条件。采掘工作面遇有下列情况之一的，必须进行探放水：

(1)接近水淹或者可能积水的井巷、老空或者相邻煤矿时。

(2)接近含水层、导水断层、溶洞或者导水陷落柱时。

(3)打开隔离煤柱放水时。

(4)接近可能与河流、湖泊、水库、蓄水池、水井等相通的导水通道时。

(5)接近有出水可能的钻孔时。

(6)接近水文地质条件不清的区域时。

(7)接近有积水的灌浆区时。

(8)接近其他可能突水的地区时。

井下探放水应严格执行"三专"要求。由专业技术人员编制探放水设计，采用专用钻机进行探放水，由专职探放水队伍施工。严禁使用非专用钻机探放水。严格执行井下探放水"两探"要求。采掘工作面超前探放水应当同时采用钻探、物探两种方法，做到相互验证，查清采掘工作面及周边老空水、含水层富水性以及地质构造等情况。有条件的矿井，钻探可采用定向钻机，开展长距离、大规模探放水。

工作面回采前，应当查清采煤工作面及周边老空水、含水层富水性和断层、陷落柱含(导)水性等情况。地测部门应当提出专门水文地质情况评价报告和水害隐患治理情况分析报告，经煤矿总工程师组织生产、安检、地测等有关单位审批后，方可回采。发现断层、裂隙或者陷落柱等构造充水的，应当采取注浆加固或者留设防隔水煤岩柱等安全措施；否则，不得回采。

【案例3-8】2022年5月9日，云南省富源县大山脚煤矿发生一起水害事故，造成4人死亡，直接经济损失976万元。事故直接原因：被大山脚煤矿整合关闭的联兴煤矿C3煤层110303机运巷"两端高、中间低"，低凹处形成老空积水。大山脚煤矿组织一组煤轨道大巷反掘(上段)工作面掘进作业时，掘通被整合关闭的联兴煤矿C3煤层110303机运巷积水老巷导致发生透水事故。事故暴露出该矿技术管理薄弱、安全管理混乱；未认真分析运用隐蔽致灾因素普查报告和物探

事故案例

成果,在掘进前未针对物探发现的异常区域进行钻探验证;未对可能存在老空水影响的煤层编制分区管理设计;技术人员责任心不强,主观认为老空积水已疏排干净,在未查清工作面前方老巷积水的情况下冒险组织掘进作业。

2. 防水煤(岩)柱与防水闸门

1) 防水煤(岩)柱

在煤体与含水层(带)接触地段,为防止井巷或采空空间突水危害,留设一定宽度(或高度)的煤岩体不采,以堵截水源流入矿井,这部分煤岩体称为防水煤(岩)柱。相邻矿井的分界处,应当留设防隔水煤(岩)柱。矿井以断层分界的,应当在断层两侧留设防隔水煤(岩)柱。

2) 防水闸门和防水闸墙

防水闸门和防水闸墙为井下防水的主要安全设施,水文地质条件复杂、极复杂或者有突水淹井危险的矿井,应当在井底车场周围设置防水闸门或者在正常排水系统的基础上另外安设由地面直接供电控制,且排水能力不小于最大涌水量的潜水泵。在其他有突水危险的采掘区域,应当在其附近设置防水闸门;不具备设置防水闸门条件的,应当制定防突(透)水措施,报企业主要负责人审批。

3) 注浆堵水

注浆堵水是指将注浆材料(水泥、水玻璃、化学材料以及黏土、砂、砾石等)制成浆液,压入地下预定位置,使其扩张固结、硬化,起到堵水截流、加固岩层和消除水患的作用。

4) 疏干开采和疏水降压

疏干开采是指对煤层顶板或煤层含水层的疏干。疏水降压是指对煤层底板含水层而言,使煤层底板含水层水压降低至采煤安全水压。

5) 井下排水

为了防止水灾的发生,矿井必须建立有效的排水系统,排水系统必须符合《煤矿安全规程》的规定,保证日常排水和抗灾抢险排水的能力。

6) 矿井地下水动态监测

矿井应当建立地下水动态监测系统,对井田范围内主要充水含水层的水位、水温、水质等进行长期动态观测,对矿井涌水量进行动态监测。受底板承压水威胁的水文地质类型复杂、极复杂矿井,应当采用微震、微震与电法耦合等科学有效的监测技术,建立突水监测预警系统,探测水体及导水通道,评估注浆等工程治理效果,监测导水通道受采动影响变化情况。

第六节　顶板灾害防治

一、采煤工作面顶板事故防治

顶板事故是指在井下生产过程中,顶板意外冒落造成的人员伤亡、设备损坏、生产中止等事故。按冒顶范围的不同,顶板事故分为局部冒顶和大型冒顶两类。

(一) 局部冒顶事故防治

采掘工作空间或井下其他地点局部范围内顶板岩石坠落造成的顶板事故称为局部冒顶。工作面发生局部冒顶的原因主要有两个:直接顶被破坏后,由于失去有效的支护而造成局部冒顶;基本顶下沉压迫直接顶破坏工作面支架造成局部冒顶。

1. 局部冒顶征兆

(1) 顶板发出响声,岩层下沉断裂。顶板压力急剧加大时,木支架会发出劈裂声,紧接着出现折梁断柱现象;金属支柱的活柱急速下缩,也发出很大响声;铰接顶梁的楔子被弹出或挤入;底板软时支柱发生钻底现象。有时也能听到采空区内顶板发生断裂的闷雷声。

(2) 顶板掉碴。顶板破裂严重时,折梁断柱就要增加,并出现顶板掉碴,掉碴越多,说明顶板压力越大。

(3) 煤质变酥,煤壁片帮增多,范围增大,工作面钻眼省力,采煤机割煤时负荷减小。

(4) 顶板出现裂缝,裂缝张开,裂缝增多。

(5) 顶板出现离层。"敲帮问顶"时,顶板发出"空、空"的响声,说明上下岩层之间已经离层。

(6) 顶板发生漏顶。破碎的伪顶或直接顶有时会因背顶不严和支架不牢出现漏顶现象,造成棚顶托空,支架松动造成冒顶。

(7) 瓦斯涌出异常。在含瓦斯煤层中,瓦斯涌出量突然增大。

(8) 顶板淋水增大。

2. 工作面局部冒顶的综合预防措施

(1) 工作面支架方式要与顶板岩性相适应。较坚硬的顶板可采用点柱;松软破碎的顶板要用棚子加背板。

(2) 采取措施预防爆破造成冒顶。根据顶板条件选择炮眼布置、角度、装药量、一次爆破量,防止爆破崩倒支架,形成过大的空顶面积和控顶距。

(3) 工作面落煤后要及时支护。落煤后,受到输送机弯曲段的限制,在一定范围内不能及时打基本柱,顶板悬露面积大、时间长,因此,应采取超前挂梁或打临时支柱的方法,防止局部冒顶。

(4) 在推移输送机时,有较大面积的顶板不能用支柱支撑,对容易冒顶的破碎顶板,必须采取相应措施。

(5) 工作面上下出口要有特种支架。

(6) 采取正确的回柱方法,防止顶板压力集中在局部支柱上,造成局部顶板破碎及回柱困难。严格执行作业规程,不得违章作业。

(7) 严格执行各项顶板管理制度,如"敲帮问顶"制度、验收支架制度、岗位责任制度、金属支柱检查制度、顶板分析制度和交接班制度。

(8) 保证工作面正规循环作业,加快推进速度。

(二) 大型冒顶事故防治

大型冒顶事故是指冒顶范围大、伤亡人数多的冒顶。大型冒顶包括基本顶来压时的压垮型冒顶、厚层难冒顶板大面积冒顶、直接顶导致的压垮型冒顶、大面积漏垮型冒顶、复合顶板推垮型冒顶、金属网下推垮型冒顶等多种类型。不管哪种冒顶,原因主要有两种:① 大面积悬露的难冒顶板积累了很大的矿山压力,最后压垮顶板破坏工作面支架造成冒顶;② 各种原因造成的工作面支架的支撑强度不足,最后支架被压垮造成冒顶。

1. 大型冒顶发生的征兆

(1) 顶板的预兆。顶板连续发出断裂声,声音的频率和音响增大,这是由于直接顶和基本顶发生离层,或顶板切断而发出的声音;有时采空区内顶板发出像闷雷的声音,这是基本顶和上方岩层产生离层或断裂的声音;顶板岩层破碎掉碴,而且掉碴逐渐增多,顶板的裂缝增加或裂隙张开,并产生大量的下沉,下沉速度增大;底板出现底鼓或裂缝。

(2) 煤帮的预兆。由于冒顶前压力增大,煤壁出现明显的受压和片帮现象。煤壁受压后,煤质变酥,片帮增多。使用电钻打眼时,钻眼省力。

(3) 支架的预兆。使用木支架时,支架被大量压坏或折断,并发出响声。使用金属支柱时,耳朵贴在柱体上,可听见支柱受压后发出的声音。当顶板压力继续增加时,活柱迅速下缩,连续发出"咯咯"的声音。工作面使用铰接顶梁时,在顶板冲击压力的作用下,楔子有时被弹出或挤出。

(4) 其他预兆。瓦斯涌出量突然增加;有淋水的顶板,淋水量增加。

2. 工作面大型冒顶的综合预防措施

预防采煤工作面大型冒顶,除采取预防局部冒顶时的预防措施外,还应按以下情况采取措施。

(1) 了解顶板活动规律,有条件时对工作面顶板进行矿压观测,对顶板来压进行预测预报。

(2) 对于坚硬顶板大面积悬顶,有大型冒顶危险时,要采取顶板高压注水措施。

(3) 坚硬顶板要进行强制放顶。

(4) 提高单体支柱的初撑力和刚度。

(5) 提高支架的稳定性。

(6) 严格控制工作面采高。

(7) 工作面在开切眼初采时不要反向开采。

(8) 掘进工作面回风巷、运输巷时不得破坏复合顶板。

(9) 重视初次放顶,加强有效的安全措施。

(10) 对于直接顶破碎的大倾角工作面,为防止出现大面积漏垮型冒顶,应采取的措施是:合理选用支架,保证支柱有足够的支撑力和可缩量,顶板背严接实,严禁爆破崩倒支架、移溜推倒支架。

【案例3-9】 2022年2月25日,贵州省黔西南州三河顺勋煤矿发生一起重大顶板事故,造成14人死亡,直接经济损失2288.47万元。事故直接原因:超出矿界范围布置的隐蔽采面支护强度不足,导致复合顶板离层、断裂,支柱稳定性不够造成推垮型冒顶,酿成事故。事故暴露出该矿顶板控制不到位。未编制采面作业规程,未进行支护强度验算,未对单体液压支柱进行压力测试。现场单体液压支柱打设混乱,柱梁数量不足。采面停止回采时未对采面支护进行维护,在采面出现煤壁切顶现象后仍未采取加强支护措施。

事故案例

二、巷道顶板事故防治

巷道顶板事故多发生在掘进工作面及巷道交岔口,巷道顶板死亡事故80%以上发生在这些地点。由此可见,预防巷道顶板事故,关注事故多发地点是十分必要的。

(一) 掘进工作面冒顶事故的原因及预防措施

1. 掘进工作面冒顶事故的原因

(1) 掘进破岩后,顶部存在将与岩体失去联系的岩块,如果支护不及时,该岩块可能与岩体失去联系而冒落。

(2) 掘进工作面附近已支护部分的顶部存在与岩体完全失去联系的岩块,一旦支护失效,就会冒落造成事故。

2. 掘进工作面冒顶事故的预防措施

(1) 根据掘进工作面岩石性质,严格控制控顶距。当掘进工作面遇到断层褶曲等地质构造破坏带或层理裂隙发育的岩层时,棚子支护时应紧靠掘进工作面,并缩小棚距,在掘进工作面附近应采用拉条等把棚子连成一体,防止棚子被推垮,必要时还要打中柱;锚杆支护时应有特殊措施。

(2) 严格执行"敲帮问顶"制度,危石必须挑下,无法挑下时应采取临时支撑措施,严禁空顶作业。

(3) 掘进工作面冒顶区及破碎带必须背严接实,必要时要挂金属网防止漏空。

(4) 掘进工作面炮眼布置及装药量必须与岩石性质、支架与掘进工作面距离相适应,以防止因爆破而崩倒棚子。

(5) 采用前探掩护式支架,使工人在煤层顶板有防护的条件下出碴、支棚腿,以防止冒顶伤人。

(二) 巷道交岔处冒顶事故的原因及预防措施

1. 巷道交岔处冒顶事故的原因

巷道交岔处冒顶事故往往发生在巷道开岔的时候,因为开岔口需要架设抬棚替换原巷道的棚子的棚腿,如果开岔处巷道顶部存在与岩体失去联系的岩块,并且围岩正向巷道挤压,而新支设抬棚的强度不够或稳定性不够就可能造成冒顶事故。

(1) 抬棚架设一段时间后才能稳定,过早拆除原巷道棚腿容易造成抬棚不稳。

(2) 开口处围岩尖角如果被压碎,抬棚腿失去依靠也会失稳。至于抬棚的强度,则与选用的支护材料及其强度有关。

2. 巷道交岔处冒顶事故的预防措施

(1) 交岔口应避开原来巷道冒顶的范围。

(2) 必须在开口抬棚支设稳定后再拆除原巷道棚腿,不得过早拆除,切忌先拆棚腿后支护抬棚。

(3) 注意选用抬棚材料的质量与规格,保证抬棚有足够的强度。

(4) 当开口处围岩尖角被挤压坏时,应及时采取加强抬棚稳定性的措施。

【案例3-10】 2021年5月26日,枣庄矿业集团新安煤业有限公司$3_上$104运输巷外段掘进工作面发生一起较大顶板事故,死亡3人,轻伤1人,直接经济损失928万元。事故直接原因:事故地点位于区域性断层和伴生断层叠加区,巷道顶板受断层切割形成不完整岩石块体,调向开门施工交岔点跨度不断扩大,支护强度不够,顶部岩石块体失稳滑落,引发顶板大面积垮落。事故暴露出事故巷道段

事故案例　　支护参数和支护方式不合理。在交岔点施工跨度不断扩大的情况下,没有针对性地调整支护参数、支护方式,只选用了"锚(杆)索梁网"支护、加密了锚(杆)索密度,未采取联合支护等强化措施,未调整锚(杆)索长度,致使锚(杆)索未锚固到稳定岩层中,锚固作用降低,支护强度不够。

(三) 支架支护巷道冒顶事故的原因及预防措施

1. 支架支护巷道冒顶事故的原因

(1) 压垮型冒顶是因巷道顶板或围岩施加给支架的压力过大,损坏了支架,从而导致巷道顶部已破碎的岩块冒落。

(2) 漏垮型冒顶是因无支护巷道或支护失效(非压坏)巷道顶部存在游离岩块,这些岩块在重力作用下冒落,导致事故发生。

(3) 推垮型冒顶是因巷道顶帮破碎岩石,在其运动过程中存在平行巷道轴线的分力,如果这部分巷道支架的稳定性不够,可能被推倒而发生冒顶。

2. 支架支护巷道冒顶事故的预防措施

(1) 在可能的情况下,巷道应布置在稳定的岩体中,并尽量避免采动的不利影响。

(2) 巷道支架应有足够的支护强度以抗衡围岩压力。

(3) 巷道支架所能承受的变形量,应与巷道使用期间围岩可能的变形量相适应。

(4) 尽可能做到支架与围岩共同承载。支架选型时,尽可能采用有初撑力的支架;支架施工时要严格按工序质量要求进行,并特别注意顶与帮的背严背实问题,杜绝支架与围岩间的空顶与空帮现象。

(5) 凡因支护失效而空顶的地点,重新支护时应先护顶,再施工。

(6) 巷道替换支架时,必须先支新支架,再拆旧支架。

(7) 在易发生推垮型冒顶的巷道中要提高巷道支架的稳定性,可以在巷道的架棚之间严格地用拉撑件连接固定,增加架棚的稳定性,以防推倒。倾斜巷道中架棚被推倒的可能性更大,其架棚间拉撑件的强度、密度要适当加大。

此外,在掘进工作面 10 m 内、断层破碎带附近 10 m 内、巷道交岔点附近 10 m 内、冒顶处附近 10 m 内,都是容易发生煤层顶板事故的地点,巷道支护必须适当加强。

第七节 冲击地压灾害防治

冲击地压是指煤矿井巷或工作面周围煤(岩)体由于弹性变形能的瞬时释放而产生的突然、剧烈破坏的动力现象,常伴有煤(岩)体瞬间位移、抛出、巨响及气浪等。煤矿企业(煤矿)的主要负责人(法定代表人、实际控制人)是冲击地压防治的第一责任人,对防治工作全面负责;其他负责人对分管范围内冲击地压防治工作负责;煤矿企业(煤矿)总工程师是冲击地压防治的技术负责人,对防治技术工作负责。

一、冲击地压的特征

(1) 突然爆发。冲击地压发生前,预兆不明显。

(2) 巨大声响。冲击地压爆发的瞬间伴有雷鸣般的响声。

(3) 冲击波强。煤体内积聚的弹性能突然释放,产生强大的冲击波。它能冲倒几十米至几百米内的风门、风墙等设施。

(4) 弹性震动。冲击地压发生时在围岩内引起弹性震动,人员被弹起摔倒,甚至输送机、轨道等重型设备可能被震动和推移,连地面人员有时都能感到这种震动。

(5) 煤体移动。根据现场观测,发生浅部冲击地压时煤体移动,煤体移动时在顶板接触面上留有明显的棕褐色擦痕。

(6) 顶板下沉或底板鼓裂。冲击地压发生时,常导致顶板下沉或底鼓。

(7) 煤帮抛射性塌落。塌落多发生在煤帮上部到顶板的一段,越靠近顶板塌落越深,强烈冲击时,塌落深度可达 1.5~2.0 m。

二、冲击地压的防治原则

冲击地压防治应当坚持"区域先行、局部跟进、分区管理、分类防治"的原则。

(1) 区域先行。冲击地压防治措施可分为区域防冲措施和局部防冲措施两大类。区域防冲就是要优化矿井开采设计理念,根据煤(岩)层冲击危险性评价结果,确定合理的采煤方法,采取调整煤层开采顺序、优化巷道布置方式、煤柱尺寸选择、开采保护层等方法防止高应力集中。实施区域防冲措施,可以从根本上控制冲击地压,因此必须坚持区域先行的原则。

(2) 局部跟进。实施区域防冲措施不可能完全消除冲击地压。在具有冲击地压危险的区域,应该根据实际地质和开采条件、冲击地压监测信息、冲击地压防治效果和新揭露的地质条件等动态信息,采取煤层注水、钻孔卸压、卸压爆破、底板卸压、顶板预裂、水力压裂等局部防冲措施,实现应力的释放或转移,避免冲击地压发生。因而,必须在实施区域防冲措施之后,及时跟进局部防冲措施。

(3) 分区管理。冲击地压矿井同一煤层不同区域,由于其地质条件和开采条件不同,冲击地压危险程度也不同。如果采取同样的管理措施,极有可能某些区域管理过度,某些区域管理不足。煤矿应该根据冲击危险性评价结果,对强冲击危险区、中等冲击危险区、弱冲击危险性和无冲击危险区实施不同的管理措施,需要坚持分区管理的原则。

(4) 分类防治。不同的矿井,诱发冲击地压的因素是不一样的,上覆岩层自重应力、区域构造应力、坚硬顶板垮落来压、断层错动、煤柱集中应力都可能诱发冲击地压。诱发冲击地压的因素不同,其防冲措施也不同。因而,冲击地压矿井应根据诱发因素的差异进行分类,实施分类防治。

三、冲击地压的预测、监测和效果检验

为了对有冲击危险的煤层及时采取防治措施,必须进行预测。冲击地压虽瞬时发生,但发生之前有预兆,进行预测是可能的。

(一) 顶板动态法

冲击地压发生之前的预兆表现为:煤岩层向已采空间运动加剧,顶板岩层断裂声加剧,有板炮声,采空区有雷声,顶板下沉,煤壁片帮;打煤层钻眼时,钻杆卡住不易拔出,支柱折断,柱帽压缩等;采煤工作面和巷道压力有明显的增大现象。只要认真观察分析,掌握其规律,就能及时进行预报。

(二) 钻屑法

钻屑法又称钻粉率指数法或钻孔检验法。此法是通过在煤层中打直径 42~50 mm 的钻孔,根据排出的煤粉量及其变化规律和有关的动力效应,鉴别冲击危险的一种方法。

(三) 微震法或地音监测法

岩石在压力作用下发生变形、破坏过程中,必然产生声响和震动,以脉冲形式向周围岩体传播,产生应力波或声发射现象。这种声发射也称地音。因此,用微震仪或地音仪记录这一系列地震波,根据地震波的强弱变化规律和正常地震波相比可以判断煤层或岩体发生冲击的倾向程度。

此外,还有电磁辐射法、能量法、综合指数法和综合预测法等。

四、冲击地压的防治

根据发生冲击地压的成因和机理,冲击地压的主要防治措施应是避免产生应力集中。因此,对已产生应力的区域、因地质构造等因素存在高应力区的区域,应采取改变煤岩体物理力学性质、降低或释放煤岩体积聚的弹性能等措施。

(一)选择合理的开采方法

(1)开采保护层。开采煤层时,为了降低潜在危险层的应力,可先开采保护层。当所有煤层都有冲击地压危险时,应先开采冲击地压危险性最小的煤层。当有冲击地压危险的煤层的顶底板都赋存有保护层时,应先开采顶板保护层。

(2)避免形成孤立煤柱。划分井田和采区时,应保证有计划地合理开采,避免形成应力集中的孤立煤柱,不允许在采空区内留煤柱,巷道上方不留煤柱,有条件的采区上山、采区边界及区段巷道采用无煤柱开采技术,以避免应力集中。

(3)选择合理的采煤方法。开采有冲击地压危险的煤层时,应尽量采用长壁采煤法、全部垮落法管理顶板。煤柱支撑法、房柱式和其他留煤柱的开采方法,将使冲击地压发生频繁。

(4)选择合理的巷道布置方式。开采有冲击地压危险的煤层时,应尽量将主要巷道和硐室布置在底板岩石中。

(5)合理安排开采程序。要合理安排开采程序,防止采煤工作面三面被采空区包围,形成"半岛"。采煤工作面应采用后退式开采,避免相向采煤。

(二)煤层预注水

煤层预注水的目的主要是降低煤体的弹性和强度。采用向煤层注水的方法,使相邻巷道、采煤工作面的煤岩层边缘区减少内部黏结力,降低其弹性,减少其潜能。

大量研究表明,煤岩层的单向抗压强度随着其含水量的增加而降低,同样,煤的强度和冲击倾向指数也随着煤的湿度的增加而降低。

(三)钻孔卸压法

钻孔卸压法是利用钻孔降低积聚在煤层中的弹性能,释放弹性能的一种方法。一般利用直径大约 100 mm 的钻头钻孔,现已有直径为 300 mm 的钻头。由于钻孔后,周围的煤体受力状态发生了变化,约束条件减弱,使煤体卸载,支承压力的分布发生了变化,峰值向煤体深部转移。当支承压力不超过煤层孔壁稳定范围时,孔壁不破坏,钻孔不变形,排出的煤粉量为正常值,煤层没有卸压。当支承压力超过煤层孔壁稳定范围时,钻孔被破坏。支承压力越高,钻孔破坏范围越大。因此,煤层积聚的应力越高,利用钻孔卸压越有效。

【案例3-11】 2023年1月1日,兖矿新疆矿业有限公司硫磺沟煤矿(4-5煤层)06W带式输送机运输巷掘进工作面发生一起冲击地压事故,造成1人死亡、1人受伤。事故直接原因:事故区域4-5煤层具有弱冲击倾向性,煤层弹性能量指数32.3,具有聚积大量弹性能的能力,事故区域存在隐伏构造,局部构造应力高度集中,造成大量弹性能聚积。综掘机割煤扰动导致围岩应力调整,诱发大量弹性能释放,造成冲击地压事故的发生。事故暴露出:该矿事故隐患排查治理不到位。自2022年12月26日至事故发生,(4-5煤层)06W带式输送机运输巷掘进工作面迎头

事故案例

后方 30 m 范围内顶板下沉明显,迎头压力大,煤爆频繁,有锚杆折断现象。该矿未认真分析研究,在未排查出导致矿压显现真正原因的情况下,只是采取了加强支护的措施后,继续组织掘进作业,隐患排查治理不到位。

(四) 震动爆破法

震动爆破法是在安全条件下,用爆破方法释放煤层积聚的能量,使煤层裂隙松动的一种方法。这也是预防冲击地压的有效方法,一般有卸载爆破和诱发爆破两种方式。

(1) 卸载爆破就是在高应力区附近打钻,在钻孔中装药进行爆破,其主要目的是改变支承压力带的形状和减小峰值,炮眼布置尽量接近于支承压力带峰值位置。

(2) 诱发爆破就是在具有冲击地压危险的区域进行大药量的爆破,人为地在工作人员撤出后诱发冲击地压。

(注:本书配套了煤矿班组长安全培训考核题库(综合本),扫描封底二维码,学员登录"众学教培服务平台"可以免费练题。一书一码,盗版书不能登录。具体登录方法见本书目录前面一页。)

第四章　矿井机电运输安全

第一节　矿井供电系统与供电安全

煤矿生产是一个由许多环节组成的复杂系统,供用电是其中重要的环节之一。在煤矿井下使用电能存在一系列危险,如人身触电、电火灾以及电火花引起瓦斯、煤尘爆炸等。因此,井下的供用电安全,对保障矿井的安全生产具有重要意义。

一、矿井供电系统及安全要求

矿井供电系统是指由地面变电所、井下中央变电所、采区变电所、工作面配电点按照一定方式相互连接起来的一个整体。供电的安全与质量的高低,不仅会影响矿井生产,而且会对矿工的生命安全构成严重威胁。

(一) 煤矿企业对供电的基本要求

(1) 供电可靠:要求井下不间断供电,双回路电源。对矿山企业的重要负荷,如排水、通风与提升设备一旦停电,可能导致发生矿井淹没,有毒有害气体积聚或者停罐、坠罐事故。采掘、运输、压气及照明中断供电,也会造成不同程度的经济损失。

(2) 供电安全:保证人身安全、设备安全。在电能的供应、分配和使用中不发生人员伤亡、设备损坏事故。对煤矿来说,地下作业、工作环境特殊,供电线路和电气设备容易损坏,可能发生触电、瓦斯爆炸、火灾等恶性事故。因此,必须严格遵守《煤矿安全规程》的规定,采取防爆、防触电、防潮、各种电气保护等措施,确保煤矿供电安全。

(3) 有良好的供电质量:在保证安全与可靠的前提下,保证质量,良好的质量要求供电电压和频率保持稳定,波动值在允许范围内,目的是保证设备的安全运转。

(4) 供电经济:保证供电质量经济、合理。保证节约开支,降低成本,提高经济效益。

(二) 矿井供电的电压等级

为保证煤矿井下供电安全,《煤矿安全规程》对井下各级电压等级进行了具体的规定。《煤矿安全规程》规定,井下各级配电电压和各种电气设备的额定电压等级,应当符合下列要求:

(1) 高压不超过 10000 V。

(2) 低压不超过 1140 V。

(3) 照明和手持式电气设备的供电额定电压不超过 127 V。

(4) 远距离控制线路的额定电压不超过 36 V。

(5) 采掘工作面用电设备电压超过 3300 V 时,必须制定专门的安全措施。

(三) 矿井供电必须符合的要求

《煤矿安全规程》规定:矿井应当有两回路电源线路(即来自两个不同变电站或者来自不

同电源进线的同一变电站的两段母线)。当任一回路发生故障停止供电时,另一回路应当担负矿井全部用电负荷。区域内不具备两回路供电条件的矿井采用单回路供电时,应当报安全生产许可证的发放部门审查。采用单回路供电时,必须有备用电源。备用电源的容量必须满足通风、排水、提升等要求,并保证主要通风机等在 10 min 内可靠启动和运行。备用电源应当有专人负责管理和维护,每 10 天至少进行一次启动和运行试验,试验期间不得影响矿井通风等,试验记录要存档备查。

矿井的两回路电源线路上都不得分接任何负荷。

正常情况下,矿井电源应当采用分列运行方式。若一回路运行,另一回路必须带电备用。带电备用电源的变压器可以热备用;若冷备用,备用电源必须能及时投入,保证主要通风机在 10 min 内启动和运行。

10 kV 及以下的矿井架空电源线路不得共杆架设。

矿井电源线路上严禁装设负荷定量器等各种限电断电装置。

对井下各水平中央变(配)电所和采(盘)区变(配)电所、主排水泵房和下山开采的采区排水泵房供电线路,不得少于两回路。当任一回路停止供电时,其余回路应当承担全部用电负荷。向局部通风机供电的井下变(配)电所应当采用分列运行方式。

主要通风机、提升人员的提升机、抽采瓦斯泵、地面安全监控中心等主要设备房,应当各有两回路直接由变(配)电所馈出的供电线路;受条件限制时,其中的一回路可引自上述设备房的配电装置。

向突出矿井自救系统供风的压风机、井下移动瓦斯抽采泵应当各有两回路直接由变(配)电所馈出的供电线路。

(四) 矿井供电系统分类

根据矿井的井田范围、煤层深度和地质条件,矿井供电系统分为深井供电系统和浅井供电系统。

1. 深井供电系统

深井供电系统适用于煤层埋藏深、井下负荷大、涌水量大的矿井。深井供电系统采用三级供电方式,即地面变电所、井下中央变电所和采区变电所。

1) 地面变电所

电源由矿区变电站 35 kV(63 kV)母线上取得,由两回架空线直接将高压送入矿井的负荷中心——地面变电所;用两台主变压器将电压降成 6(10) kV 分配给地面的主要高压设备,如主副井提升机、空压机、主要通风机等,并用双回路高压电缆通过井筒向井下中央变电所供电;还将 6(10) kV 电压变为 380 V、220 V 向地面低压动力及照明负荷供电。

2) 井下中央变电所

井下中央变电所是井下供电的枢纽,一般设置在井底车场附近,负荷中央与水泵房相连。井下中央变电所的任务是向各采区变电所、主排水泵房的高压电动机、井下电机车需要的变流设备供电,另外还担负着向井底车场附近巷道的低压动力设备供电。

井下中央变电所的配电范围:各采区变电所、主排水泵房的高压电动机、井下电机车需要的变流设备,此外,中央变电所通过动力变压器将高压 6 kV 降低到 1140 V 或 660 V,向井底车场及其附近巷道的低压设备供电。

3) 采区变电所

采区变电所是采区用电中心,其主要功能是:将高电压变为低电压,并分配到本采区所有采掘工作面及其他用电设备;同时采区变电所还将部分高压直接分配给本采区的移动变电站。

2. 浅井供电系统

浅井供电系统适用于埋藏深度不深(一般离地表100~200 m)、井田范围不大、井下负荷不大、涌水量小的矿井。浅井供电主要有三种方式:

(1) 井底车场及其附近巷道的低压用电设备,可由设在地面变电所的配电变压器降压后,用低压电缆通过井筒送到井底车场配电所,再由井底车场配电所将低压电能送至各低压用电设备。

(2) 当采区负荷不大或无高压用电设备时,采区用电由地面变电所用高压架空线路将电能送到设在采区地面上的变电室或变电亭,然后把电压降为380 V或660 V后,用低压电缆经钻孔送到井下采区配电所,由采区配电所再送给工作面配电点和低压用电设备。

(3) 当采区负荷较大或有高压用电设备时,用高压电缆经钻孔将高压电能送到井下采区变电所,降压后向采区低压负荷供电。

二、煤矿井下"三大保护"

井下电网的"三大保护"是过电流保护、漏电保护和保护接地。

(一) 过电流保护

1. 过电流故障类型

凡是流过电气设备和电缆线路的电流超过它们的额定电流值,即为过电流,简称过流。在低压电网运行中,常见的过电流故障有短路、过负荷和断相三种情况。

1) 短路

短路是指电流不流经负载,而是两根或三根导线直接短接形成回路。如相与相之间、相与地之间的短接等。短路时流过供电线路的电流称为短路电流。

造成短路的主要原因:由于电气设备、线路载流绝缘遭到破坏而造成短路,绝缘损坏是由于绝缘老化、过电压、机械损伤等造成的;其他原因如操作人员带负荷拉闸或检修后未拆除接地线就送电等误操作。

短路的危害:电流剧增至正常电流的几十甚至几百倍(电流大),能够在极短的时间内烧毁电气设备,引起火灾或瓦斯、煤尘爆炸事故,损害设备和线路。短路电流还会产生很大的电动力,使电气设备遭到机械损坏。短路会引起电网电压急剧下降,影响电网中的其他用电设备的正常工作,影响电力系统运行。

2) 过负荷

过负荷是指流过电气设备和电路的实际电流超过其额定电流和允许过负荷时间。

造成过负荷的主要原因:电气设备和电缆容量选择过小,致使正常工作时负荷电流超过了额定电流;对生产机械的误操作,例如在刮板输送机机尾压煤的情况下,连续点动起动,就会在起动电流的连续冲击下引起电动机过热,甚至烧毁;电源电压过低或电动机机械性堵转都会引起电动机过负荷。

过负荷的危害:电气设备和电缆出现过负荷后,温度将超过所用绝缘材料的最高允许温度,损坏绝缘,如不及时切断电源,将会发展成漏电和短路事故。过负荷是井下烧毁中、小型电动机的主要原因之一。

【案例4-1】 2002年10月29日,广西南宁二塘煤矿井下4采区变电所变压器着火,引燃相邻木支架,火区长度70 m。当班作业人员35人,其中5人生还,30人遇难。事故直接原因:4采区变电所变压器超负荷运行(所安设变压器容量为320 kV·A,而其供电负荷为347.7 kW,变压器长期满负荷和超负荷运行,导致电缆加速老化、绝缘性能降低、温度升高)和变压器低压侧接线错误,导致距接线端子500 mm、距地板100 mm高处的橡套电缆短路,产生电弧火花,点燃积存在地板上的高压防爆配电箱漏出的绝缘油及渗漏在地板上的变压器油。

3)断相

供电线路或用电设备一相断开时称为断相。如三相交流电动机的一相供电线路或一相绕组断线,称为缺相。运行中的电动机断一相时仍可继续运转,叫作单相运行,由于其转矩比三相运行时小得多,在其所带负荷不变的情况下,必然会过负荷,甚至烧毁电动机。

2. 过电流保护装置的作用

当电气设备及电缆中电流超过规定额定电流时(出现短路、过载时),保护装置能在规定时间内快速切断故障处电源,防止事故扩大,避免造成灾害。过电流保护包括短路保护、过负荷保护、断相保护等。

(二)漏电保护

1. 漏电故障

当电气设备或导线的绝缘损坏或人体触及一相带电体时,电源和大地形成回路,有电流流过的现象,称为漏电。

2. 漏电分类

漏电分为集中性漏电和分散性漏电两类。集中性漏电是指漏电发生在电网的某一处或某一点,其余部分的对地绝缘水平仍保持正常。分散性漏电是指某条电缆或整个网络对地绝缘水平均匀下降或低于允许绝缘水平。井下供电中遇到的大多数漏电故障是集中性漏电故障。

3. 漏电原因

漏电的主要原因是绝缘缺陷、绝缘受损和绝缘老化,具体表现为因电缆或电气设备本身引起的漏电、因管理不当引起的漏电、因操作不当引起的漏电、因施工安装不当引起的漏电等。

4. 漏电危害

(1)人接触到漏电设备或电缆时会造成触电伤亡事故。

(2)漏电回路中碰地、碰壳的地方可能产生电火花,有可能引起瓦斯煤尘爆炸、火灾事故。

(3)漏电回路上各点存在电位差,若电雷管引线两端接触不同电位的两点,可能使雷管爆炸。

(4)电气设备漏电时不及时切断电源会扩大为短路故障,烧毁设备。

5. 漏电故障的预防措施

(1)严禁电气设备及电缆长期过负荷。

(2)导线连接要牢固,无毛刺,防松装置好,接线正确。

(3)维修电气设备时要按《煤矿安全规程》操作,严禁将工具和材料等导体遗留在电气设备中。

（4）避免电缆、电气设备浸泡在水中，防止电缆的机械损伤。

（5）不在电气设备中增加额外部件，必须设置时，必须遵守有关规定。

（6）设置保护接地装置，设置漏电保护装置。

（三）保护接地

在井下变压器中性点不接地供电系统中，为了防止电气设备因绝缘损坏使人遭受触电的危险，而用导体将电气设备正常不带电的外壳或外构架，与埋在地下的接地极连接起来，称为保护接地。保护接地对保证人身触电安全是非常重要的。

《煤矿安全规程》规定：电压在36 V以上和由于绝缘破坏可能带有危险电压的电气设备的金属外壳、构架，铠装电缆的钢带（钢丝）、铅皮（屏蔽护套）等必须有保护接地。

1. 保护接地作用

电气设备绝缘破坏使外壳带电时，人身即使接触了这个带电外壳，因接地装置和人体构成并联电路，对人体起分流作用，大大减少了通过人体的电流，可减少人体触电的危险，从而保证了人身安全。

同理，装设保护接地后，大大减少了设备漏电时外壳与地因接触不良产生电火花的能量，减少了瓦斯、煤尘爆炸的可能性。

2. 井下保护接地系统组成

在煤矿井下敷设的主接地极、局部接地极、接地母线、辅助接地母线、接地导线和连接导线形成一个总接地网，称为保护接地系统（网）。

保护接地系统的作用：一是将各接地极并联后，可降低系统的接地电阻，提高保护的安全性；二是各接地极互为后备，一旦某接地极断路，可通过其他接地极实现保护，提高了保护的可靠性。《煤矿安全规程》规定：井下总接地网上任一保护接地点的接地电阻值，不得超过2 Ω。每一移动式和手持式电气设备至局部接地极之间的保护接地用的电缆芯线和接地连接导线的电阻值，不得超过1 Ω。

三、矿井用电安全

（一）井下安全用电的有关规定

1. 严格遵守各项安全用电作业制度

（1）严禁井下配电变压器中性点直接接地。严禁由地面中性点直接接地的变压器或者发电机直接向井下供电。

（2）井下不得带电检修电气设备。

（3）所有开关把手，在切断电源后都要及时闭锁或上锁，并悬挂"有人工作、不准送电"牌，并且谁停电谁摘牌送电。

（4）远距离控制线路的额定电压不超过36 V。

（5）井下严禁使用灯泡和电炉取暖。

（6）严格执行停送电制度。停电必须有申请，经有关部门批准并办理操作票，方可进行停电。停电后，检查瓦斯，严格执行"谁停电、谁送电"制度，不许约时停送电和代替停送电。

2. 操作井下电气设备应遵守的规定

（1）非专职人员或值班电气人员不得擅自操作电气设备。

（2）操作高压电气设备主回路时，操作人员必须戴绝缘手套，并穿绝缘靴或站在绝缘台上。

(3) 手持式电气设备的操作手柄和工作中必须接触的部分必须有良好的绝缘。

3. 煤矿"三无""四有""两齐、三全、三坚持"

(1) 三无:无"鸡爪子"、无"羊尾巴"、无"明接头"。

(2) 四有:有过电流和漏电保护装置、有螺钉和弹簧垫、有密封圈和挡板、有接地装置。

(3) 两齐:电缆悬挂整齐、设备硐室清洁整齐。

(4) 三全:防护装置全、绝缘用具全、图纸资料全。

(5) 三坚持:坚持使用检漏继电器,坚持使用煤电钻和信号照明综合保护,坚持使用甲烷断电仪和甲烷风电闭锁装置。

(二)井下安全用电"十不准"

(1) 不准带电检修、搬迁电气设备、电线、电缆。

(2) 不准甩掉无压释放器、过电流保护装置。

(3) 不准甩掉漏电继电器、煤电钻综合保护装置和局部通风机风电、瓦斯电闭锁装置。

(4) 不准明火操作、明火打点、明火爆破。

(5) 不准用铜丝、铁丝代替保险丝。

(6) 停风、停电的采掘工作面,未检查瓦斯,不准送电。

(7) 有故障的线路不准强行送电。

(8) 电气设备的保护装置失灵后不准使用。

(9) 失爆的电气设备和电器不准使用。

(10) 不准在井下敲打、撞击、拆卸矿灯。

四、触电事故及其预防

(一)触电危害

由于井下的特殊工作环境条件,发生触电的可能性较大。触电对人体组织的破坏性是很复杂的,一般对人体的伤害大致可分为电击和电伤两种情况。

电击是指触电时电流通过人体,在热化学和电解作用下使呼吸器官、心脏和神经系统受到损伤和破坏。多数情况下电击可以使人致死,故是最危险的。电伤是指由于电流通过人体某一局部,或电弧烧伤人体,造成对体表器官的破坏,主要是物理性破坏,如烧伤。当烧伤面积不大时,不至于有生命危险。通常人体触电时同时受到电击和电伤的伤害。

触电对人身的伤害是由许多因素决定的,但流经人体的电流大小是起决定作用的主要因素。触电电流流经人体的时间越长,触电对人的伤害程度就越大,故即使是安全电流,若长时间流经人体,也会造成伤亡事故。我国规定 30 mA 的电流,流经人体 1 s 是安全的。因此,当人体触电时,如何在最短的时间内使触电人员脱离电源,对抢救触电人员的生命就显得非常重要。

流经人体的电流大小与人体电阻有关。人体电阻越大,通过人体的电流就越小,反之亦然。人体电阻是一个变动幅度很大的数值,人体有伤口、流汗潮湿时其值较正常时大为减小,并随触电时间的加长而减小,因此,这种情况下的触电也就更危险。

流经人体的触电电流与作用于人体的电压有关,触电电压越大,触电电流就越大,也就越危险。

(二)触电原因

(1) 高压电网触电事故的主要原因:

① 违章带电清扫、带电检查、带电搬运、带电作业。
② 没有工作票,没有安全措施,没有执行高压作业中停电、验电、放电等规程和要求。
③ 误操作,误停、送电,错误辨认开关和电缆,没有执行作业监护制度,没有悬挂"有人工作,不准送电"的警示牌。
④ 没有设置高压漏电保护装置。
(2) 低压电网触电事故的主要原因:
① 违章带电安装、带电检修、带电检查。
② 不执行停送电制度,停错、送错电。
③ 用电制度、安全技术管理有漏洞,如设备及电缆漏电、保护失灵而没有及时修理或更换。

(三) 预防触电的措施

(1) 井下不得带电检修、搬迁电气设备(包括电缆和电线)。检修或搬迁前,必须切断电源,并用同电源电压相适应的验电笔检验,检验无电后方可进行检修或搬迁。所有开关把手在切断电源时都应闭锁,并悬挂"有人工作,不准送电"警示牌,只有执行这项工作的人员,才有权取下此牌送电。严格执行"谁停电,谁送电"的制度,严禁"约时送电"。
(2) 操作井下电气设备,必须遵守下列规定:
① 非专职或值班电气人员,不得擅自操作电气设备。
② 操作高压电气设备主回路时,操作人员必须穿戴绝缘手套和电工绝缘靴或站在绝缘台上。
③ 127 V 手持式电气设备的操作手柄和工作中必须接触的部分,应有良好的绝缘。
④ 普通型携带式电气测量仪表,只准在瓦斯浓度1%以下的地点使用。井下防爆电气设备在入井前必须经检查合格后方准入井。
⑤ 严禁"私拉乱接"供电线路。
⑥ 井下供电坚持使用检漏保护装置和煤电钻综合保护装置。
(3) 防止人身触电或接近带电导体。
① 将电气设备的裸露带电部分安装在一定高度或围栏内。
② 井下各种电气设备的导电部分和电缆接头都必须封闭在坚固的外壳中,并在操作手柄和盒盖之间设置机械闭锁装置。
③ 各变(配)电所的入口或门口都悬挂"非工作人员,禁止入内"警示牌;无人值班的变(配)电所,必须关门加锁;井下硐室内有高压电气设备时,入口处和硐室内都应在明显地点加挂"高压危险"警示牌。
(4) 对人员经常接触的电气设备,采用电压等级低的电压。如井下照明、手持式电气设备、电话、信号等装置的额定电压都不应超过127 V。

第二节 矿井防爆电气设备安全

一、矿用电气设备的一般规定

煤矿井下使用的电气设备按使用场所、设备类型可分为矿用一般型和矿用防爆型。矿用一般型电气设备是指专为煤矿井下生产的非防爆型电气设备,使用在无瓦斯、煤尘爆炸的场所。在矿用电气设备外壳的明显处有KY标志。在煤矿井下有爆炸危险的场所,必须使用防爆型电气设备。

二、《煤矿安全规程》对井下电气设备的一般规定

(1) 井下不得带电检修电气设备。严禁带电搬迁非本质安全型电气设备、电缆,采用电缆供电的移动式用电设备不受此限。检修或者搬迁前,必须切断上级电源,检查瓦斯,在其巷道风流中甲烷浓度低于1.0%时,再用与电源电压相适应的验电笔验电;检验无电后,方可进行导体对地放电。开关把手在切断电源时必须闭锁,并悬挂"有人工作,不准送电"字样的警示牌。只有执行这项工作的人员才有权取下此牌送电。

(2) 容易碰到的,裸露的带电体及机械外露的转动和传动部分必须加装护罩或者遮拦等防护设施。

(3) 井下严禁使用油浸式电气设备。

(4) 40 kW及以上的电动机,应当采用真空电磁起动器控制。

(5) 井上、下必须装设防雷电装置,并遵守下列规定:

① 经由地面架空线路引入井下的供电线路和电机车架线,必须在入井处装设防雷电装置。

② 由地面直接入井的轨道、金属构架及露天架空引入(出)井的管路,必须在井口附近对金属体设置不少于2处的良好的集中接地。

(6) 电压在36 V以上和由于绝缘损坏可能带有危险电压的电气设备的金属外壳、构架,铠装电缆的钢带(钢丝)、铅皮(屏蔽护套)等必须有保护接地。

三、防爆电气设备的类型、标志

煤矿井下爆炸性环境中的电气设备必须采取一定的防爆安全措施,使其在规定的运行条件下不会引起周围爆炸性混合物爆炸。按规定的条件设计制造的、不会引起周围爆炸性混合物爆炸的电气设备通称为防爆电气设备。

矿用防爆电气设备分为10种。防爆电气设备的总标志为"Ex"。在防爆电气设备外壳明显处有永久凸纹标志"Ex"和煤矿矿用产品安全标志"MA"。

四、防爆电气设备选用要求

煤矿井下选用的电气设备应符合《煤矿安全规程》的要求,见表4-1。

表4-1 井下电气设备的选用规定

设备类别	突出矿井和瓦斯喷出区域	高瓦斯矿井、低瓦斯矿井			
		井底车场、中央变电所、总进风巷和主要进风巷		翻车机硐室	采区进风巷	总回风巷、主要回风巷、采区回风巷、采掘工作面和工作面进、回风巷
		低瓦斯矿井	高瓦斯矿井			
高低压电机和电气设备	矿用防爆型(增安型除外)	矿用一般型	矿用一般型	矿用一般型	矿用防爆型	矿用防爆型

表4-1(续)

设备类别	突出矿井和瓦斯喷出区域	高瓦斯矿井、低瓦斯矿井				
		井底车场、中央变电所、总进风巷和主要进风巷		翻车机硐室	采区进风巷	总回风巷、主要回风巷、采区回风巷、采掘工作面和工作面进、回风巷
		低瓦斯矿井	高瓦斯矿井			
照明灯具	矿用防爆型(增安型除外)	矿用一般型	矿用防爆型	矿用防爆型	矿用防爆型	矿用防爆型
通信、自动控制的仪表、仪器	矿用防爆型(增安型除外)	矿用一般型	矿用防爆型	矿用防爆型	矿用防爆型	矿用防爆型

注:1. 使用架线电机车运输的巷道中及沿巷道的机电设备硐室内可以采用矿用一般型电气设备(包括照明灯具、通信、自动控制的仪表、仪器)。
 2. 突出矿井井底车场的主泵房内,可以使用矿用增安型电动机。
 3. 突出矿井应当采用本安型矿灯。
 4. 远距离传输的监测监控、通信信号应当采用本安型,动力载波信号除外。
 5. 在爆炸性环境中使用的设备应当采用 EPL Ma 保护级别。非煤矿专用的便携式电气测量仪表,必须在甲烷浓度1.0%以下的地点使用,并实时监测使用环境的甲烷浓度。

五、矿用隔爆型电气设备的失爆及其防治

(一) 矿用隔爆型电气设备的隔爆原理

隔爆型电气设备是指具有隔爆外壳的电气设备。隔爆外壳具有隔爆性与耐爆性。

隔爆性是指电气设备外壳内发生爆炸,其产物通过间隙不会引起设备外爆炸物爆炸。隔爆性是由外壳的接合面宽度、间隙和表面粗糙度来实现隔爆的一种性能。

耐爆性是指外壳内部爆炸时,在最大爆炸压力作用下,外壳不会发生永久性变形和损坏。

矿用隔爆型电气设备隔爆外壳失去耐爆性或隔爆性叫作失爆。当隔爆型电气设备的内部发生爆炸后,会因为外壳炸坏而直接引起壳外的爆炸性气体爆炸,或者从各部缝隙中喷出高温气体或火焰引起壳外的爆炸性气体爆炸。

(二) 煤矿井下常见的失爆现象

(1) 外壳严重变形,有裂纹,开焊。
(2) 螺栓不全、松动、缺少弹簧垫圈。
(3) 外壳内、外有锈皮脱落。
(4) 接合面严重锈蚀,有机械伤痕、凹坑,间隙超过规定值。
(5) 接线时未使用密封圈或使用不合格的密封圈,不用的接线孔未封堵或使用不合格的挡板封堵。
(6) 在设备内随意增加电气元件或部件。
(7) 由于接线柱、绝缘套管烧坏而使两隔爆空腔连通。

《煤矿安全规程》规定:防爆电气设备到矿验收时,应当检查产品合格证、煤矿矿用产品安全标志,并核查与安全标志审核的一致性。入井前,应当进行防爆检查,签发合格证后方准入井。井下防爆电气设备的运行、维护和修理,必须符合防爆性能的各项技术要求。防爆性能遭受破坏的电气设备,必须立即处理或者更换,严禁继续使用。

【案例 4-2】 2011 年 7 月 6 日,山东省枣庄防备煤矿有限公司井下一台空气压缩机着火,造成 91 名矿工被困事故区域。经过积极营救,有 63 名矿工成功升井,井下被困的 28 名矿工遇难,另有 3 名救援人员不幸牺牲。导致火灾发生的空气压缩机竟然是来自旧货市场、几经转手的"三无"产品。

(三)隔爆型电气设备失爆的原因

(1)由于隔爆型电气设备的使用、维护和检修,都会使隔爆面上出现杂物,有可能使隔爆面间隙增大。

(2)井下电气设备由于移动或搬运,而发生碰撞使外壳变形。

(3)装配时产生的机械伤痕。

(4)由于井下湿度大,隔爆面上产生锈蚀。

(5)拆卸电气设备时,用器械敲打,使设备外壳产生不明显的裂纹。

(6)零部件装配不正确,造成间隙过小,使活动结合面产生摩擦现象,破坏隔爆面。

(7)螺钉紧固的隔爆面,由于螺孔深度过浅或螺钉太长而不能很好地紧固,使间隙超过规定值。

(四)隔爆型电气设备失爆的防治

加强隔爆型电气设备的综合管理和维护,及时排除故障,这是防止隔爆型电气设备失爆的重要环节。

1. 下井前的检查

(1)零部件是否齐全、完整。

(2)隔爆外壳是否涂有防腐油漆;大、中修设备必须重新涂防腐油漆(铝制外壳例外)。

(3)隔爆外壳、接线箱、底座等是否变形、走样,轻微凹凸不平不能超过完好标准的规定值。

(4)各进出线嘴是否封堵。要有合格的密封胶圈、铁垫圈和挡板。线嘴要拧紧。

(5)隔爆面是否有锈蚀和机械损伤,是否涂有防锈油脂。

(6)通电试运行,看开、停、吸合动作是否灵敏可靠,运行是否正常,有无杂音。

(7)隔爆间隙是否符合要求。对每台设备的隔爆间隙都要逐一测量。

2. 搬运中应注意的事项

(1)电气设备装、卸车时要轻装轻放,不要乱扔乱摔。

(2)用电机车等设备运行时,速度不宜过快,防止损坏设备。

(3)卸车时,不能"大撒把",注意不要把线嘴、线盒手把、仪表碰坏。临时存放地点不能有积水、淋水。

3. 使用中的管理工作

(1)运行中的隔爆型电气设备。周围要干燥,通风良好,不能有杂物堆放。设备上的煤尘要及时打扫,保持表面干净。顶板支护要牢固可靠,不能有淋水、滴水现象。不用的设备要及时回收到地。

(2)备用的电气设备零部件要齐全。螺丝要拧紧,接线嘴要封堵。存放地点要干燥,且便于运输。设备上有"备用"标志牌。

(3) 设备使用要合理,保护要齐全。

(4) 为及时排除设备故障,保证隔爆性能良好,井下使用单位在现场应准备一定数量的备件和材料。

(5) 要用专用工具维修。

4. 设备升井

拆下不用的隔爆型电气设备,要及时组织运往井上进行检修。拆下的设备,要保持零部件齐全,不准随意拆卸。下运、装车、上井,要有专人负责,不能摔动、碰坏零件,也不能将设备拆散上井。

第三节 矿井提升的安全运行

一、立井提升的安全运行与规定

(一) 对提升信号的基本要求

(1) 工作信号必须声光兼备,警告信号必须为音响信号,指示信号一般为灯光信号。

(2)《煤矿安全规程》规定:每一提升装置,必须装有从井底信号工发给井口信号工和从井口信号工发给司机的信号装置。井口信号装置必须与提升机的控制回路相闭锁,只有在井口信号工发出信号后,提升机才能启动。除常用的信号装置外,还必须有备用信号装置。井底车场与井口之间、井口与司机操控台之间,除有上述信号装置外,还必须装设直通电话。1 套提升装置服务多个水平时,从各水平发出的信号必须有区别。

(3)《煤矿安全规程》规定:井底车场的信号必须经由井口信号工转发,不得越过井口信号工直接向提升机司机发送开车信号;但有下列情况之一时,不受此限:

① 发送紧急停车信号。

② 箕斗提升。

③ 单容器提升。

④ 井上下信号联锁的自动化提升系统。

(4) 应设置检修信号及检修指示灯。在检修井筒的整个时间内,检修指示信号灯应保持显示。沿井筒壁需敷设供检修人员发送开车、停车的信号装置和电话装置,或采用井筒电话与绞车司机直接联系。

(5) 井口、井底及各水平,必须设置紧急停车信号。

(6) 应设置各种闭锁保护的信号。

(7) 缠绕式提升机必须设置松绳保护信号。

(二) 提升机的安全运行

(1)《煤矿安全规程》对提升装置的要求:提升系统各部分每天必须由专职人员至少检查 1 次,每月还必须组织有关人员至少进行 1 次全面检查。检查中发现问题,必须立即处理,检查和处理结果都应当详细记录。

(2) 提升机操作必须遵守的规定:

① 主要提升装置应当配备正、副司机。自动化运行的专用于提升物料的箕斗提升机,可不配备司机值守,但应当设图像监视并定时巡检。

② 升降人员的主要提升装置在交接班升降人员的时间内,必须由正司机操作,副司机

监护。

③ 每班升降人员前,应当先空载运行 1 次,检查提升机动作情况;但连续运转时,不受此限。

④ 如发生故障,必须立即停止提升机运行,并向矿调度室报告。

(3) 新安装的矿井主要提升装置,必须验收合格后方可投入使用运行。专门升降人员及混合提升系统应当每年进行一次性能检测,其他提升系统每 3 年进行一次性能检测,检测合格后方可继续使用。

(三) 提升容器的安全运行与规定

(1) 立井提升容器和载荷,必须符合下列要求:

① 立井中升降人员应当使用罐笼。在井筒内作业或者因其他原因需要使用普通箕斗或者救急罐升降人员时,必须制定安全措施。

② 升降人员或者升降人员和物料的单绳提升罐笼必须装设可靠的防坠器。

③ 罐笼和箕斗的最大提升载荷和最大提升载荷差应当在井口公布,严禁超载和超最大载荷差运行。

④ 箕斗提升必须采用定重装载。

(2) 专为升降人员和升降人员与物料的罐笼,必须符合下列要求:

① 乘人层顶部应当设置可以打开的铁盖或者铁门,两侧装设扶手。

② 罐底必须满铺钢板,如果需要设孔时,必须设置牢固可靠的门;两侧用钢板挡严,并不得有孔。

③ 进出口必须装设罐门或者罐帘,高度不得小于 1.2 m。罐门或者罐帘下部边缘至罐底的距离不得超过 250 mm,罐帘横杆的间距不得大于 200 mm。罐门不得向外开,门轴必须防脱。

④ 提升矿车的罐笼内必须装有阻车器。升降无轨胶轮车时,必须设置专用定车或者锁车装置。

⑤ 单层罐笼和多层罐笼的最上层净高(带弹簧的主拉杆除外)不得小于 1.9 m,其他各层净高不得小于 1.8 m。带弹簧的主拉杆必须设保护套筒。

⑥ 罐笼内每人占有的有效面积应当不小于 0.18 m^2。罐笼每层内 1 次能容纳的人数应当明确规定,超过规定人数时,把钩工必须制止。

⑦ 严禁在罐笼同一层内人员和物料混合提升。升降无轨胶轮车时,仅限司机一人留在车内,且按提升人员要求运行。

二、倾斜井巷提升运行的安全规定

《煤矿安全规程》对倾斜井巷运送人员的规定:

(1) 新建、扩建矿井严禁采用普通轨斜井人车运输。

(2) 生产矿井在用的普通轨斜井人车运输,必须遵守下列规定:

① 车辆必须设置可靠的制动装置。断绳时,制动装置既能自动发生作用,也能人工操纵。

② 必须设置使跟车工在运行途中任何地点都能发送紧急停车信号的装置。

③ 多水平运输时,从各水平发出的信号必须有区别。

④ 人员上下地点应当悬挂信号牌。任一区段行车时,各水平必须有信号显示。

⑤ 应当有跟车工,跟车工必须坐在设有手动制动装置把手的位置。
⑥ 每班运送人员前,必须检查人车的连接装置、保险链和制动装置,并先空载运行一次。

【案例 4-3】 某年 6 月 4 日 3 时 30 分,范各庄矿业公司井运区在三水平 306 西水仓清仓时,在绞最后一个车没有挂尾绳(保险绳),车到水仓上坡头过变坡点时,发生矿车脱钩跑车事故,将负责打信号的苏××撞伤头部,经抢救无效死亡。事故直接原因:三水平 306 西水仓入口斜巷提车过程中,矿车脱钩跑车,将水仓下部信号工苏××撞伤致死。事故暴露出如下问题:① 现场信号把钩工违章作业,提车前未挂保险绳,也未撤到安全地点,现场其他作业人员未加以制止;② 现场无有效的防跑车装置。斜巷上坡头只有一条钢丝绳软挡,下坡头挡车器失效不能使用,信号悬挂位置不符合要求。

第四节　矿井运输安全

一、带式输送机的安全运行

滚筒驱动式带式输送机是以输送带作为牵引机构和承载机构的一种摩擦传动连续动作式运输设备,在煤矿井下和地面生产系统中应用最为广泛。

(1)《煤矿安全规程》对采用滚筒驱动式带式输送机运输时的规定:

① 采用非金属聚合物制造的输送带、托辊和滚筒包胶材料等,其阻燃性能和抗静电性能必须符合有关标准的规定。

② 必须装设防打滑、跑偏、堆煤、撕裂等保护装置,同时应当装设温度、烟雾监测装置和自动洒水装置。

③ 应当具备沿线急停闭锁功能。

④ 主要运输巷道中使用的带式输送机,必须装设输送带张紧力下降保护装置。

⑤ 倾斜井巷中使用的带式输送机,上运时,必须装设防逆转装置和制动装置;下运时,应当装设软制动装置且必须装设防超速保护装置。

⑥ 在大于 16°的倾斜井巷中使用带式输送机,应当设置防护网,并采取防止物料下滑、滚落等的安全措施。

⑦ 液力偶合器严禁使用可燃性传动介质(调速型液力偶合器不受此限)。

⑧ 机头、机尾及搭接处,应当有照明。

⑨ 机头、机尾、驱动滚筒和改向滚筒处,应当设防护栏及警示牌。行人跨越带式输送机处,应当设过桥。

⑩ 输送带设计安全系数,应当按下列规定选取:

a) 棉织物芯输送带,8~9。

b) 尼龙、聚酯织物芯输送带,10~12。

c) 钢丝绳芯输送带,7~9;当带式输送机采取可控软启动、制动措施时,5~7。

(2)带式输送机安全运行的安全措施与要求:

① 严禁人员乘坐带式输送机,严禁用带式输送机运送设备和物料。

② 输送机的电动机及开关附近 20 m 以内风流中,瓦斯浓度达到 1.5% 时,必须停止工作,切断电源,撤出人员,进行处理。

③ 输送机运转时禁止清理机头、机尾滚筒及其附近的浮煤，不准拉动输送机的清扫器。

④ 在检修煤仓上口的机头卸载滚筒部分必须将煤仓上口封严。

⑤ 处理输送带跑偏时严禁用手、脚及身体的其他部位直接接触输送带。

⑥ 拆卸液力偶合器的注液塞、易熔塞或防爆片时，应戴手套，面部躲开喷液方向，轻轻拧松几扣后停一会，待入气后再慢慢拧下。禁止使用不合格的易熔塞、防爆片。

⑦ 在输送带上检修、处理故障或做其他工作时，必须闭锁输送机的控制开关，挂上"有人工作，不准合闸"的停电警示牌。除处理故障外，严禁开倒车运转。

⑧ 设备运行中禁止用控制开关的手把直接切断电动机电源。如出现控制开关接触器失效等特殊故障时，必须穿戴绝缘防护用品进行操作。

⑨ 必须经常检查输送机巷道内的消防及喷雾降尘设施，并保持完好有效。

⑩ 认真执行岗位责任制和交接班制度，不得擅离岗位。

二、刮板输送机的安全运行

刮板输送机机身高度小，便于装载，机身伸长或缩短方便，机身坚固，运输能力不受货载块度和湿度的影响等，在煤矿井下得到广泛应用。

《煤矿安全规程》规定：使用刮板输送机运输时，必须遵守下列规定：

(1) 采煤工作面刮板输送机必须安设能发出停止、启动信号和通信的装置，发出信号点的间距不得超过 15 m。

(2) 刮板输送机使用的液力偶合器，必须按所传递的功率大小，注入规定量的难燃液，并经常检查有无漏失。易熔合金塞必须符合标准，并设专人检查、清除塞内污物；严禁使用不符合标准的物品代替。

(3) 刮板输送机严禁乘人。

(4) 用刮板输送机运送物料时，必须有防止顶人和顶倒支架的安全措施。

(5) 移动刮板输送机时，必须有防止冒顶、顶伤人员和损坏设备的安全措施。

常见的刮板输送机运输事故有：保护不到位致使人员靠近时被转动部件绞伤；机头、机尾锚固不牢而突然被拉翘起，打伤或挤伤附近人员；违章乘坐输送机或在溜槽内行走被刮板拉伤、打伤等。

保证刮板输送机安全运行的安全措施与要求：

(1) 刮板输送机的转动、传动部位应按规定设置保护罩或保护栏杆；机尾应设护板；须横越输送机的行人处必须设置人行过桥。

(2) 刮板输送机必须有专人维护，有维修保养制度，保证设备性能完好。操作人员必须经过培训持证上岗，非司机不得开动刮板输送机。

(3) 起动前必须对输送机进行全面检查，起动前先发信号，然后点动试车，待确无问题再正式开车。

(4) 不准在输送机槽内行走，更不准乘坐刮板输送机，严禁脚踩漂链。

(5) 严格执行停电处理故障、停电检修的制度。

(6) 严禁从刮板输送机两端头向中间推移溜槽；进行推移工作时，煤壁与输送机之间不得站人。

三、井下电机车运输安全

电机车运输是煤矿生产过程中一个主要环节,担负着运输煤炭、矸石、材料、设备和人员等重要任务,是矿井生产不可缺少的运输方式。

(一)轨道机车安全运行规定

(1)生产矿井同一水平行驶7台及以上机车时,应当设置机车运输监控系统;同一水平行驶5台及以上机车时,应当设置机车运输集中信号控制系统。新建大型矿井的井底车场和运输大巷,应当设置机车运输监控系统或运输集中信号控制系统。

(2)列车或单独机车都必须前有照明,后有红灯。

(3)列车通过的风门,必须设有当列车通过时能够发出在风门两侧都能接收到声光信号的装置。

(4)巷道内应装设路标和警标。

(5)必须定期检查和维护机车,发现隐患,及时处理。

(6)正常运行时,机车必须在列车前端。机车行近巷道口、硐室口、弯道、道岔、坡度较大或者噪声大等地段,以及前面有车辆或视线有障碍时,都必须降低速度慢行,并发出警号。

(7)2辆机车或者2列列车在同一轨道同一方向行驶时,必须保持不少于100 m的距离。

(8)同一区段线路上,不得行驶非机动车辆。

(9)必须有用矿灯发送紧急停车信号的规定。非危险情况下,任何人不得使用紧急停车信号。

(10)机车司机开车前必须对机车进行安全检查确认;启动前,必须关闭车门并发出开车信号;机车运行中,司机严禁将头或者身体探出车外;司机离开座位时,必须切断电机车电源,取下控制手把,扳紧停车制动。在运输线路上临时停车时不得关闭车灯。

(11)新投用机车应当测定制动距离,之后每年测定1次。运送物料时制动距离不得超过40 m,运送人员时制动距离不得超过20 m。

(二)电机车安全运行的安全措施与要求

(1)电机车司机必须经过培训,考核合格。

(2)机车运行中,司机严禁将头和身体探出车外。

(3)定期检修机车和矿车,经常检查,发现问题及时处理。

(4)机车运输时,要前有照明后有红灯;正常运行时,机车必须在列车前端,同一区段轨道上不得行驶非机动车辆。

(5)列车通过风门,必须设有当列车通过时能够发出在风门两侧都能收到声光信号的装置。

(6)列车制动距离每年至少测定一次。

(7)用电机车运送人员时,乘人车场的各项安全设施应符合《煤矿安全规程》的规定,人员乘车必须听从工作人员指挥。

(8)完善电机车运输系统的通信、调度管理工作,完善运输系统的安全设施。

(9)车辆运送的设备、材料应摆放整齐,捆绑牢固,不准超高、超长、超宽。

四、倾斜井巷绞车运输安全

斜井及采区上下山、倾斜巷道的运输,除采用带式输送机运输原煤外,普遍采用绞车串车运输的方法。串车提升事故发生最多的是跑车事故。

（一）对倾斜井巷内使用串车提升的安全规定

（1）在倾斜井巷内安设能够将运行中断绳、脱钩的车辆阻止住的跑车防护装置。

（2）在各车场安设能够防止带绳车辆误入非运行车场或者区段的阻车器。

（3）在上部平车场入口安设能够控制车辆进入摘挂钩地点的阻车器。

（4）在上部平车场接近变坡点处，安设能够阻止未连挂的车辆滑入斜巷的阻车器。

（5）在变坡点下方略大于1列车长度的地点，设置能够防止未连挂的车辆继续往下跑车的挡车栏。

上述挡车装置必须经常关闭，放车时方准打开。兼作行驶人车的倾斜井巷，在提升人员时，倾斜井巷中的挡车装置和跑车防护装置必须是常开状态并闭锁。

（二）预防斜巷跑车事故的措施

（1）严格贯彻执行"行车不行人，行人不行车"规定。

（2）斜井串车提升严禁蹬钩、行人。

（3）运送物料时，开车前把钩工必须检查牵引车数、各车的连接和装载情况。

（4）每班对钢丝绳、钩头、车辆、连接装置、保险绳等进行认真检查，发现问题及时处理。

（5）绞车制动装置要灵活可靠；司机操作时要防止发生松绳冲击；下放车辆必须给绞车送电，严禁不送电松闸放车。

（6）严格按照《煤矿安全规程》规定在倾斜井巷内、上部平车场及各车场安设防跑车装置和跑车防护装置，并严格管理，正确操作使用。

（注：本书配套了煤矿班组长安全培训考核题库（综合本），扫描封底二维码，学员登录"众学教培服务平台"可以免费练题。一书一码，盗版书不能登录。具体登录方法见本书目录前面一页。）

第五章 煤矿爆破安全

第一节 煤矿炸药与爆破器材

一、煤矿许用炸药

煤矿许用炸药是指经过国家授权的检验机构检验合格,并取得煤矿安全许用标志证书,经过国家行政主管部门批准,符合《煤矿安全规程》规定、允许在有瓦斯或煤尘爆炸危险的煤矿井下采掘工作面使用的炸药。

(一)煤矿许用炸药分级

煤矿许用炸药的品种主要有煤矿水胶炸药、煤矿乳化炸药和离子交换型炸药等。为适应不同瓦斯等级和不同工作面的要求,我国煤矿许用炸药按瓦斯安全性进行分级。煤矿许用炸药的瓦斯安全性分为 5 级,各个级别许用炸药的瓦斯安全性(巷道试验)的合格标准如下:

一级煤矿许用炸药:适用于低瓦斯矿井的岩石工作面。

二级煤矿许用炸药:适用于低瓦斯矿井的煤层和半煤岩工作面。

三级煤矿许用炸药:适用于高瓦斯矿井。

四级煤矿许用炸药:适用于煤与瓦斯突出矿井。

五级煤矿许用炸药:适用于溜煤眼堵塞爆破和过石门揭开瓦斯突出煤层。

(二)选用煤矿许用炸药时的注意事项

(1)煤矿许用炸药必须严格按照矿井瓦斯的安全等级选用,不得将用于低瓦斯矿井的炸药用于高瓦斯矿井。

(2)有水和潮湿的工作面,必须选用抗水型炸药。水胶炸药的爆炸性能随温度降低而下降,因此在 0 ℃以上使用最好,药温不宜过低。

(3)要注意炸药外形的检查,如发现药卷出水,要尽快使用,如出水严重,要经过性能检验,再确定是否可以继续使用。

(4)各级煤矿许用炸药对瓦斯的安全性,以及爆炸后有毒气体生成量应符合规定。

(5)运输、保管和使用炸药时,不要挤压或用锋利物划破外皮。

【案例 5-1】 2008 年 7 月 14 日,河北省张家口市蔚县李家洼煤矿新井井下发生特别重大炸药燃烧事故,造成 35 人死亡。事故直接原因:该矿井下超量存放非法购买的炸药,在潮湿、不通风的环境下热分解,形成自燃;燃烧产生的大量一氧化碳、氮氧化合物等有毒有害物质,导致矿工中毒窒息死亡。

事故案例

二、煤矿许用电雷管

煤矿许用电雷管是指经过国家授权的检验机构检验合格,并取得煤矿安全许用标志证书,经过国家行政主管部门批准,符合《煤矿安全规程》规定、允许在有瓦斯或煤尘爆炸危险的煤矿井下采掘工作面使用的电雷管。煤矿许用电雷管包括煤矿许用瞬发电雷管和煤矿许用毫秒延期电雷管等。

(一) 煤矿许用电雷管的选用

(1)《煤矿安全规程》规定:在采掘工作面,必须使用煤矿许用瞬发电雷管、煤矿许用毫秒延期电雷管或者煤矿许用数码电雷管。使用煤矿许用毫秒延期电雷管时,最后一段的延期时间不得超过 130 ms。使用煤矿许用数码电雷管时,一次起爆总时间差不得超过 130 ms,并应当与专用起爆器配套使用。不同厂家或不同品种的电雷管,不得掺混使用。

(2) 煤矿许用瞬发电雷管由于没有延期时间,所有雷管都在同一瞬间起爆,不利于顶板控制管理,容易发生爆破伤人事故,故不可以用于大规模爆破作业。

煤矿许用毫秒延期电雷管通过足够电流时,各雷管间隔若干毫秒后依次起爆,可广泛用于各类矿山工程的毫秒爆破作业中。它是实施微差爆破的一种起爆器材,可以提高爆破效率,减轻地震效应,可适用于有瓦斯或煤尘爆炸危险的采掘工作面、高瓦斯矿井或煤与瓦斯突出矿井。

(二) 选用煤矿许用电雷管时的注意事项

(1) 井下爆破作业必须使用煤矿许用电雷管。
(2) 电雷管必须严格执行轻拿、轻放制度。
(3) 不得使用脚线裸露处表面氧化的电雷管。
(4) 不得使用桥丝接触不良、松动、折断或电阻不稳定的电雷管。
(5) 严禁使用外壳有裂缝、严重砂眼的电雷管。
(6) 不得使用进水、起爆药受潮的电雷管。
(7) 不同厂家、不同批次的电雷管不得混用。
(8) 运输、保管和使用电雷管时,不要挤压。

三、爆破仪器

(一) 发爆器

发爆器是用于供给电爆网路起爆电能的工具,由导通测量、充电过压保护和主电路单元组成。发爆器的型号很多,但工作原理基本相同,用于电池变流升压对主电容充电,然后对电爆网路放电引爆电雷管。

(二) 爆破网路检测仪器

(1) 导通表。导通表又称测炮器,它是专门用来测量电雷管、爆破母线或电爆网路是否导通的仪表。导通表量程为 10 mA,由 1.5 V 电池和一个 150 Ω 电阻串联组成。导通表可代替爆破电桥和欧姆表作导通检测。

(2) 爆破线路电桥。爆破线路电桥是用来检查和测量电雷管及电爆网路的通断和电阻的仪表。这种电桥测量电阻的范围是 0.2~50 Ω,质量为 1.5 kg,工作电流远小于电雷管的安全电流,故是安全的。目前多使用 205-1 型,它是防爆专用仪表,可在煤矿井下使用。

【案例 5-2】 2019 年 11 月 18 日,山西平遥峰岩煤焦集团二亩沟煤业有限公司发生一起瓦斯爆炸事故,造成15人死亡、9人受伤(其中1人重伤),直接经济损失2183.41万元。事故直接原因:二亩沟煤业有限公司违法开采保安煤柱,贯通9103采空区,造成采空区瓦斯大量涌入煤柱回收面,违章爆破产生明火引爆瓦斯。事故暴露出该矿违章爆破作业且对火工品管理不规范。事故当班爆破作业未执行"一炮三检"和"三人连锁爆破"制度。当班爆破工没有下井,由无证人员进行爆破作业。煤柱回收面封堵炮眼未使用水炮泥,封堵炮眼材质为煤粉和炭块,且封堵长度不足。爆破时没有撤离人员、未设置警戒。二亩沟煤业有限公司对火工品的审批流于形式。煤柱回收面的民爆物品领用批准单未填写领用班组名称,只标注了压底,以压底工程的名义领取火工品,实际用于煤柱回收面,但二亩沟煤业有限公司的安全检查工和值班领导均签字同意,违规运送电雷管。事故当班爆破工将电雷管交给无爆破工特种作业证件的张××,由张××携带入井。

事故案例

第二节　爆破作业安全管理

一、爆破作业的基本要求

《煤矿安全规程》规定:爆破作业必须执行"一炮三检""三人连锁爆破"等制度。

(一)"一炮三检"制

"一炮三检"制是指装药前、起爆前和爆破后,必须由瓦斯检查工检查爆破地点附近20 m以内的瓦斯浓度。

(1)装药前、起爆前,必须检查爆破地点附近20 m以内风流中的瓦斯浓度,若瓦斯浓度达到或超过1%,不准装药、爆破。

(2)爆破后,爆破地点附近20 m以内风流中的瓦斯浓度达到或超过1%,必须立即处理,若经过处理瓦斯浓度不能降到1%以下,不准继续作业。

(二)"三人连锁爆破"制

"三人连锁爆破"制是爆破工、班组长、瓦斯检查工三人必须同时自始至终参加爆破工作过程,并执行换牌制。

(1)入井前:爆破工持警戒牌,班组长持爆破命令牌,瓦斯检查工持爆破牌。

(2)爆破前:

① 爆破工做好爆破准备后,将自己所持的红色警戒牌交给班组长。

② 班组长拿到警戒牌后,派人在规定地点警戒,并检查顶板与支架情况,确认支护完好后,将自己所持的爆破命令牌交给瓦斯检查工,下达爆破命令。

③ 瓦斯检查工接到爆破命令牌后,检查爆破地点附近20 m处和起爆地点的瓦斯和煤尘情况,确认合格后,将自己所持的爆破牌交给爆破工,爆破工发出爆破信号5 s后进行起爆。

(3)爆破后:"三牌"各归原主,即班组长持爆破命令牌、爆破工持警戒牌、瓦斯检查工持爆破牌。

爆破前,脚线的连接工作可由经过专门训练的班组长协助爆破工进行。爆破母线连接脚线、检查线路和通电工作,只准爆破工一人操作。班组长不得兼任爆破工。

《煤矿安全规程》规定:对突出煤层的采掘工作面,掘进上山时不应选用松动爆破、水力冲孔、水力疏松等措施。

二、爆破作业的安全管理

(一)爆破作业说明书

爆破作业说明书是采掘作业规程的主要内容之一,爆破作业必须编制爆破作业说明书,爆破工必须依照爆破作业说明书进行爆破作业。爆破作业前,爆破工及相关人员应认真阅读爆破作业说明书,熟悉说明书内要求的爆破参数、爆破条件以及爆破后所要达到的要求和效果。

根据《煤矿安全规程》规定,爆破作业必须编制爆破作业说明书,并符合下列要求:

(1)炮眼布置图必须标明采煤工作面的高度和打眼范围或者掘进工作面的巷道断面尺寸,炮眼的位置、个数、深度、角度及炮眼编号,并用正面图、平面图和剖面图表示(图5-1)。

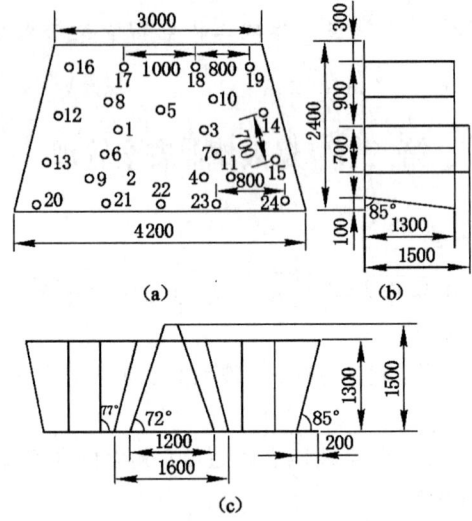

图 5-1　某矿巷道炮眼布置图

(2)炮眼说明表必须说明炮眼的名称、深度、角度,使用炸药、雷管的品种,装药量,封泥长度,连线方法和起爆顺序(表5-1)。

表 5-1　某井巷炮眼说明表

炮眼序号	炮眼名称	个数/个	角度/(°)		眼距/mm		装药量/g	起爆顺序	连线方式
			水平	垂直	水平	垂直			
1~5	掏槽眼	5	72		1200	700	450	1	串联
6~7	配槽眼	2	77		1600		300	2	
8~11	二圈眼	4			2000		300	2	
12~15	帮眼	4	80			700	300	3	
16~19	顶眼	4			800		225	4	
20~24	底眼	5		85	800		300	5	
合计		24					7650		

注:1. 炸药使用三级煤矿许用乳化炸药。
　　2. 雷管使用煤矿许用毫秒延期电雷管。

(3) 必须编入采掘作业规程,并及时修改补充。钻眼、爆破人员必须依照说明书进行作业。

除《煤矿安全规程》规定的内容和要求外,爆破作业说明书还应包括预期爆破效果表,要对炮眼利用率、每个循环进度和炮眼总长度、炸药和雷管总消耗及单位消耗量等进行规定(表 5-2)。

表 5-2 某井巷预期爆破效果表

编号	指标名称	数量
1	炮眼利用率	0.89
2	每次爆破工作面进度/m	1.2
3	每次爆破实体岩石/m²	10.368
4	单位炸药消耗量/(kg·m^{-3})	0.738
5	每米巷道炸药消耗量/(kg·m^{-1})	6.375
6	每立方米岩体炮眼长度消耗/(m·m^{-3})	3.11
7	每立方米岩体雷管消耗/(个·m^{-3})	2.31
8	每米巷道雷管消耗/(个·m^{-1})	20

在实际爆破作业中,由于工作面条件复杂多变,当爆破条件发生变化时,应及时修改爆破作业说明书的内容,使爆破作业说明书的内容尽量与实际情况相适应。

(二) 装药

1. 起爆药卷的制作

起爆药卷的制作必须由爆破工亲自完成。制作起爆药卷要在爆破地点附近,选择顶板好、支架完整,避开电缆、铁轨、铁管、钢丝绳、金属网、金属支柱、刮板输送机等导电体和电气设备的安全地点进行。制作起爆药卷时严禁乱扔、乱放电雷管和炸药,并禁止坐在爆炸材料箱上操作。

从成束的电雷管中抽取单个电雷管时,应该先把电雷管脚线理顺,然后一只手抓住电雷管脚线散尾一端,另一只手把单个电雷管管体放在手心,大拇指和食指捏住管口一端脚线,用力均匀地将电雷管抽出,不要手拉脚线硬拽管体,或者手拉管体硬拽脚线,以免损坏管口、桥丝或拽爆电雷管,并要防止折断脚线、损坏脚线绝缘层,避免管体受到震动或冲击。抽出单个电雷管后,必须将其脚线扭结成短路。

电雷管只许由药卷的顶部(非聚能穴一端)装入。装入的方法有两种:一种是用一根比电雷管直径稍大的尖头竹棍或木棍,在药卷顶部扎一个圆孔,把电雷管全部插入药卷中,然后用脚线缠绕固定。操作时不得用电雷管代替尖棍扎眼。另一种是把药卷顶部的封口打开,用两个手掌把炸药揉搓松软,然后把电雷管沿药卷面中心全部插进去,用脚线把封口扎住。除此以外的装配方法,诸如把电雷管直接从药卷侧面插进去、把电雷管捆在药卷的侧面、把电雷管插入药卷带窝心(聚能穴)的一头,都是错误的。这些做法都不利于药卷的正常引爆,不利于爆破安全。

《煤矿安全规程》规定:爆破工必须把炸药、电雷管分开存放在专用的爆炸物品箱内,并加锁,严禁乱扔、乱放。爆炸物品箱必须放在顶板完好、支架完整,避开机械、电气设备的地点。爆破时必须把爆炸物品箱放置在警戒线以外的安全地点。

2. 炮眼的装药结构

常见的装药结构有正向装药和反向装药两种。

正向装药：起爆药卷位于眼口，聚能穴朝向眼底，传爆方向由眼口传向眼底，这种装药为正向装药，以正向装药进行爆破作业的为正向爆破，如图5-2a所示。

反向装药：起爆药卷位于眼底，聚能穴朝向眼口，传爆方向由眼底传向眼口，这种装药为反向装药，以反向装药进行爆破作业的为反向爆破，如图5-2b所示。

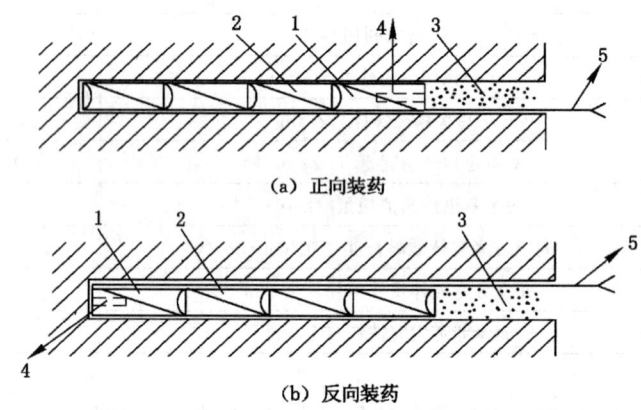

1—起爆药卷；2—被动药卷；3—炮泥；4—电雷管；5—脚线

图5-2 正向装药与反向装药

从爆破产生的火焰来看，在不装炮泥的条件下，反向起爆比正向起爆产生的火焰要长，所以反向起爆比正向起爆的爆破效果好，而正向起爆安全性更优。考虑到井下工人的实际水平和素质，《煤矿安全规程》规定：在高瓦斯矿井采掘工作面采用毫秒爆破时，若采用反向起爆，必须制定安全技术措施。双突矿井不得使用反向起爆。

糊炮：直接将炸药放在被炸物体表面，用黄泥盖着的爆破。

明炮：直接将炸药放在被炸物体表面的爆破。

煤矿井下禁止使用"糊炮"和"明炮"。

3. 装药的有关要求

《煤矿安全规程》规定：装药前和爆破前有下列情况之一的，严禁装药、爆破：

(1) 采掘工作面控顶距离不符合作业规程的规定，或者有支架损坏，或者伞檐超过规定。

(2) 爆破地点附近20 m以内风流中甲烷浓度达到或者超过1.0%。

(3) 在爆破地点20 m以内，矿车、未清除的煤（矸）或者其他物体堵塞巷道断面1/3以上。

(4) 炮眼内发现异状、温度骤高骤低、有显著瓦斯涌出、煤岩松散、透老空区等情况。

(5) 采掘工作面风量不足。

(6) 炮眼深度小于0.6 m时，不得装药、爆破；在特殊条件下，如挖底、刷帮、挑顶确需进行炮眼深度小于0.6 m的浅孔爆破时，必须制定安全措施并封满炮泥。

4. 炮眼的封堵

煤矿井下爆破引起瓦斯、煤尘爆炸事故,很多是由于炮眼封泥不足引起的。用来封闭炮眼的惰性材料统称为炮泥。

(1) 炮泥的种类。常用的炮泥有两种:

① 黏土炮泥:黏土和沙子按1:3的比例混合,加入含有2%～3%的食盐水拌和搓制而成,长度在100～150 mm,炮泥中不得混入石子。

② 水炮泥:用水枪将水注入聚乙烯塑料袋内,做成长250～300 mm的长条水袋。

(2) 炮泥的作用:炸药爆炸要求有坚固的外壳,周围介质对炸药包密封得越坚固,就越有利于炸药爆炸生成的高温、高压气体产物的积聚,延缓其膨胀扩散,使得后爆炸药分解得更完全,传爆的速度也更快,从而提高了整个炸药包的威力。

(3) 对封泥质量和数量的要求:封泥质量的好坏,不仅影响爆破效果,更重要的是影响爆破安全。《煤矿安全规程》规定:严禁用煤粉、块状材料或者其他可燃性材料作炮眼封泥。主要原因是它们具有可燃性,能消耗炸药中的氧;它们燃烧后飞向空中,易引起瓦斯、煤尘爆炸;它们没有可塑性,起不到炮泥的作用。

炮眼封泥应用水炮泥,水炮泥外剩余的炮眼部分应用黏土炮泥或用不燃性的、可塑性松散材料制成的炮泥封实。

无封泥、封泥不足不实的炮眼严禁爆破。严禁裸露爆破。

【案例5-3】 2017年9月13日,黑龙江省鸡东县裕晨煤矿发生重大瓦斯爆炸事故,造成10人遇难、8人受伤。裕晨煤矿采用国家明令禁止的"巷道式采煤工艺",在4号煤层越界区域违法开采,未形成全风压通风系统,局部通风机未运行,工作面长期不供风,瓦斯积聚并达到爆炸界限。井下没有专职爆破工,未使用水炮泥和炮泥封堵炮眼,也没有执行"一炮三检"制和"三人连锁爆破"制,实施爆破后产生火焰,引爆瓦斯,酿成事故。

炮眼深度和炮眼的封泥长度应符合下列要求:

(1) 炮眼深度为0.6～1 m时,封泥长度不得小于炮眼深度的1/2。炮眼深度超过1 m时,封泥长度不得小于0.5 m。炮眼深度超过2.5 m时,封泥长度不得小于1 m。深孔爆破时,封泥长度不得小于孔深的1/3。

(2) 工作面有2个及以上自由面时,在煤层中最小抵抗线不得小于0.5 m,在岩层中最小抵抗线不得小于0.3 m。浅孔装药爆破大块岩石时,最小抵抗线和封泥长度都不得小于0.3 m。

(3) 光面爆破时,周边光爆炮眼应用炮泥封实,且封泥长度不得小于0.3 m。光面爆破是指沿开挖边界布置密集炮孔,采取不耦合装药或装填低威力炸药,在主爆区之后起爆,以形成平整的轮廓面的爆破作业。

(三) 爆破连线

1. 连线方式

为保证爆破网路中每个电雷管在网路断电前都能得到足够的发火电冲能,以及尽量简化连线操作、缩短连线时间,必须合理选择爆破连线方式。爆破连线方式有串联、并联和混联。

2. 对连接线的要求

爆破母线和连接线应符合下列要求:

(1) 煤矿井下爆破母线必须符合标准。

(2) 爆破母线和连接线、电雷管脚线和连接线、脚线和脚线之间的接头必须相互扭紧并悬挂，不得与轨道、金属管、金属网、钢丝绳、刮板输送机等导电体相接触。

(3) 巷道掘进时，爆破母线应随用随挂。不得使用固定爆破母线，特殊情况下，在采取安全措施后，可不受此限。

(4) 爆破母线与电缆应分别挂在巷道的两侧。如果必须挂在同一侧，爆破母线必须挂在电缆的下方，并应保持 0.3 m 以上的距离。

(5) 只准采用绝缘母线单回路爆破，严禁用轨道、金属管、金属网、水或大地等当作回路。

(6) 爆破前，爆破母线必须扭结成短路。

(四) 警戒与起爆

1. 爆破警戒

爆破前，班组长必须亲自布置专人将工作面所有人员撤离警戒区域，并在警戒线和可能进入爆破地点的所有通路上布置专人担任警戒工作。警戒人员必须在安全地点警戒。警戒线处应当设置警戒牌、栏杆或者拉绳，并在绳子上挂上牌子，上面写着"爆破！禁止入内"等字样，做到"人、绳、牌"三警并举。警戒是爆破作业中的重要一环，它能有效防止人员进入爆破区域，保证爆破作业的安全。撤人、警戒等措施及起爆地点到爆破地点的距离必须在作业规程中具体规定。起爆地点到爆破地点的距离应当符合下列要求：岩巷直线巷道大于130 m，拐弯巷道大于 100 m；煤（半煤岩）巷直线巷道大于 100 m，拐弯巷道大于 75 m；采煤工作面大于 75 m，且位于工作面进风巷内。

2. 起爆的有关安全规定

(1) 爆破前，必须加强对机器、液压支架和电缆等的保护或将其移出工作面。

(2) 井下爆破必须使用发爆器。开凿或延深通达地面的井筒时，无瓦斯的井底工作面中可使用其他电源起爆，但电压不得超过 380 V，并必须有电力起爆接线盒。

(3) 发爆器或电力起爆接线盒必须采用矿用防爆型（矿用增安型除外）。

(4) 每次爆破作业前，即在爆破母线与起爆电源或发爆器连接之前，爆破工必须做电爆网路全电阻检查。严禁用发爆器打火放电检测电爆网路是否导通。

(5) 发爆器必须统一管理、发放。必须定期校验发爆器的各项性能参数，并进行防爆性能检查，不符合规定的严禁使用。

(6) 爆破工必须最后离开爆破地点，并必须在安全地点起爆。起爆地点到爆破地点的距离必须在作业规程中具体规定。

(7) 发爆器的把手、钥匙或电力起爆接线盒的钥匙，必须由爆破工随身携带，严禁转交他人。不到爆破通电时，不得将把手或钥匙插入发爆器或电力起爆接线盒内。爆破后，必须立即将把手或钥匙拔出，摘掉母线并扭结成短路。

(8) 爆破前，班组长必须清点人数，确认无误后，方准下达起爆命令。

(9) 爆破工接到起爆命令后，必须先发出爆破警号，至少再等 5 s，方可起爆。

(10) 爆破后，待工作面的炮烟被吹散，爆破工、瓦斯检查工和班组长必须首先巡视爆破地点，检查通风、瓦斯、煤尘、顶板、支架、拒爆、残爆等情况。如有危险情况，必须立即处理。

(11) 在掘进工作面应全断面一次起爆,不能全断面一次起爆的,必须采取安全措施;在采煤工作面可分组装药,但一组装药必须一次起爆。

第三节 爆炸材料运输和使用的安全管理

爆炸材料储存、运输、使用、销毁的安全管理标准依据的是《民用爆炸物品生产、销售企业安全管理规程》(GB 28263—2012)和《煤矿安全规程》。

一、爆炸材料运输的安全管理

(1) 在井筒内运送爆炸材料时,应遵守下列规定:

① 电雷管和炸药必须分开运送;但在开凿或者延深井筒时,符合《煤矿安全规程》第三百四十五条规定的,不受此限。

② 必须事先通知绞车司机和井上、下把钩工。

③ 运送电雷管时,罐笼内只准放置1层爆炸物品箱,不得滑动。运送炸药时,爆炸物品箱堆放的高度不得超过罐笼高度的2/3。采用将装有炸药或者电雷管的车辆直接推入罐笼内的方式运送时,车辆必须符合《煤矿安全规程》第三百四十条(二)的规定。使用吊桶运送爆炸物品时,必须使用专用箱。

④ 在装有爆炸物品的罐笼或者吊桶内,除爆破工或者护送人员外,不得有其他人员。

⑤ 罐笼升降速度,运送电雷管时,不得超过 2 m/s;运送其他类爆炸物品时,不得超过 4 m/s。吊桶升降速度,不论运送何种爆炸物品,都不得超过 1 m/s。司机在启动和停绞车时,应当保证罐笼或者吊桶不震动。

⑥ 在交接班、人员上下井的时间内,严禁运送爆炸物品。

⑦ 禁止将爆炸物品存放在井口房、井底车场或者其他巷道内。

(2) 井下用机车运送爆炸材料时,应遵守下列规定:

① 炸药和电雷管在同一列车内运输时,装有炸药与装有电雷管的车辆之间,以及装有炸药或者电雷管的车辆与机车之间,必须用空车分别隔开,隔开长度不得小于 3 m。

② 电雷管必须装在专用的、带盖的、有木质隔板的车厢内,车厢内部应当铺有胶皮或者麻袋等软质垫层,并只准放置1层爆炸物品箱。炸药箱可以装在矿车内,但堆放高度不得超过矿车上缘。运输炸药、电雷管的矿车或者车厢必须有专门的警示标识。

③ 爆炸物品必须由井下爆炸物品库负责人或者经过专门培训的人员专人护送。跟车工、护送人员和装卸人员应当坐在尾车内,严禁其他人员乘车。

④ 列车的行驶速度不得超过 2 m/s。

⑤ 装有爆炸物品的列车不得同时运送其他物品。

井下采用无轨胶轮车运送爆炸物品时,应当按照民用爆炸物品运输管理有关规定执行。

(3) 水平巷道和倾斜巷道内有可靠的信号装置时,可用钢丝绳牵引的车辆运送爆炸材料,但炸药和电雷管必须分开运输,运输速度不得超过 1 m/s。运输电雷管的车辆必须加盖、加垫,车厢内以软质垫物塞紧,防止震动和撞击。

严禁用刮板输送机、带式输送机等运输爆炸材料。

(4) 由爆炸材料库直接向工作地点用人力运送爆炸材料时,应遵守下列规定:

① 电雷管必须由爆破工亲自运送,炸药应当由爆破工或者在爆破工监护下运送。

② 爆炸物品必须装在耐压和抗撞冲、防震、防静电的非金属容器内,不得将电雷管和炸药混装。严禁将爆炸物品装在衣袋内。领到爆炸物品后,应当直接送到工作地点,严禁中途逗留。

③ 携带爆炸物品上下井时,在每层罐笼内搭乘的携带爆炸物品的人员不得超过4人,其他人员不得同罐上下。

④ 在交接班、人员上下井的时间内,严禁携带爆炸物品人员沿井筒上下。

二、爆炸材料使用的安全管理

(一) 爆炸材料领用的安全管理要点

(1) 井上下接触爆炸材料的人员,必须穿棉布或抗静电衣服。

(2) 领取的爆炸材料必须符合国家规定的质量标准和使用条件;井下爆破作业,必须使用煤矿许用炸药和煤矿许用电雷管。不得领用过期或严重变质的爆炸材料。不能使用的爆炸材料必须交回爆炸材料库。

(3) 根据生产计划、爆破工作量和消耗定额,确定当班领用爆炸材料的品种、规格和数量,填写爆破工作指示单,由当班班组长审批后签章。

(4) 爆破工必须携带"中华人民共和国特种作业人员操作资格证"和班组长签章的爆破工作指示单到爆炸材料库领取爆炸材料。

(5) 领取爆炸材料时,必须全面检查品种、规格和数量,并从外观上检查其质量。质量不合格的不得领取。

(6) 必须在发放硐室领取,不得携带矿灯进入库内。

(7) 爆破器材包括各种炸药、导爆管、导爆索、非电导爆系统、起爆药和爆破剂等。严禁将爆破器材发给承包户和个人保存。

(二) 爆炸材料清退的安全管理要点

(1) 每次爆破作业完成后,爆破工应将爆破的炮眼数,使用爆炸材料的品种、数量、爆破情况、爆破事故及处理情况等,认真填写在爆破作业记录中。

(2) 在工作结束后,必须把剩余以及不能使用的爆炸材料交回爆炸材料库,并保证每一卷炸药、每一发雷管的来源和去向清楚,保证"实领、实用、缴回"三个环节中爆炸材料的品种、规格和数量相一致。

(3) 所领取的爆炸材料不得遗失,不得转交他人,更不得私自销毁、抛弃和挪作他用,严禁私藏爆炸材料。

(4) 爆破工在清退爆破器材时,应与库管员当面点清,做到账、卡、物相符。

第四节 爆破事故的致因及预防

一、早爆事故的致因及防治

早爆是指在正式通电起爆前,雷管、炸药突然爆炸。

(一) 早爆的主要原因

(1) 杂散电流、静电感应、射频感应电流、雷电等。

(2) 雷管脚线或爆破母线与漏电电缆相接触。
(3) 雷管、炸药受到机械冲击、撞击、挤压、摩擦,或者爆破器具保管不当等。
(4) 在一处进行爆破,有可能引起另一处炮眼爆炸等。

(二) 早爆的预防方法

(1) 采取措施减少杂散电流、静电感应、射频感应电流、雷电等干扰。
(2) 电雷管脚线和连接线,脚线与脚线之间的接头,都必须悬空。
(3) 将母线扭成短路。
(4) 加强机电设备和电缆的检查和维修。
(5) 存放炸药、电雷管和装配引药的处所应安全可靠。
(6) 使用导爆管雷管或其他更先进雷管取代电雷管。

二、拒爆事故的致因及防治

拒爆是指通电后未能引起炮眼中炸药爆炸的现象。如通电后未出现任何爆炸现象,即为全网路拒爆。

拒爆是爆破作业中最经常发生的爆破故障,且极易造成人身伤亡事故。因此,分析其产生原因,可以找到正确的预防和处理方法,减少和杜绝拒爆、残爆。

(一) 拒爆的原因

(1) 使用的炸药变质、超过保质期。
(2) 雷管电阻丝折断,雷管变质或雷管制造质量差。
(3) 装药、装炮泥未按规定进行操作,雷管脚线折断或绝缘不良,造成不通电或电流短路。
(4) 连接的雷管数超过发爆器的起爆数。
(5) 发爆器的电流小或有故障,不能引爆电雷管。
(6) 发爆器与爆破母线、母线与脚线、脚线与脚线间连接不实,有短路;或与水、金属、岩石等导体、非导体接触,造成断路、短路、漏电;或阻力大电流不能正常通过,不易起爆;或连线时漏连、误接,使网路中无电流或电流太小。

(二) 拒爆的预防方法

(1) 不领取变质的炸药和不合格的雷管。
(2) 按操作规程的规定装药。装药时用木质或竹质炮棍推入孔中,防止损坏或折断雷管脚线。
(3) 选用能力足够的发爆器并保持其完好;领取发爆器时认真检查其性能,随班领取,防止碰撞、摔打,严禁用接线柱短路打火的方式检查残余电流;发爆器的起爆能力要大于一次爆破的雷管个数。
(4) 在进行发爆器与母线、母线与脚线、脚线与脚线连接时,爆破工的手要洗净擦干再拧接线头并要拧紧。
(5) 要保持爆破母线完好,妥善保管,及时进行处理。
(6) 炮眼连线方式不要随意改动。连好线后爆破工要全面检查一次,以防错连或漏连。

(三) 拒爆的处理方法

通电后如出现全网路不爆时,爆破工必须先取下把手或钥匙,并将爆破母线从电源上摘下,扭结成短路,再等一定时间(使用瞬发电雷管时,至少等 5 min;使用延期电雷管时,至少

等 15 min),才可沿线检查,找出拒爆的原因。采取的措施如下:

(1) 用欧姆表检查网路并进行爆破处理。

① 若表针读数小于零,说明网路有短路处,应依次检查导线,查出短路处并处理,重新通电起爆。

② 若表针走动小,读数大,说明有连接不良接头,电阻大,应依次检查线路接头,查出后将其扭结牢固,重新爆破。

③ 若表针不走动,说明网路导线或雷管桥丝有折断,此时应改变连线方法,如采用中间并联法,依次逐段重新爆破,或一眼一放,查出拒爆后,按拒爆处理规定予以处理。

(2) 爆破工也可用导通表检测网路,若网路导通,则可重新爆破;若网路不导通,说明有断路,需逐段检查,查出问题加以处理,然后可重新爆破。

处理拒爆时,必须遵守下列规定:

(1) 由于连线不良造成的拒爆,可重新连线起爆。

(2) 在距离拒爆炮眼至少 0.3 m 以外另打与拒爆炮眼平行的新炮眼,重新装药起爆。

(3) 严禁用镐刨或从炮眼中取出原来放置的起爆药卷或从起爆药卷中拉出电雷管;不论有无残余炸药都严禁将炮眼残底继续加深,严禁用压风吹拒爆(残爆)炮眼。

(4) 处理拒爆的炮眼爆炸后,爆破工必须详细检查炸落的煤、矸,收集未爆的电雷管。

(5) 处理拒爆、残爆时,必须在班组长指导下进行,并应在当班处理完毕。如果当班未能处理完毕,当班爆破工必须在现场向下一班爆破工交接清楚。

三、放空炮事故的致因及防治

炮眼内装药,在爆破时未能对周围介质产生破坏作用,而是沿着炮眼口方向崩出的现象称为放空炮。

(一) 放空炮的主要原因

(1) 充填炮眼的炮泥质量不好。如以煤块、煤岩粉和药卷纸等作为充填材料或充填长度不符合规定,致使封泥最小抵抗线的阻力无法克服炸药爆破后的爆破力,由阻力最小处(即炮眼口)冲出,导致空炮。

(2) 炮眼间距过大、炮眼方向与最小抵抗线方向重合,两者都会使爆破力由抵抗最弱点冲出,造成眼壁和炮眼口不同程度的破坏,产生空炮。

(二) 放空炮的预防方法

(1) 充填炮眼的炮泥质量要符合《煤矿安全规程》的规定,水炮泥水量充足,黏土炮泥软硬适度。

(2) 保证炮泥的充填长度和炮眼封填质量符合《煤矿安全规程》的规定。

(3) 要根据煤岩层的硬度、构造发育情况和施工要求布置炮眼,炮眼的间距、角度和深度要合理,装药量要适当。

四、爆破崩人的原因及防治

(一) 爆破崩人的原因

(1) 爆破母线短,躲避处选择不当,造成飞煤、飞石伤人。

(2) 爆破时,未执行《煤矿安全规程》有关爆破警戒的规定,有漏警戒的通道或警戒人员责任心不强,人员误入正在爆破作业的地点。爆破未完成,擅自进入工作面检查、作业。

(3) 处理拒爆、残爆未按《煤矿安全规程》规定的程序和方法操作,随意使用《煤矿安全规程》严禁使用的处理方法,致使拒爆炮眼突然爆炸崩人。

(4) 通电以后出现拒爆时,等候进入工作面的时间过短或误认为电爆网路故障而提前进入,造成崩人。

(5) 连线前,电雷管脚线没有扭结成短路,导致杂散电流等通过爆破网路或雷管,造成雷管突然爆炸而崩人。

(6) 爆破作业制度不严,发爆器及其把手、钥匙乱扔乱放;任意使用固定爆破母线,造成爆破工作混乱,当工作面有人工作时,另有他人用发爆器通电起爆,造成崩人。

(7) 一个采煤工作面使用两个发爆器同时进行爆破。

(二) 爆破崩人的预防方法

(1) 爆破母线要有足够的长度,躲避处要选择能避开飞石、飞煤袭击的安全地点,掩护物要有足够的强度。

(2) 爆破时,安全警戒必须执行《煤矿安全规程》的规定,班组长必须亲自布置专人在警戒线和可能进入爆破地点的所有通路上担任警戒工作。爆破未结束,任何人都不能进入爆破地点;警戒人员必须在安全地点警戒;必须指定责任心强的人当警戒员,一个警戒员不准同时警戒两个通路;警戒位置不能距离爆破地点过近;爆破后,只有在班组长通知解除警戒后,方可到爆破地点检查爆破结果及其他情况。

(3) 通电以后装药炮眼不响时,如使用瞬发电雷管至少等 5 min,如使用延期电雷管至少等 15 min,方可沿线路检查,找出炮不响的原因,不能提前进入工作面,以免炮响崩人。

(4) 爆破工应最后一个离开爆破地点,并按规定发出数次爆破警号,爆破前应清点人数。

(5) 采取有效措施,避免因杂散电流造成突然爆破崩人。

(6) 爆破工爆破后要认真、细心地检查工作面爆破情况,以防止遗留拒爆、残爆炮眼。处理拒爆、残爆时必须按《煤矿安全规程》规定的程序和方法操作。

(7) 爆破工应妥善保管好炸药、雷管、发爆器及其把手、钥匙,仔细检查煤岩中有无散落的爆炸材料,以免造成意外伤人。

五、炮烟熏人的原因及防治

(一) 炮烟熏人的原因

(1) 掘进工作面停风或风量不足,风筒有破损漏风处或局部通风机的风筒口距离迎头太远,无法把炮烟吹散排出。

(2) 掘进工作面爆破后,炮烟尚未排出就急于进入爆破地点。

(3) 炸药变质引起炸药爆燃,使一氧化碳、氮的氧化物大量增加,导致作业人员中毒的可能性增大。

(4) 采煤工作面爆破时,爆破工在回风流中起爆或爆破距离过近,炮烟浓度大,而又不能及时躲避。

(5) 长距离单孔掘进工作面爆破后,炮烟长时间飘散在巷道中,使人慢性中毒。

(6) 工作面杂物堆积影响通风或使用串联通风。

(7) 未按规定使用水炮泥,封泥长度和质量达不到要求。

(二) 炮烟熏人的预防方法

(1) 掘进工作面停风或风量不足或局部通风机的风筒口距离迎头太远时,禁止爆破。对于爆破后出现上述情况时,应采取有效措施,增加迎头风量,如把风筒漏风处堵上等,使炮烟吹散排出。

(2) 掘进工作面爆破后,待炮烟吹散吹净,作业人员方可进入爆破地点作业。

(3) 不使用硬化、含水量超标、过期变质的炸药。

(4) 控制一次爆破量,避免产生的炮烟量超过通风能力。

(5) 采掘工作面避免串联通风,回风巷应保证有足够的通风断面,不应在巷道内长期堆积坑木、煤、矸等障碍物。

(6) 装药时,要清理干净炮眼内的煤、岩粉和水,保证炸药爆炸时的零氧平衡。

(7) 爆破时,除警戒人员以外,其他人员都要在进风巷道内躲避等候;单孔掘进巷道内所有人员要远离爆破地点,同时风量要充足。

(8) 作业人员通过较高浓度的炮烟区时,要用潮湿的毛巾捂住口鼻,并迅速通过。

(9) 爆破前后,爆破地点附近应充分洒水,以利于吸收部分有害气体和煤岩粉。如果条件允许,也可洒一定浓度的碱性溶液,如石灰水等,可以更好地减少炮烟。

(10) 炮眼封孔时应使用水炮泥,并且封泥的质量和长度符合作业规程的规定,以抑制有害气体的生成。

(注:本书配套了煤矿班组长安全培训考核题库(综合本),扫描封底二维码,学员登录"众学教培服务平台"可以免费练题。一书一码,盗版书不能登录。具体登录方法见本书目录前面一页。)

第六章 煤矿事故应急处置与现场急救

第一节 煤矿事故应急预案

一、煤矿事故应急预案的内容和实施要求

生产安全事故应急预案是针对可能发生的事故,为降低其严重后果而预先制定的应急救援方案,是应急救援活动的指导性文件。煤矿事故应急预案包括综合应急预案、专项应急预案和现场处置方案等内容。

综合应急预案,是指煤矿企业为应对各种生产安全事故而制定的综合性工作方案,是本单位应对生产安全事故的总体工作程序、措施和应急预案体系的总纲。

专项应急预案,是指煤矿企业为应对某一种或者多种类型生产安全事故,或者针对重要生产设施、重大危险源、重大活动防止生产安全事故而制定的专项性工作方案。

现场处置方案,是指煤矿企业根据不同生产安全事故类型,针对具体场所、装置或者设施所制定的应急处置措施。

煤矿班组长应当认真学习本矿的应急预案、应急知识、自救互救和避险逃生技能,了解应急预案内容,熟悉应急职责、应急处置程序和措施。

煤矿至少每半年组织1次生产安全事故应急救援预案演练,煤矿班组长应组织本班组人员认真参加。演练结束后,对应急预案的修订部分进行重点学习。

按照应急救援预案和灾害预防与处理计划的相关内容,针对重点工作场所、重点岗位的风险特点制定应急处置卡,现场作业人员随身携带。

二、事故报告

事故发生后,现场人员应尽量了解和判断事故的性质、地点和灾害程度,在认真积极地消灭或控制事故的同时,及时向矿调度室报告灾情,并迅速向可能受灾的人员发出警报。

(1)报告形式。就近用电话报告。

(2)报告对象。首先应向矿调度室报告。矿调度室值班领导可根据灾情及时向上级汇报或组织人员抢救。若首先向本区队领导报告,往往会延误抢救时机。

(3)报告内容。报告内容包括事故性质、发生地点、影响范围、人员伤亡以及现场抢救、撤离情况。

(4)报告方法。沉着冷静地把话说清楚,要如实报告灾情,不能含混不清。若不清楚就说"不清楚",弄清楚后再次汇报。

三、避灾行动原则

(一) 积极抢救

根据灾情和现场条件,在保证自身安全的前提下,采取积极的方法和措施,及时进行现场抢救,将事故消灭在初始阶段或控制在最小范围。

(二) 安全撤离

当受灾现场不具备事故抢救的条件,或抢救事故可能危及自身安全时,应按规定的避灾路线和当时的实际情况,尽量选择安全条件最好且距离最短的路线,迅速撤离危险区域。

(三) 及时报告

发生灾情后,事故地点附近的人员应尽量了解和判断事故的性质、地点和灾害程度,利用最近处的电话或其他方式迅速向矿调度室汇报,并向事故可能波及的区域发出警报,使其他工作人员尽快清楚灾情。

(四) 妥善避灾

在灾变现场无法撤退时,如矿井冒顶堵塞、火焰或有害气体浓度过高无法通过以及在自救器有效工作时间内不能到达安全地点时,应迅速进入预先筑好的或就近快速建造的临时避难硐室,妥善避灾,等待矿山救护队的救援。在避灾时要注意给外面的救援人员留有信号标记。

四、避灾路线

在制定年度矿井灾害预防和处理计划时,已预计到矿井存在的自然灾害因素及可能发生各种事故的地点、情况,从而规定一旦发生某种事故后人员的撤退路线,这个撤退路线就是避灾路线。避灾路线应设置明显的路标,方向要标明,并使全矿人员熟悉掌握,使大家都知道何地发生何种事故后,人员从哪条路线上撤退是最安全的。

【拓展训练】

应急疏散演练

班组长组织本班组进行一次针对本煤矿本班组工作区域内主要灾害发生后沿避灾路线撤退的训练。熟悉煤矿井下避灾路线的路标,看懂避灾路线的方向及要求,会识读避灾路线图。

1. 撤退路线

(1) 当模拟瓦斯、煤尘爆炸或火灾时,位于灾区进风侧的人员可迎着新鲜风流撤退到安全地点。

(2) 当模拟瓦斯、煤尘爆炸或火灾时,在确保安全的情况下,位于灾区回风侧的人员可以强行冲过灾害发生地点进入新鲜风流区;当不能冲过灾害发生地点时,位于灾区回风侧的人员应立即佩戴好自救器,选择最近路线撤退到新鲜风流中。

(3) 模拟透水事故时,人员应先沿着避灾路线撤退到高处脱险;当路标损坏、迷失方向时,应朝着有风流通过的上山巷道撤退;当被涌水围困无法退出时,尽快进入避难硐室,迫不得已时可爬到顶板高冒处避难。

(4) 模拟顶板事故时,沿着避灾路线迅速撤离至安全地点;当被困人员位于独头巷道以里或被冒顶堵隔时,应在遇险地点构筑安全空间,配合外部营救,为提前脱险创造条件。

2. 升井方式

人员撤退至安全地点后,应及时设法跟地面调度室取得联系,以便于在调度室的指挥下安全升井。当不能乘坐提升设备升井时,可以爬立井的梯子间或在斜井、平巷中行走撤退到地面。

3. 注意事项

(1) 入井前应带全各种劳动保护用品和自救器、矿灯等必需品,必要时带上干粮和饮用水。模拟中不带矿灯和自救器的直接判定为不合格。

(2) 演练时应安排若干名安检员或老工人现场指导,发现演练中的问题及时指出来,以便改正。

(3) 班组长应随同演练人员一同行动,随时回答演练人员的提问并观察演练人员的表现,保证演练过程顺利、方法正确、安全。

(4) 模拟瓦斯、煤尘爆炸事故,必须正确佩戴自救器。

(5) 本次演练可作为一次综合演练,可穿插于灭火器使用、自救器使用、创伤急救、事故隐患识别(防止二次事故)等综合在一起演练。

第二节　矿井自救设施与设备

一、自救器使用

自救器是入井人员在井下发生火灾、瓦斯煤尘爆炸、煤与瓦斯突出时防止有害气体中毒或缺氧窒息的一种随身携带的呼吸保护器具。《煤矿安全规程》第十三条规定:入井人员必须随身携带自救器。自救器有过滤式和隔离式两类。过滤式自救器仅能防护一氧化碳一种气体,对其他有毒气体不起防护作用,而且不能提供人呼吸的氧气。目前我国煤矿禁止使用过滤式自救器,而采用隔离式自救器。

隔离式自救器能提供人呼吸所需的氧气,人的呼吸在人体与自救器之间循环进行,与外界空气成分无关,所以它能防护各种毒气。根据隔离式自救器中氧气的来源不同又分为化学氧自救器和压缩氧自救器两种。

(一) 化学氧自救器

化学氧自救器是指利用化学生氧物质产生氧气的隔离式呼吸保护器。它用于灾区环境大气中缺氧或存在有毒有害气体的环境,供一般入井人员使用,只能使用一次。

1. 使用方法

(1) 佩戴位置。将专用腰带穿入自救器腰带环内,固定在背部一侧腰间(图6-1a)。

(2) 开启扳手。使用时先将自救器沿腰带转到右侧腹前,左手托底,右手拉护罩胶片,使护罩挂钩脱离壳体,再用右手掰锁口带扳手至封印条断开后,丢开锁口带(图6-1b)。

化学氧自救器

(3) 去掉上外壳。左手抓住下外壳,右手将上外壳用力拔下、扔掉(图6-1c)。

(4) 套上挎带。将挎带套在脖子上(图6-1d)。

(5) 戴好口具。提起口具并立即拔出启动针,使气囊逐渐鼓起,立即拔掉口具塞并同时将口具塞入口中,口具片置于唇齿之间,牙齿紧紧咬住牙垫,紧闭嘴唇(图6-1e)。

(6) 夹好鼻夹。两手同时抓住两个鼻夹垫的圆柱形把柄,将弹簧拉开,憋住一口气,使鼻夹垫准确地夹住鼻子。

(7) 调整挎带。如果挎带过长,抬不起头,可以拉动挎带上的大圆环,使挎带缩短,长度适宜后,系在小圆环上(图6-1f)。

(8) 退出灾区。上述操作完成后,开始撤离灾区。途中感到吸气不足时不要惊慌,应放慢脚步,做深呼吸,待气量充足后再快步行走。

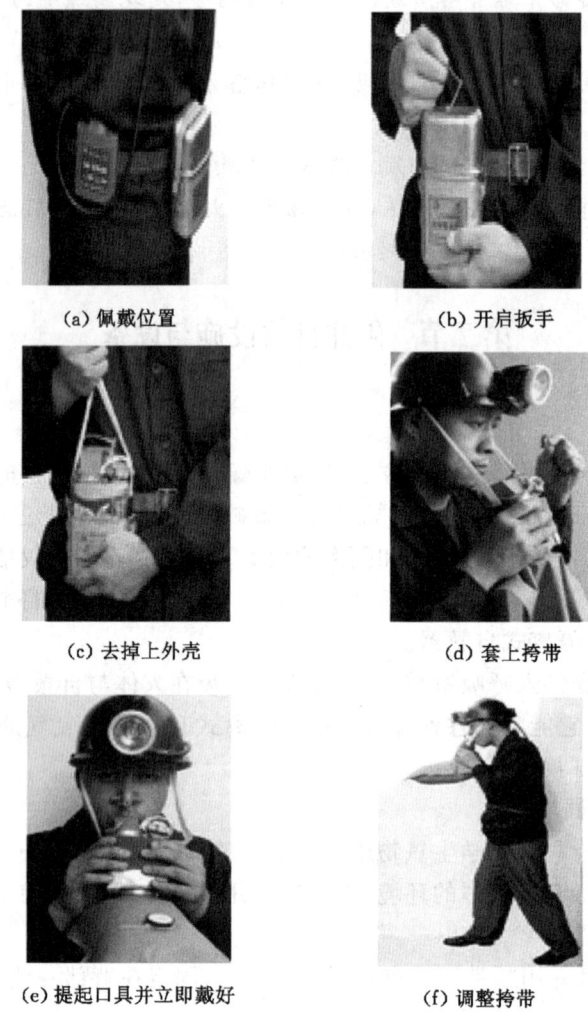

(a) 佩戴位置　　　　　　　(b) 开启扳手

(c) 去掉上外壳　　　　　　(d) 套上挎带

(e) 提起口具并立即戴好　　(f) 调整挎带

图 6-1　化学氧自救器使用方法

2. 使用注意事项

(1) 每班携带自救器前,应检查自救器外壳有无损伤或松动,如发现不正常现象应及时将自救器送到发放室检查校验。

(2) 携带自救器时,应避免碰撞、跌落,禁止将自救器当坐垫用;禁止用尖锐的器具猛砸外壳或药罐;禁止自救器接触带电体或浸泡在水中。

(3) 携带自救器时,任何场所不准随意打开自救器上外壳;如果自救器上外壳已意外开启,应立即停止携带,做报废处理。

(4) 在井下工作时,一旦发现事故征兆,应立即佩戴自救器后迅速撤离。佩戴自救器要求操作准确、迅速。

(5) 佩戴自救器撤离火区时，要冷静、沉着，最好匀速行走。

(6) 在整个逃生过程中，要注意把口具、鼻夹戴好，保证不漏气，严禁从嘴中取下口具说话。

(7) 吸气时，比平时正常吸气干、热一些，表明自救器在正常工作，对人体无害，此时千万不可取下自救器。

(8) 当发现呼气时气囊瘪而不鼓，并渐渐缩小时，表明自救器的使用时间已接近终点，要做好应急准备。

(二) 压缩氧自救器

压缩氧自救器是指利用压缩氧气供氧的隔离式呼吸保护器。它用于灾区环境大气中缺氧或存在有毒有害气体的情况，是一种可反复多次使用的自救器，每次使用后只需要更换吸收二氧化碳的吸收剂和重新充装氧气即可重复使用。

1. 使用方法

(1) 携带时，挎在肩膀上。

(2) 使用时，先打开外壳封口带手把。

(3) 打开上盖，然后左手抓住氧气瓶，右手用力向上提上盖，此时氧气瓶开关即可自动打开，随后将主机从下壳中拽出。

压缩氧自救器

(4) 摘下安全帽，挎上挎带，戴好安全帽。

(5) 拔开口具塞，将口具放入口腔里，牙齿咬住牙垫。

(6) 将鼻夹夹在鼻子上，开始呼吸。

(7) 在呼吸的同时，按动补给按钮 1～2 s，气囊充满后立即停止（在使用过程中发现气囊供气不足时，按上述方法操作）。

(8) 挂上腰钩。

2. 使用注意事项

(1) 压缩氧自救器储装有高压氧气，在携带过程中要防止碰撞自救器，严禁将自救器当坐垫使用。

(2) 携带过程中严禁开启扳把。

(3) 佩戴压缩氧自救器行走时要匀速行走，应保持呼吸均匀，禁止狂奔和取下鼻夹、口具或通过口具讲话。

(4) 自救器不能使用或失效时，应用湿毛巾捂住口鼻，匍匐前行至安全地点。

二、煤矿安全避险"六大系统"

煤矿安全避险"六大系统"是预防事故以及事故发生时开展自救互救、紧急避险而达到减少伤亡目的的重要技术保障。煤矿安全避险"六大系统"是指矿井监测监控系统、井下人员定位系统、井下紧急避险系统、矿井压风自救系统、矿井供水施救系统和矿井通信联络系统。煤矿应建立应急演练制度，科学确定避灾路线，编制应急预案，每年开展一次"六大系统"联合应急演练。加强入井人员培训，使其熟悉各种灾害情况的避灾路线，并能正确使用安全避险设施。

(一) 矿井监测监控系统

矿井监测监控系统是指可以实现对煤矿井下瓦斯、一氧化碳浓度、温度、风速等动态监控的自动化系统。矿井监测监控系统中心站实行 24 h 值班制度，当系统发出报警、断电、馈电异常信息时,能够迅速采取断电、撤人、停工等应急处置措施,充分发挥其安全避险的预警作用。

(二) 井下人员定位系统

井下人员定位系统是指通过入井人员携带识别卡,确保能够实时掌握所有井下各个作业区域人员的动态分布及变化情况的系统。当发生紧急情况时,可以准确掌握井下作业人员的位置,为事故应急救援提供依据。

(三) 井下紧急避险系统

井下紧急避险系统是指在灾害事故发生时,为不能撤到安全区域的人员建立的避险场所和设施。井下紧急避险系统包括临时避难硐室、永久避难硐室和救生舱。煤与瓦斯突出矿井应建设采区避难硐室;突出煤层的掘进巷道长度及采煤工作面走向长度超过 500 m 时,必须在距离工作面 500 m 范围内建设避难硐室或设置救生舱。煤与瓦斯突出矿井以外的其他矿井,从采掘工作面步行,凡在自救器所能提供的额定防护时间内不能安全撤到地面的,必须在距离采掘工作面 1000 m 范围内建设避难硐室或救生舱。紧急避险设施应具备安全防护、氧气供给保障、有害气体去除、环境监测、通信、照明、动力供应、人员生存保障等基本功能,在无任何外界支持的条件下其额定防护时间不低于 96 h。

(四) 矿井压风自救系统

矿井压风自救系统是指为了实现所有采掘作业地点在灾变期间能够提供压风供气,为事故现场人员提供氧气的系统。空气压缩机一般设置在地面,而在深部多水平开采的矿井,空气压缩机安装在地面难以保证对井下作业地点有效供风时,可安装在其供风水平以上 2 个水平的进风井井底车场安全可靠的位置。突出矿井的采掘工作面要设置压风自救装置。其他矿井的掘进工作面要安设压风管路,并设置供气阀门。

(五) 矿井供水施救系统

矿井供水施救系统是指为了保证发生火灾、爆炸等事故现场人员用水的需要而事先配装的实时供水系统。《煤矿安全规程》要求建设完善的防尘供水系统,除设置三通及阀门外,还要在所有采掘工作面和其他人员较集中的地点设置供水阀门,以保证各采掘作业地点在灾变期间能够实现提供应急供水的要求。

(六) 矿井通信联络系统

矿井通信联络系统是指一旦事故发生实施救援时保证畅通、有效地传递重要信息的系统。按照在灾变期间能够及时通知人员撤离和实现与避险人员通话的要求建设完善通信联络系统。在主副井绞车房、井底车场、运输调度室、采区变电所、水泵房等主要机电设备硐室和采掘工作面以及采区、水平最高点处安设电话。井下避难硐室、井下主要水泵房、井下中央变电所、突出煤层采掘工作面和爆破时撤离人员集中地点等,设有直通矿调度室的电话。要积极推广使用井下无线通信系统、井下广播系统,以确保发生险情时,可以及时通知井下人员撤离。

三、避难硐室

避难硐室是矿井的重要安全设施,是发生事故后人员无法撤出灾区时的避难场所。如撤退路线被堵塞无法通过或在自救器有效工作时间内不能到达安全地点时,均应进入避难硐室避难。避难硐室可分为永久避难硐室和临时避难硐室两种。

(一) 永久避难硐室

永久避难硐室预先设在井底车场附近或采区工作地点安全出口的路线上,距工作地点不能太远(即不能超过自救器的有效工作时间)。避难硐室的容积原则上应能容纳采区的全体人员。硐室内应备有供避灾人员呼吸用的供气装置(如压风自救装置)、通信设备、自救器、药品、食物等。需要注意两个问题:一是硐室内的供气装置要有保障,即空气气源能长时间供气,遇险人员使用的呼吸装置要佩戴方便、迅速,呼吸自如舒畅;二是硐室内要存放一定数量的自救器,其防护时间要长一些(如 30 min 以上的化学氧自救器和压缩氧自救器),确保遇险人员在条件允许时,佩戴自救器从避难硐室撤到安全地点或井上。

(二) 临时避难硐室

临时避难硐室是利用工作地点的独头巷道、硐室或两道风门之间的巷道,在事故发生后临时修建的。为此,应事先在上述地点准备所需的木板、木柱、黏土、沙子或砖等材料,在有压气条件下,还应装有带阀门的压气管。临时避难硐室修筑方便,正确地利用它,能对遇险人员发挥很好的救护作用。

(三) 避难硐室内避难时的注意事项

(1) 进入避难硐室前,应在硐室外留有衣物、矿灯等明显标志,以便救护队发现。

(2) 待避时应保持安静,不急躁,尽量俯卧于巷道底部,以保持体力、减少氧气消耗,并避免吸入更多的有毒气体。

(3) 硐室内只留一盏矿灯照明,其余矿灯全部关闭,以备再次撤退时使用。

(4) 间断敲打铁器或岩石等以发出呼救信号。

(5) 全体避灾人员要团结互助、坚定信心。

(6) 被水堵在上山时,不要向下跑出探望。水被排走露出棚顶时,也不要急于出来以防 SO_2、H_2S 等气体中毒。

(7) 看到救护人员后,不要过分激动,以防血管破裂。

(8) 待避时间过长遇救后,不要过分饮用食品和见到强光,以防损伤消化系统和眼睛。

第三节 煤矿灾害应急处置

班组长身处安全生产第一线,直接领导员工,既是搞好班组安全生产的第一责任者,又是在事故发生时班组现场抢险救灾的全权指挥者,其责任十分重大。因此,班组长必须掌握以下各类事故的应急处置措施,以减少事故范围及损失的扩大。

一、班组长的应急救援职责

(1) 对本班组应急管理负全面责任。

(2) 负责组织本班组职工学习相关应急预案,特别是逃生路线、紧急集合地点、报警电话、急救方法等。

(3) 负责组织救人、逃生、报警等演练,并对演练效果进行评价和改进。

(4) 发生突发事故(事件)后,立即向直接上级汇报。

(5) 发生突发事故(事件)后,立即组织班组全体职工救人、逃生,集中后清点人数,发现未到者及时向上级汇报。

(6) 带领班组进行应急自救相关培训,提高本班组应急处置能力。

(7)协助区队,带领本班组人员完成事故应急预案、专项预案、现场处置方案的演练及总结工作,提高本班组人员现场随机应变水平。

二、现场紧急处置的原则

事故发生后,灾区内或受威胁区的人员要迅速判断事故性质,利用现场条件,在保证安全的前提下采取措施,将事故消灭在初始阶段或最大限度地降低事故的危害程度。

(1)在消除事故灾害时,要保持统一指挥和组织,严禁冒险蛮干和单独行动。

(2)在抢救过程中,必须保证自身安全。

(3)在抢救伤员时,必须坚持"三先三后"的原则,即先救生还者,后救已死亡者;先救受伤较重者,后救受伤较轻者;对于窒息、心跳、呼吸停止、出血、骨折的伤员,先复苏、止血、固定,然后再搬运。

(4)采取各种措施,消除初始灾害,防止灾区情况恶化。

三、煤矿灾害情况发生重大变化及时报告和出现事故征兆等紧急情况及时撤人

2023年4月3日,国家矿山安全监察局下发了《国家矿山安全监察局关于做好煤矿灾害情况发生重大变化及时报告和出现事故征兆等紧急情况及时撤人工作的通知》,要求全国煤矿建立灾害情况发生重大变化及时报告制度和出现事故征兆等紧急情况及时撤人制度,落实相关工作责任。

(一)煤矿灾害情况发生重大变化及时报告制度

煤矿出现下列情形之一的,现场作业人员应当及时向煤矿分管负责人或带班值班矿领导报告;情况严重的,及时向煤矿主要负责人报告:

(1)井下甲烷浓度达到0.75%以上,或者变化浓度超过0.2%。

(2)高瓦斯矿井、突出矿井煤层急剧变薄、增厚的。

(3)矿井涌水量(不包括探放水时的可控出水量)、长观孔水位变化幅度达到20%以上的。

(4)井下出现突水点的。

(5)矿井一氧化碳浓度达到2.4×10^{-7},或者变化浓度超过5×10^{-6}的,或者有带式输送机的进风巷发现一氧化碳的。

(6)冲击地压监测单个微震事件能量达到10^4 J以上的。

(7)采掘工作面遇有预测外或者变化较大地质构造的。

(8)顶板离层、锚杆(索)应力、支架压力等监测数据突然增大,或者锚杆(索)断裂、棚梁棚腿弯曲严重的。

(9)露天煤矿台阶有滑动迹象,工作面有伞檐或者有塌陷危险的老空区,发现拒爆、熄爆的。

(10)出现其他重大变化应当报告的。

(二)煤矿出现事故征兆等紧急情况及时撤人制度

煤矿有下列情形之一的,必须及时撤出危险区域作业人员:

(1)井下所有作业场所回风流中甲烷浓度超过1.0%的。

(2)井下发生明显响煤炮声、喷孔、顶钻、煤壁外鼓、掉碴、瓦斯涌出持续增大或者忽大忽小,煤尘增大等突出征兆的。

(3) 井下出现煤层变湿、挂红、底鼓、淋水加大(含砂)等透水、突水、溃水征兆的。

(4) 井田及周边地面积水坑水位突然下降并溃入井下的。

(5) 当暴雨、洪水等自然灾害预警等级为红色(一级)、橙色(二级)的。

(6) 发现明火且不能立即扑灭的。

(7) 井下采掘作业地点出现强烈震动、巨响、瞬间底(帮)鼓、煤岩弹射等动力现象的。

(8) 全矿井计划外停电且不能立即有效恢复的。

(9) 露天煤矿遇到暴雨、8级及以上大风等特殊天气,以及边坡出现明显沉降、变形加速、裂缝增大或贯通、大面积滚石滑落等滑坡征兆的。

(10) 其他事故征兆等紧急情况应当停产撤人的。

(三)相关工作责任的落实

(1) 所有现场作业人员、带班值班人员具有出现事故征兆等紧急情况及时撤人的权力。出现事故征兆等紧急情况时,所有现场作业人员、带班值班人员无须请示,有权第一时间撤人,并在确保安全的前提下向矿调度室汇报。

(2) 煤矿要建立灾害情况发生重大变化及时报告和出现事故征兆等紧急情况及时撤人奖惩机制,加强从业人员培训和演练,保证从业人员熟练掌握各类报告和撤人情形,对及时报告灾害情况重大变化或出现事故征兆等紧急情况及时撤人、避免发生事故的,应当给予重奖。

四、矿井灾害事故的应急处置措施

(一)瓦斯、煤尘爆炸事故的应急处置措施

(1) 现场班组长、跟班干部要立即组织现场作业人员正确佩戴好自救器,引领人员按避灾路线撤到最近的新鲜风流中。

(2) 在确保安全的前提下,第一时间向矿调度室报告事故地点、现场灾害情况。

(3) 撤离时要快速、镇静、有序、低行。

(4) 如因灾害破坏了巷道中的避灾路线指示牌,迷失行进方向时,撤退人员应迎着风流方向撤退。

(5) 在撤退沿途和所经过的巷道交岔口,应留设指示行进方向的明显标志,以提示救援人员的注意。

(6) 在撤退途中听到或感觉到爆炸声或有空气震动冲击波时,应立即背向声音和气浪传来的方向,脸向下,双手置于身体下面,闭上眼睛,迅速卧倒,头部要尽量低。有水沟的地方最好躲在水沟边上或坚固的掩体后面,用衣服将自己身上的裸露部分尽量遮盖,以防止火焰和高温气体灼伤皮肤。

(7) 当唯一的出口被封堵无法撤退时,应有组织地进行灾区避灾,以等待救援人员的营救。

(8) 矿调度室接到事故报告后,及时通知矿领导和相关人员,启动应急救援预案,还要通知有关单位的人员清查事故灾区人数。

(9) 及时成立抢险救灾指挥部,制定救灾方案,同时向上级有关单位汇报灾情,召请救护队。

(10) 在矿井通风系统未遭到严重破坏的情况下,原则上保持现有通风系统,保证主要通风机正常运转。

（11）及时切断灾区及其影响范围内的电源，消除火源，防止再次爆炸。

（12）清点井下人数，控制入井人数。

（13）处理事故时，在保证安全的前提下，应在灾区附近的新鲜风流中选择安全地点设立井下救援基地。

（14）采取一切有效措施，及时救助灾区和可能影响区域内的遇险人员，尽量避免或减少人员伤亡。

（15）在确认无再次爆炸危险时，及时修复被破坏的巷道和通风设施，以恢复正常通风。

（16）当有爆炸危险时，必须立即将可能受威胁的现场救援人员全部撤到安全地点，并采取措施，排除爆炸危险性，防止连续爆炸，扩大事故。

(二) 煤与瓦斯突出事故的应急处置措施

（1）现场班组长、跟班干部要立即组织现场作业人员正确佩戴好自救器，引领人员按避灾路线撤到最近新鲜风流中。

（2）在确保安全的前提下，第一时间向矿调度室报告事故地点和现场灾害情况。

（3）撤离时要快速、镇静、有序、低行。

（4）如因灾害破坏了巷道中的避灾路线指示牌，迷失行进方向时，撤退人员应迎着风流方向撤退。

（5）在撤退沿途和所经过的巷道交岔口，应留设指示行进方向的明显标志，以提示救援人员的注意。

（6）在撤退途中，如果退路被堵或自救器有效时间不够，可到矿井专门设置的井下避难所或压风自救装置处暂避。

（7）若附近没有避难硐室，要寻找有压缩空气管路的巷道、硐室躲避。要设法将压风管路的螺丝接头卸开，充分利用压风空气，延长避难时间。要在避难地点外设置标示，要有规律地、不间断地敲击金属物、顶帮岩石等，发出呼救联络信号，以引起救援人员的注意，使其准确判断避难人员所在的位置。

（8）在撤退途中听到或感觉到爆炸声或有空气震动冲击波时，应立即背向声音和气浪传来的方向，脸向下双手置于身体下面，闭上眼睛，迅速卧倒，头部要尽量放低。有水沟的地方要躲在水沟边上或坚固的掩体后面，用衣服或其他不易燃物件将自己身上的裸露部分尽量遮盖，以防止火焰和高温气体灼伤皮肤。

（9）矿调度室接到事故报告后，要及时通知矿领导及相关人员，启动应急救援预案，还要通知有关单位的人员清查事故灾区人数。

（10）及时成立抢险救灾指挥部，制定救灾方案，同时向上级有关单位汇报灾情，召请救护队。

（11）在矿井通风系统未遭到严重破坏的情况下，原则上保持现有通风系统，保证主要通风机正常运转。

（12）对发生煤（岩）与瓦斯突出事故所波及的巷道在恢复正常通风前，按救灾方案复建通风系统，按规定排放瓦斯。

（13）根据灾区情况迅速抢救遇险人员，在抢险救援过程中注意突出预兆，防止再次突出造成事故扩大。

（14）要慎重处置灾区和受影响区域的电源，断电作业应在远距离进行，以防止产生电

第六章 煤矿事故应急处置与现场急救

火花引起爆炸。

（15）灾区内不准随意启闭电气开关，不要扭动矿灯和灯盖，防止出现火源引爆瓦斯。

（16）制定并严格执行清理煤和排放瓦斯措施，以防止事故发生。

（三）瓦斯燃烧事故的应急处置措施

处理瓦斯燃烧事故，危险性较大，因为燃烧的火焰在巷道（或采空区）的上部窜动，易引起更大范围的瓦斯燃烧或爆炸，为防止事故扩大，扑灭瓦斯燃烧时不得使用震动性手段。瓦斯燃烧现场作业人员发现火情后，应积极灭火，并立即向矿调度室汇报。当采煤工作面上隅角瓦斯燃烧时，扑灭时要注意严防把火焰赶到采空区内部引起瓦斯爆炸。当火势无法扑灭，危及人身安全时，要立即组织人员沿避灾路线撤退。当灾区人员撤离后，但不易直接灭火时，应采取可靠措施封闭火区。

（四）矿井水灾事故的应急处置措施

（1）发现突水时，在保证自身安全的前提下，利用现有的人力和物力，迅速组织抢救工作。如突水地点围岩坚硬、涌水量不大时，可组织力量就地取材，加固工作面，尽快堵住出水点。

（2）在涌水大、顶帮松软的情况下，决不可强行封堵出水口，以免引起工作面大面积突水，造成人员伤亡，扩大灾情。

（3）如因涌水来势凶猛、现场无法抢救或者将危及人员安全时，应沿着规定的避灾路线和安全通道迅速撤退到上部水平或地面。

（4）撤离前，应当设法将撤退的行动路线和目的地告知矿调度室。

（5）在突水迅猛、水流急速的情况下，现场作业人员应立即避开出水口和泄水流，躲避到硐室内、拐弯巷道或其他安全地点。如情况紧急来不及转移躲避时，可抓牢棚梁、棚腿或其他固定物体，防止被涌水打倒和冲走，并注意防止被水中滚动的矸石和木料撞伤。

（6）当采空区积水涌出使所在地点有毒有害气体浓度增高时，现场作业人员应立即佩戴好自救器，迅速按避灾路线撤离灾区。

（7）如因突水后破坏了巷道中的照明和指路牌而迷失行进方向，遇险人员应撤向有风流的上山巷道。

（8）在撤退沿途和所经过的巷道交岔口处应留设指示行进方向的明显标志，以提示救护人员注意。

（9）撤退巷道如是立井，人员需从梯子间升井时，应保持好次序，不要慌乱和争抢。行动中手要抓牢，脚要蹬稳，时刻注意自己和他人的安全。

（10）撤退中，如因冒顶或积水造成巷道堵塞，可寻找其他安全通道撤出。当唯一的出口被堵塞无法撤退时，应组织好在安全地点避灾，等待救护人员营救，严禁盲目潜水等冒险行为。

（11）井下发生突水事故后，不允许任何人在不佩戴防护器具的情况下冒险进入灾区，避免事故扩大。

（五）矿井火灾事故的应急处置措施

（1）现场班组长、跟班干部要根据火灾性质立即组织现场作业人员正确佩戴好自救器，带领现场作业人员采用与火灾类型相应的灭火器材进行现场救灾，力争将火灾消灭在初始阶段。灭火时应注意以下几点：① 要有充足的水量，应先从火源外围逐渐向火源中心喷射水流;②要保持正常通风,并要有畅通的回风通道,以便及时将高温气体和蒸汽排除;③发生电气设备火灾时,首先要切断电源;④不宜用水扑灭油类火灾;⑤灭火人员要站在火源上风侧,不准站在火源的回风侧,以免烟气或水蒸气伤人。

(2) 要尽最大可能了解或判明事故的性质、地点、范围和事故区域的巷道、通风系统、风流情况及火灾烟气蔓延的速度、方向,及时报告矿调度室,并根据"矿井事故应急处理预案"及现场的实际情况,确定撤退路线和避灾自救的方法。

(3) 位于火源回风侧的人员或者在撤退途中遇到烟气有中毒危险时,应迅速佩戴好自救器;尽快通过捷径撤到新鲜风流中;或者在烟气没有到达之前,顺着风流尽快从回风出口撤到安全地点。如果距火源较近而且越过火源没有危险时,可迅速穿过火区撤到火源的进风侧(注意:这种方式轻易不要采用,必须确定有脱险的把握或身处独头巷时方可采用)。

(4) 如果在自救器有效作用时间内不能安全撤出时,应在设有储存备用自救器的硐室内换用自救器后再进行撤退;或者寻找有压风管路系统的地点,以压缩空气供呼吸之用。

(5) 撤退行动既要迅速果断,又要快速有序,不得慌乱。撤退中应靠巷道有连通出口的一侧行进,避免错过脱离危险区的机会,同时还要随时注意观察巷道和风流的变化情况,谨防火风压可能造成的风流逆转。人员之间要互相照应,互相帮助,团结互爱。

(6) 如果巷道已经充满烟雾,也不要惊慌和乱跑,要迅速辨认出发生火灾的区域和风流方向,俯身摸着铁道或铁管有秩序地外撤。

(7) 如果逆风或顺风撤退都无法躲避着火巷道或火灾烟气可能造成的危害时,应迅速进入避难硐室。没有避难硐室时应在烟气袭来之前,选择合适的地点,就地利用现场条件快速构筑临时避难硐室,进行避灾自救。

(六) 顶板事故的应急处置措施

(1) 要根据现场情况,判断顶板事故发生地点、灾情、原因、影响区域,进行现场处置。如无第二次大面积顶板动力现象时,立即组织对受困人员进行施救,防止事故扩大。

(2) 冒落范围不大时,如有遇险人员被大矸石压住,可用铁棒或液压千斤顶等工具把大块岩石支起后,再将遇险人员救出,切忌生拉硬拽。

(3) 清理堵塞物时,要防止伤害遇险人员。在接近遇险人员附近时严禁用镐刨、锤砸等方法破煤(岩)块扒人。首先要清理遇险人员的口鼻堵塞物,使其呼吸系统畅通。

(4) 现场救援人员必须在首先保证巷道通风、后路畅通、现场顶帮维护好的情况下方可施救,施救过程中必须安排专人观察顶板并监护。

(5) 当出现大面积来压等异常情况或通风不良、瓦斯浓度急剧上升有瓦斯爆炸危险时,必须立即撤离现场到安全地点。

(6) 对现场受伤人员根据实际情况开展救援工作,对于轻伤者应现场对其进行包扎,将其抬放到安全地点;对于骨折人员不要轻易挪动,要先采取固定措施;对于出血伤员要先止血,等待救援人员到来。

(七) 矿井停风事故的应急处置措施

矿井停风事故有两种:一种是使用局部通风机通风的掘进工作面停风;另一种是主要通风机停转造成全矿或其服务区域停风。矿井停风事故的应急处置措施为:

(1) 因检修、停电等原因造成局部通风机停风时,掘进工作面人员应立即停止工作,切断电源,撤出人员,并立即向矿调度室汇报,等待处理。

(2) 主要通风机停转时，受停风影响地点必须立即停止工作，切断电源，采掘工作面人员撤至主要进风大巷，必要时撤至地面。

(3) 各地点瓦斯检查工要立即汇报瓦斯情况，检查井下正在检修的电气设备是否处于送电状态，若是，必须予以断开，并督促当班电工将所辖区域电气设备开关打到"零"位。

(4) 打开井口防爆门（盖）和有关风门，充分利用自然通风。

(5) 派救护队加强对瓦斯涌出异常地区的瓦斯检查。加强采空区，特别是封闭火区有害气体（CH_4、N_2、CO、CO_2）的检查。

(6) 根据事故性质，安排救援专业人员对主要通风机的供电线路、设备进行抢修。

(7) 恢复通风前，必须检查瓦斯，只有在局部通风机及其开关附近10 m以内风流中的瓦斯浓度都不超过0.5%时，方可人工开启局部通风机。否则，严禁作业。

(8) 在启动主要通风机前，瓦斯检查工要对全风压通风采煤工作面及瓦斯涌出异常区域进行瓦斯检查，采取控风措施，防止启动主要通风机排放瓦斯"一风吹"。主要通风机运转时，要关闭回风井防爆门（盖）和有关风门。

(9) 当确认井下各地点通风系统正常后，有害气体不超限时，方可向井下采区、采掘工作面下达逐级送电命令。

(10) 制定安全措施，正确排放积存的瓦斯。

（八）提升运输重大事故的应急处置措施

(1) 当发生轨道绞车提升和大巷电机车运输事故时，迅速切断电源，设置警戒标志。立即向区值班人员和矿调度室汇报，请求处置救助。

(2) 作业人员要果断采取措施，将绞车和电机车的控制手柄打到零位，控制制动闸，及时切断电源。

(3) 事故现场的人员应根据实际情况，开展积极有效的自救和互救。对于轻伤者应现场对其包扎止血，将其抬放到安全地带；对于骨折人员不要轻易挪动，等待专业救助人员到来。

(4) 事故单位跟班区（队）长、班组长发现事故或得到消息后，应及时赶到事故地点指挥或协助指挥应急处置。要采取措施对危险和危害因素进行控制，对受害人员进行有效救助。

(5) 矿调度室接到事故报告后，及时通知矿领导和相关人员，启动应急救援预案。

(6) 事故单位接到报告后，在第一时间通知单位所有相关人员，立即清点事故地点人数，并到矿调度室集中待命。

(7) 调度室人员接到事故报告后，要及时做好车辆的调度和人员的接送工作，将伤员尽快运送到井口。副井信号工要按提升伤员的规定做好信号联络工作，及时将伤员运送到地面救治。

(8) 在救援处置时要设置事故警示牌，禁止行人通过，禁止其他作业。

(9) 在进行抢险救援时，要切断电源，设置警戒保护救援人员和遇险人员的安全。

(10) 迅速查明事故现场情况，采取措施，防止事故扩大。

(11) 事故情况未查明前，严禁动用事故相关设备。

(12) 认真勘查、记录事故现场情况，为事故调查提供依据。

(13) 组织工程抢修，将设备和设施恢复到正常状态。

(14) 经组织验收合格后，方可恢复设备的正常运行使用。

(九) 矿井大范围停电事故的应急处置措施

(1) 出现全矿大面积或全部停电时,现场作业人员要立即通知矿调度室,矿调度室接到事故报告后,及时通知矿领导及相关人员,启动事故应急处理预案。要尽快成立现场领导指挥小组,按照"矿地面变电所事故应急处理预案"中的规定,采取积极正确的恢复供电措施。如果是地面变电所供电系统进线及其相应开关故障,应立即切除故障回路,投入备用线路。要及时向当地电网公司通报事故情况及可能造成的后果,请求协助处理。

(2) 高压变压器损坏要立即向矿调度室汇报,由主管业务部门负责人根据矿调度室的指示进行现场指挥和处置。要根据现场实际情况,按照《煤矿安全规程》要求采取隔离措施,确定停电的范围,确保人身和电网安全。

(3) 事故现场处置人员要断开所有设备电源,抢修时严格执行各项规程的规定,以防事故扩大。

(4) 在现场领导指挥小组成员未到达之前,由值班人员负责现场指挥。处理事故时,工作人员应沉着、果断、迅速。处理事故期间,非事故单位应加强用电设备监视。

(5) 停电事故影响煤矿井下通风危及井下员工安全时,按照矿井停风事故的应急处置措施进行应急处理。

(6) 电力保证顺序为:先保电网,后保电厂;先高压,后低压;先保矿井,后保地面厂;先保高突瓦斯矿井,后保低瓦斯矿井;先保矿井通风、排水、提升等涉及人身安全的供电,后保生产及服务性供电。

(7) 正确制定恢复供电实施方案。先逐步恢复未受损伤的部分设备,掌握由外向里逐步恢复供电的原则。

第四节 煤矿现场急救技术

在煤矿井下,如果矿工发生急性病症或意外伤害,就需要周围人员的救助。如果施救者抢救科学得法,就可以挽救生命,减少伤残;如果施救者不懂急救知识,可能适得其反。

一、井下急救的基本原则

煤矿井下离地面的医院比较远,在施行现场急救时应遵循"三先三后"原则。

(1) 对心跳、呼吸骤停的伤员,应先复苏后搬运。

(2) 对出血的伤员,应先止血后搬运。

(3) 对骨折的伤员,必须先固定后搬运。

二、现场急救的关键

现场急救的关键在于及时。对于心跳、呼吸骤停的伤病员在 2 min 内进行急救的成功率可达 70%,4~5 min 内进行急救的成功率可达 43%,15 min 以后进行急救的成功率则较低。据统计,现场创伤急救搞得好可减少 20% 的伤员死亡。

三、现场急救的方法

(一) 人工呼吸

1. 人工呼吸前的准备工作

(1) 伤员的呼吸道要保持通畅无阻,以使气体容易进出。要检查口、鼻内有无泥草、痰涕或其他分泌物,如有应予以清除。

(2) 松开伤员的衣领、内衣、裤带,使外界没有阻碍胸廓的影响因素,让肺脏伸缩自如。

(3) 如有活动的假牙应立即取出,以免坠入气管。

(4) 要求操作方法上,原则上不加重或无害于身体已有的损伤。

2. 口对口吹气法

口对口吹气法是效果最好、操作最简单的一种方法。

(1) 操作前使伤员仰卧,即腹胸朝上。

(2) 救护者在伤员头部的一侧,一只手托起伤员下颌,并尽量使其头部后仰;另一只手将其鼻孔捏住,以免吹气时从鼻孔漏气。

口对口吹气

(3) 救援人员自己深吸一口气,对紧伤员的口将气吹入,使伤员吸气。

(4) 松开捏住鼻子的手,并用手压其胸部以帮助伤员呼气。

(5) 如此有节律地、均匀地反复进行,每分钟吹气 14～16 次。

(6) 注意吹气时切勿过猛、过短,也不宜过长,以占一次呼吸周期的 1/3 为宜。其具体操作方法如图 6-2 所示。

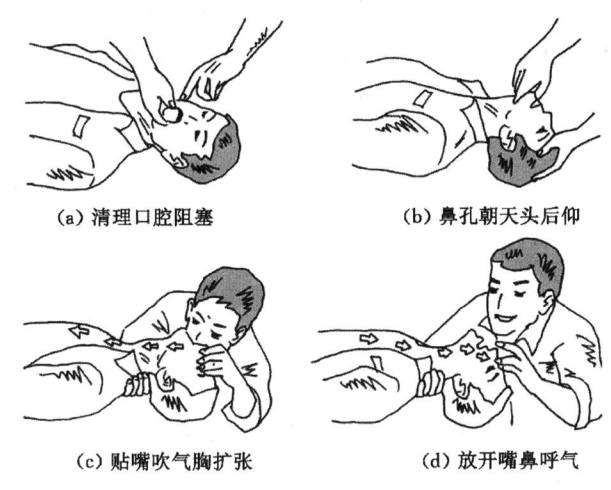

图 6-2　口对口吹气法

3. 仰卧压胸法

仰卧压胸法便于观察病人的表情,而且气体交换量也接近于正常人的呼吸量;最大的缺点是伤员的舌头由于仰卧而后坠,容易阻碍空气的出入;所以采用该方法时要将病人的舌头拉出。这种姿势,对于淹溺及胸部创伤、肋骨骨折的伤员不宜使用。操作方法如图 6-3 所示。

(1) 病人取仰卧位,背部可稍加垫,使胸部凸起。

(2) 救护人员屈膝跪地于病人大腿两侧,把双手分别放于乳房下面(相当于第六、七对肋骨处),大拇指向内,靠近胸骨下端,其余四指向外,放于胸廓肋骨之上。

(3) 向下同时稍向前压,其方向、力量、操作要领等与俯卧压背法相同。

(4) 按上述动作,反复有节律地进行,每分钟进行 16～20 次。

4. 俯卧压背法

俯卧压背法应用较普遍,是一种较古老的方法。由于病人取俯卧位,舌头能略向外坠出,不会堵塞呼吸道,救护人员不必专门处理病人的舌头,节省了时间,能及时进行人工呼吸。操作方法如图 6-4 所示。

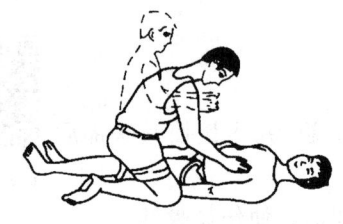

图 6-3　仰卧压胸法

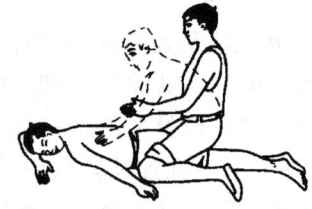

图 6-4　俯卧压背法

(1) 伤病人取俯卧位,即胸腹贴地,腹部可微微垫高,头偏向一侧,两臂伸过头,一臂枕于头下,另一臂向外伸开,以使胸廓扩张。

(2) 救护人员面向其头,两腿屈膝跪地于伤病人大腿两旁,把两手平放在其背部肩胛骨下角(大约相当于第七对肋骨处)、脊柱骨左右,大拇指靠近脊柱骨,其余四指稍微张开并弯曲。

(3) 救护人员俯身向前,慢慢用力向下压缩,用力的方向是向下、稍向前推压;当救护人员的肩膀与病人的肩膀将成一直线时,不再用力;在这个向下、向前推压的过程中,即将肺内的空气压出,形成呼气;然后慢慢放松回身,使外界空气进入肺内,形成吸气。

(4) 按上述步骤,反复有规律地进行,每分钟进行 14~16 次。

(二) 心肺复苏

1. 概述

心肺复苏

心肺复苏适用于由急性心肌梗死、脑卒中、严重创伤、电击伤、溺水、挤压伤、踩踏伤、中毒等多种原因引起的呼吸、心搏骤停的伤病员。对于心跳、呼吸骤停的伤病员,心肺复苏成功与否的关键是时间。在心跳、呼吸骤停后 4 min 内开始正确的心肺复苏,8 min 内开始高级生命支持者,生存希望较大。心肺复苏操作主要有心前区叩击术和胸外心脏按压术两种方法。

2. 操作程序

(1) 安全确认。

(2) 判断意识。

(3) 高声呼救。

(4) 将伤病员翻转成仰卧姿势,放在坚硬的平面上。

(5) 判断颈动脉搏动与呼吸。看胸部有无起伏;听有无呼吸声;感觉有无呼出气流拂面。

(6) 胸外心脏按压。

(7) 打开气道。

(8) 口对口人工呼吸。

(9) 重复做五个循环,判断意识,无意识时,从第 6 步重新开始下一个循环。

(10) 复原(侧卧)位。心肺复苏成功后或无意识但恢复呼吸及心跳的伤病员,将其翻转为复原(侧卧)位。

3. 心前区叩击术

心前区叩击术是指伤员心搏骤停后救护者立即叩击心前区,叩击力应中等,一般可连续叩击3~5次(图6-5),并观察伤员脉搏、心跳。若心脏恢复则表示复苏成功;反之,应立即改用胸外心脏按压术。操作时,应使伤员头低脚高,施术者以左手掌置其心前区,右手握拳,从距患者胸部上方40~50 cm处,向左手背上叩击。

4. 胸外心脏按压术

胸外心脏按压术适用于各种原因造成的心跳骤停者。在进行胸外心脏按压前,应先用心前区叩击术,如果叩击无效,应及时正确地进行胸外心脏按压。

胸外心脏
按压术

(1) 判断有无意识:轻拍患者双肩、在双耳边呼唤。如果病人清醒,要继续观察,如果没有反应则为昏迷,进行下一个流程。

(2) 高声呼救,并立即进行心肺复苏术。

(3) 检查及畅通呼吸道:取出口内异物,清除分泌物。用一只手推前额使头部尽量后仰,同时另一只手将下颌向上方抬起。

(4) 人工呼吸。判断是否有呼吸:一看二听三感觉(维持呼吸道打开的姿势,将耳部放在病人口鼻处),一看:患者胸部有无起伏;二听:有无呼吸声音;三感觉:用脸颊接近患者口鼻,感觉有无呼出气流。如果无呼吸,应立即给予人工呼吸3次,保持压额抬颌手法,用压住额头的手以拇指食指捏住患者鼻孔,张口罩紧患者口唇吹气,同时用眼角注视患者的胸廓,胸廓膨起为有效。待胸廓下降,吹第二口气。

(5) 胸外心脏按压术(图6-6)。其操作方法是:首先将伤员仰卧于木板上或地上,解开其上衣和腰带,脱掉胶鞋。

图6-5 心前区叩击术

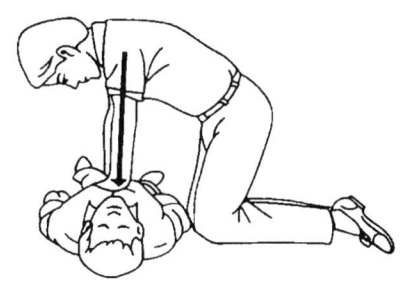

图6-6 胸外心脏按压术

救护者位于伤员左侧,手掌面与前臂垂直,将另一手掌压于其上,使双手重叠,置于伤员胸骨中下1/3处(其下方为心脏),以双肘和臂肩之力,有节奏、冲击式地向脊柱方向用力按压,使成人胸骨下陷至少5 cm。

按压后,迅速抬手使胸骨复位,以利于心脏舒张。按压次数以每分钟80~100次为宜。按压过快,心脏舒张不够充分,心室内血液不能完全充盈;按压过慢,动脉压力低,效果也不好。

使用胸外心脏按压术时的注意事项:

(1) 按压力量应因人而异。对身强力壮的伤员,按压力量可大些;对年老体弱的伤员,力量宜小些。按压时要稳健有力、均匀规则,重力应放在手掌根部,着力仅在胸骨处,切勿在心尖部按压,同时注意用力不能过猛;否则可致肋骨骨折、心包积血或引起气胸等。

(2) 胸外心脏按压与口对口吹气法最好同时施行,无论单人心肺复苏还是双人心肺复苏,均为每按压心脏30次,做口对口人工呼吸2次。

(3) 按压显效时,可摸到伤员颈总动脉、股动脉开始搏动,散大的瞳孔开始缩小,口唇、皮肤转为红润。

(三) 止血术

成年人血量为4500～5000 mL,为体重的8%左右,人体若失血超过1000 mL便会有生命危险。因此,止血术对于抢救伤员非常重要。出血分动脉出血、静脉出血和毛细血管出血三种。对于毛细血管出血,一般用干净布条包扎伤口即可;对于静脉出血,可用加压包扎法止血;对于动脉出血,由于喷流太快,抓紧止血是救人生命的关键,可采用以下几种暂时性止血术。

1. 指压止血法

在伤口附近靠近心脏一端的动脉处,用拇指压住出血的血管,以阻断血流。此法可作为四肢大出血的暂时性止血措施。在指压止血的同时,应立即寻找材料,准备换用其他止血方法。各部位的止血点及其止血区域如图6-7所示。

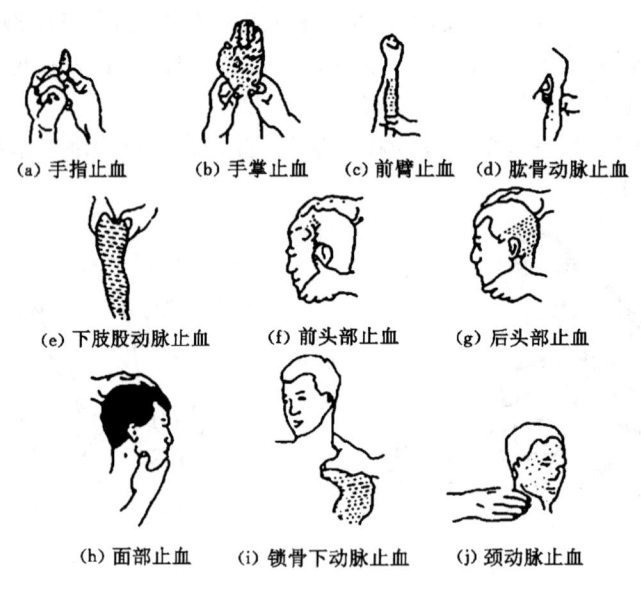

图 6-7 指压止血法

2. 止血带止血法

当上肢或下肢大出血时,可在井下就地取材,使用胶管或止血带等材料采用止血带止血法压迫出血伤口的近心端进行止血。

(1) 止血带的使用方法:① 在伤口近心端上方加垫;② 急救者左手拿止血带,上端留13～17 cm,紧贴加垫处;③ 右手拿止血带长端,拉紧环绕伤肢伤口近心端上方2周,然后将止血带交左手中、食指夹紧;④ 左手中、食指夹止血带,顺着肢体下拉成环;⑤ 将上端一头插入环中拉紧固定;⑥ 在上肢应扎在上臂的上 1/3 处,在下肢应扎在大腿的中下 1/3 处。其具体操作方法如图 6-8 所示。

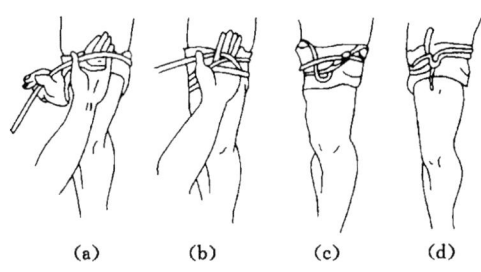

图 6-8 止血带止血法

(2)止血带使用注意事项:① 扎止血带前,应先将伤肢抬高,防止肢体远端因瘀血而增加失血量;② 扎止血带时要有衬垫,不能直接扎在皮肤上,以免损伤皮下神经;③ 前臂和小腿不适于扎止血带,因其均有 2 根平行的骨骼,骨间可通血流,所以止血效果差,但在肢体离断后的残端可使用止血带,应尽量扎在靠近残端处;④ 禁止扎在上臂的中段,以免压伤桡神经,引起腕下垂;⑤ 止血带的压力要适中,以既达到阻断血流又不损伤周围组织为度;⑥ 止血带止血持续时间一般不应超过 1 h,时间太长可导致肢体坏死;太短会使出血、休克进一步恶化。因此,使用止血带的伤员必须配有明显标志,并准确记录开始扎止血带的时间,每 0.5~1 h 缓慢放松 1 次止血带,放松时间为 1~3 min,此时可抬高伤肢压迫局部止血;再扎止血带时应在稍高的平面上绑扎,不可在同一部位反复绑扎。使用止血带以不超过 2 h 为宜,应尽快将伤员送到医院救治。

3. 加垫屈肢止血法

当前臂和小腿动脉出血不能制止时,如果没有骨折和关节脱位,这时可采用加垫屈肢止血法止血。在肘窝处或膝窝处放入叠好的毛巾或布卷,然后屈肘关节或屈膝关节,再用绷带或宽布条等将前臂与上臂或小腿与大腿固定。其具体操作方法如图 6-9 所示。

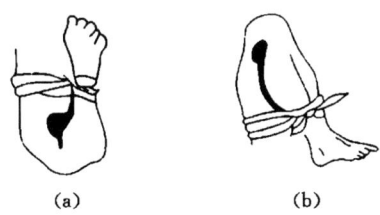

图 6-9 加垫屈肢止血法

4. 加压包扎止血法

加压包扎止血法主要适用于静脉出血的止血。其做法是:首先将干净的纱布、毛巾或布料等盖在伤口处,然后用绷带或布条适当加压包扎,即可止血。压力的松紧度以能达到止血而不影响伤肢血液循环为宜。其具体操作方法如图 6-10 所示。

5. 绞紧止血法

在找不到止血带的情况下,可用毛巾、三角巾、绷带、衣片等折叠成带状,在伤口上先加垫,然后用带子绕衬垫一周打结,用小木棒插入其中,先提起,适当绞紧至不出血,而后固定,如图 6-11 所示。

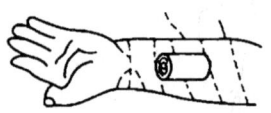

图 6-10　加压包扎止血法

图 6-11　绞紧止血法

(四) 创伤包扎

包扎的目的是保护伤口和创面,减少感染,减轻痛苦。加压包扎有止血作用。用夹板固定骨折的肢体时,需要包扎,以减少继发性损伤,也便于将伤员运送到医院。

1. 布条包扎法

(1) 环形包扎法。该方法适用于头部、颈部、腕部及胸部、腹部等处的包扎,将布条做环形重叠缠绕肢体数圈后即成。

(2) "8"字包扎法。该方法多用于关节处的包扎。先在关节中部环形包扎 2 圈,然后以关节为中心,从中心向两边缠,一圈向上,一圈向下,2 圈在关节屈侧交叉,并压住前圈的 1/2。其具体操作如图 6-12 所示。

(3) 螺旋包扎法。该方法用于前臂、下肢和手指等部位的包扎。先用环形法固定起始端,把布条渐渐地斜旋上缠或下缠,每圈压前圈的 1/2 或 1/3,呈螺旋形,尾部在原位上缠 2 圈后予以固定。其具体操作方法如图 6-13 所示。

(4) 螺旋反折包扎法。该方法多用于粗细不等的四肢包扎。开始先做螺旋形包扎,待到渐粗的地方,以一只手拇指按住布条上面,另一只手将布条自该点反折向下并遮盖前圈的 1/2 或 1/3。各圈反折须排列整齐,反折头不宜在伤口和骨头突出部分。其具体操作方法如图 6-14 所示。

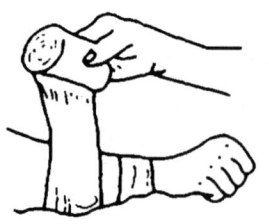

图 6-12　"8"字包扎法

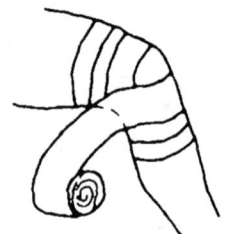

图 6-13　螺旋包扎法

2. 毛巾包扎法

(1) 头顶部包扎法。将毛巾横盖于头顶部,包住前额,两前角拉向头后打结,两后角拉向下颌打结,具体操作方法如图 6-15a 所示;或者将毛巾横盖于头顶部,包住前额,两前角拉向头后打结,然后两后角向前折叠,左右交叉绕到前额打结,如果毛巾太短可接带子。具体操作方法如图 6-15b 所示。

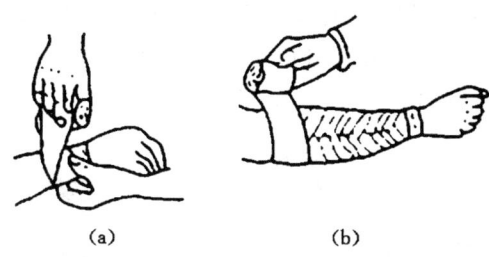

图 6-14 螺旋反折包扎法

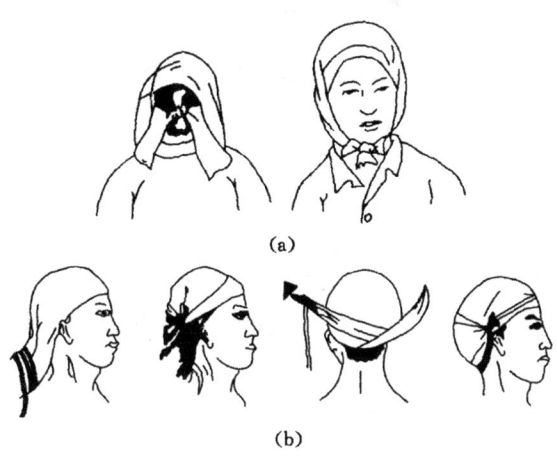

图 6-15 头顶部包扎法

（2）面部包扎法。将毛巾横置，盖住面部，向后拉紧毛巾的两端，在耳后将两端的上下角交叉后分别打结，在眼、鼻、嘴处剪洞。其具体操作方法如图 6-16 所示。

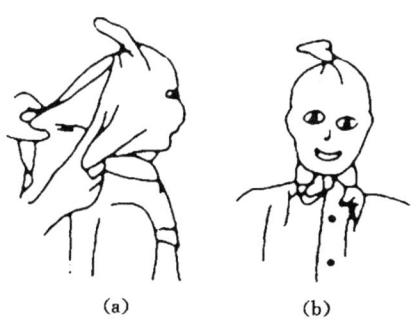

图 6-16 面部包扎法

（3）下颌包扎法。将毛巾纵向折叠成四指宽的条状，在一端扎一小带，毛巾中间部分包住下颌，两端上提，小带经头顶部在另一侧耳前与毛巾交叉，然后小带绕前额及枕部与毛巾另一端打结。

（4）肩部包扎法。单肩包扎时将毛巾斜折放在伤侧肩部，腰边穿带子在上臂固定，叠角向上折，一角盖住肩的前部，从胸前拉向对侧腋下，另一角向上包住肩部，从后背拉向对侧腋下打结。

(5) 胸部包扎法。全胸包扎时将毛巾对折,腰边中间穿带子,由胸部围绕到背后打结固定。胸前的两片毛巾折成三角形,分别将角上提至肩部,包住双侧胸,两角各加带过肩到背后与横带相遇打结。其具体操作方法如图 6-17 所示。

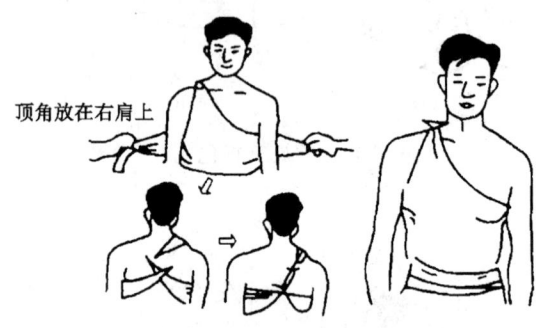

图 6-17 胸部包扎法

(6) 背部包扎法。该方法与胸部包扎法相同。

(7) 腹部包扎法。将毛巾斜对折,中间穿小带,小带的两头拉向后方,在腰部打结,使毛巾盖住腹部。将上、下两片毛巾的前角各扎一小带,分别绕过大腿根部与毛巾后角在大腿外侧打结。

(8) 臂部包扎法。该方法与腹部包扎法相同。

3. 包扎注意事项

(1) 在包扎时,应做到动作迅速敏捷,不触碰伤口,以免引起出血、疼痛和感染。

(2) 不能用井下的污水冲洗伤口。伤口表面的异物(如煤块、矸石等)应去除,但伤口深部异物须由医院处理,防止重复感染。

(3) 包扎动作要轻柔,松紧度要适宜,不可过松或过紧,结头不要打在伤口上,应使伤员体位舒适,绷扎部位应维持在功能位置。

(4) 脱出的内脏不可拿回腔内,以免造成体腔内感染。

(5) 包扎范围应超出伤口边缘 5~10 cm。

(五) 骨折临时固定

骨折临时固定可减轻伤员的疼痛,防止因骨折端移位而刺伤邻近组织、血管和神经,骨折临时固定也是防止创伤休克的有效急救措施。

1. 操作要点

(1) 在进行骨折固定时,应使用夹板、绷带、三角巾、棉垫等物品。手边没有上述物品时,可就地取材,如使用树枝、木板、木棍、硬纸板、塑料板、衣物、毛巾等代替。必要时也可将受伤肢体固定于伤员健侧肢体上,如下肢骨折可与健侧绑在一起,伤指可与邻指固定在一起。如果骨折断端错位,救护时暂不要复位,即使断端已穿破皮肤露在外面,也不可进行复位,而应按受伤原状包扎固定。

(2) 骨折固定应包括上、下两个关节,在肩、肘、腕、股、膝、踝等关节处应垫棉花或衣物,以免压破关节处皮肤。固定应以伤肢不能活动为度,不可过松或过紧。

(3) 搬运伤员时要做到轻、快、稳。

2. 固定方法

(1) 上臂骨折。在患侧腋窝内垫以棉垫或毛巾,在上臂外侧安放垫衬好的夹板或其他代用物后开始绑扎。绑扎后,使肘关节屈曲 90°,将患肢捆于胸前,再用毛巾或布条将其悬吊于胸前。其具体操作如图 6-18 所示。

(2) 前臂及手部骨折。用衬好的两块夹板或代用物,分别置放在患侧前臂及手的掌侧及背侧,以布带绑好,再以毛巾或布条将前臂吊于胸前。其具体操作如图 6-19 所示。

图 6-18　上臂骨折固定包扎法　　　　图 6-19　前臂及手部骨折固定包扎法

(3) 大腿骨折。用长木板放在患肢及躯干外侧,将髋关节、大腿中段、膝关节、小腿中段、踝关节同时固定。

(4) 小腿骨折。用长、宽合适的木夹板两块,自大腿上段至踝关节分别在内外两侧捆绑固定。

(5) 骨盆骨折。用衣物将骨盆部包扎住,并将伤员两下肢互相捆绑在一起,膝、踝间加以软垫,屈髋、屈膝。要多人将伤员仰卧平托在木板担架上。有骨盆骨折者,应注意检查伤者有无内脏损伤及内出血。

(6) 锁骨骨折。以绷带做"∞"形固定,固定时双臂应向后伸。

(7) 脊柱骨折。确定伤员脊柱骨折后,应按伤员伤后的姿势固定,不能轻易搬动。固定方法是:用三块夹板组成"工"字形,其中一块长约 75 cm,另两块长约 60 cm;把长的一块顺着人体放在贴近脊柱处,在板和背部之间用毛巾或布垫好;把短的两块板横放在竖板的两端,分别放在两肩后和腰骶部,然后用绷带或三角巾固定在两肩和腰骶部,先固定上端的横板,再固定下端的横板(图 6-20a)。如无夹板时,可使用硬板担架固定与搬运脊柱骨折伤员(图 6-20b)。

(六) 伤员运送

井下条件复杂,转运伤员时要尽量做到轻、稳、快。没有经过初步固定、止血、包扎和抢救的伤员,一般不应转运。运送时应做到不增加伤员的痛苦,避免造成新的损伤及并发症。伤员运送时应注意以下事项:

(1) 呼吸、心搏骤停及休克昏迷的伤员应先及时复苏后再搬运。若现场没有懂得复苏技术的人员,则可为争取抢救时间而迅速向外搬运,去迎接救护人员进行及时抢救。

(2) 对昏迷或有窒息症状的伤员,要将其肩部稍垫高,使头部后仰,面部偏向一侧或采用侧卧位,以防止胃内呕吐物或舌头后坠堵塞气管而造成窒息,注意随时都要确保呼吸道通畅。

(3) 一般伤员可用担架、木板、风筒、刮板输送机槽、绳网等物品运送,但脊柱损伤和骨盆骨折的伤员应用硬板担架运送。

(4) 对一般伤员均应先行止血、固定、包扎等初步救护后,再进行转运。

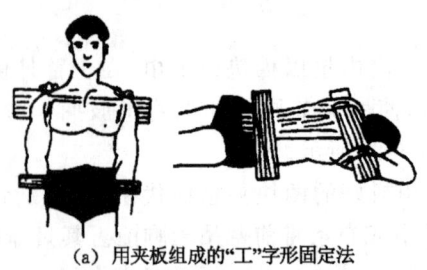

(a) 用夹板组成的"工"字形固定法

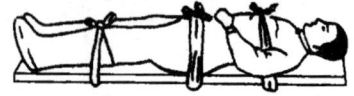

(b) 用硬板担架固定法

图 6-20 脊柱骨折固定法

（5）一般外伤的伤员，可平卧在担架上，抬高伤肢；胸部外伤的伤员可取半坐位；有开放性气胸者，须封闭包扎后才可转运。腹腔部内脏损伤的伤员，可平卧，用宽布带将腹腔部捆在担架上，以减轻痛苦及出血。骨盆骨折的伤员可仰卧在硬板担架上，屈髋、屈膝，膝下垫软枕或衣物，用布带将骨盆捆在担架上。

（6）搬运胸、腰椎损伤的伤员时，先把硬板担架放在伤员旁边，由专人照顾患处，另有2～3人在旁帮其保持脊柱伸直位，同时用力轻轻将伤员推移到担架上，推动时用力大小、快慢要保持一致，要保证伤员脊柱不弯曲。伤员在硬板担架上取仰卧位，受伤部位垫上薄垫或衣物，使脊柱呈过伸位，严禁坐位或肩背式搬运。

（7）对脊柱损伤的伤员，要严禁让其坐起、站立和行走，也不能用1人抬头、1人抱腿或人背的方法搬运，因为脊柱损伤后再弯曲活动时，有可能损伤脊髓而造成伤员截瘫甚至突然死亡，所以在搬运时要十分小心。在搬运颈椎损伤的伤员时，要专有1人抱持伤员的头部，轻轻地向水平方向牵引，并且固定在中立位，不使颈椎弯曲，严禁左右转动。搬运者多人双手分别托住颈肩部、胸腰部、臀部及两下肢，同时用力移上担架，取仰卧位。担架应用硬木板，肩下应垫软枕或衣物，使颈椎呈伸展样（颈下不可垫衣物），头部两侧用衣物固定，防止颈部扭转且忌抬头。若伤员的头和颈已处于曲歪位置，则须按其自然固有姿势固定，不可勉强纠正，以避免损伤脊髓而造成高位截瘫，甚至突然死亡。

（8）转运时应让伤员的头部在后面，随行的救护人员要时刻注意伤员的面色、呼吸、脉搏，必要时要及时抢救。随时注意观察伤口是否继续出血、固定是否牢靠，出现问题要及时处理。走上、下山时，应尽量保持担架平衡，防止伤员从担架上滚落下来。

（9）将伤员运送到井上后，应向接管医生详细介绍受伤情况及检查、抢救经过。

四、煤矿各种伤害的急救

（一）创伤性休克

创伤性休克是由于剧烈打击、重要脏器损伤、大出血使有效循环血量锐减，以及剧烈疼痛、恐惧等多种因素综合形成的。

1. 判断早期休克

判断早期休克可采用"三看二摸"的方法。

（1）看神志。休克早期，伤员兴奋、烦躁、焦虑或激动，随着病情发展，脑组织缺氧加重，伤员表现淡漠、意识模糊,至晚期则昏迷。

(2) 看面颊、口唇和皮肤色泽。休克早期,外周小血管收缩,色泽苍白;后期则因缺氧、瘀血,色泽青紫。

(3) 看表浅静脉。休克后颈及四肢浅表静脉萎缩。

(4) 摸脉搏。休克代偿期,周围血管收缩,心率增快。收缩压下降前可以摸到脉搏增快,这是早期诊断的重要依据。

(5) 摸肢端温度。肢端温度降低,四肢冰凉。

2. 对创伤性休克人员的现场急救

创伤性休克的现场救治是为了消除创伤的不利因素影响,弥补由于创伤所造成的机体代谢的紊乱,调整机体的反应,动员机体的潜在功能以对抗休克。

(1) 患者平卧,保持安静,避免过多搬动,注意保温和防暑。

(2) 对创口予以止血和简单清洁包扎,以防再次污染;对骨折要做初步固定。

(3) 保持呼吸道通畅,昏迷患者头应侧向,并将其舌牵出口外。

(4) 抓紧时间送医院抢救。

(二) 冒顶挤压伤害

发生冒顶挤压人员时,由于身体肌肉丰富的部位如大腿、臀部或腰背部受到重物的挤压,使受压部分组织坏死,随之引起肢体肿胀、休克和急性肾衰竭等症状,称为挤压综合征。

1. 挤压伤害的症状

(1) 肢体肿胀。受压部位会出现压痕、变硬、皮下出血、水泡、肿胀、红斑等,呈暗褐色,甚至皮肤脱落。

(2) 感觉异常。受压部位会出现感觉减退或麻木,伸展会引起疼痛,周围脉搏仍会存在。

2. 对挤压伤害人员的现场急救

(1) 搬除重物。要搬除压在身上的重物,并及时清除口、鼻处异物,保持呼吸道通畅。

(2) 立即制动。伤员取平卧位,对肿胀的肢体不移动或减少活动,将伤肢暴露在凉爽处或用凉水降低伤肢温度(冬季要注意防止冻伤),对伤肢不抬高、不按摩、不热敷。在骨折处做临时固定,对出血者做止血处理。

(3) 及时止血。对开放性伤口和活动性出血者,应予止血,不加压包扎,更不上止血带(大血管断裂出血时除外)。

(4) 抓紧时间送往医院。

(三) 有害气体中毒或窒息

对有害气体中毒或窒息人员应采取以下急救措施:

(1) 立即将伤员从危险区抢运到新鲜空气中,并安置在顶板良好、无淋水的地点。

(2) 立即将伤员口、鼻内的黏液、血块、泥土、碎煤等除去,并解开其上衣和腰带,脱掉胶鞋。

(3) 用衣服覆盖在伤员身上用以保暖。

(4) 根据心跳、呼吸、瞳孔等生命体征和伤员的神志情况,初步判断伤情的轻重。正常人每分钟心跳60~80次、呼吸16~18次,两眼瞳孔是等大等圆的,遇到光线能迅速收缩变小,而且神志清醒。休克伤员的两眼瞳孔不一样大,对光线反应迟钝或不收缩。对呼吸困难或停止呼吸者,应及时进行人工呼吸。当出现心跳停止的现象(心音、脉搏消失,瞳孔完全散大、固定,意志消失)时,除进行人工呼吸外,还应同时进行胸外心脏按压急救。

(5) 对二氧化硫和二氧化氮的中毒者只能进行口对口的人工呼吸,不能进行压胸或压背法人工呼吸,否则会加重伤情。当伤员出现眼红肿、流泪、畏光、喉痛、咳嗽、胸闷现象时,说明是二氧化硫中毒所致。当出现眼红肿、流泪、喉痛及手指、头发呈黄褐色现象时,说明是二氧化氮中毒所致。

(6) 人工呼吸持续的时间以恢复自主性呼吸或到伤员真正死亡时为止。当救护队来到现场后,应转由救护队用苏生器苏生。

(四) 触电

对触电人员应采取以下急救措施:

(1) 立即切断电源或使触电者脱离电源。

(2) 迅速观察伤员有无呼吸和心跳。如果发现已停止呼吸或心音微弱,应立即进行人工呼吸或胸外心脏按压。

(3) 如果呼吸和心跳都已停止时,应同时进行人工呼吸和胸外心脏按压。

(4) 对遭受电击者,如果有其他损伤(如跌伤、出血等),应做相应的急救处理。

(五) 烧伤

煤矿作业人员烧伤的急救要点可概括为以下 5 个字:

(1) "灭",即扑灭伤员身上的火,使伤员尽快脱离热源,缩短烧伤时间。

(2) "查",即检查伤员呼吸、心跳情况,检查是否有其他外伤或有害气体中毒现象。对爆炸冲击烧伤伤员,应特别注意有无颅脑或内脏损伤和呼吸道烧伤。

(3) "防",即要防止休克、窒息、创面污染。伤员因疼痛和恐惧发生休克或发生急性喉头梗阻而窒息时,可进行人工呼吸等方法进行急救。为了减少创面的污染和损伤,在现场检查和搬运伤员时,伤员的衣服可以不脱、不剪开。

(4) "包",即用较干净的衣服把创面包裹起来,防止感染。在现场除化学烧伤可用大量流动的清水持续冲洗外,对创面一般不做处理,尽量不弄破水泡以保护表皮组织。

(5) "送",即把严重伤员迅速送往医院。

(六) 溺水

对溺水人员应迅速采取下列急救措施:

(1) 转送:把溺水者从水中救出以后,要立即送到比较温暖和空气流通的地方,并且松开腰带,脱掉湿衣服,盖上干衣服,以保持体温。

(2) 检查:以最快的速度检查溺水者的口、鼻,如果有异物堵塞,应迅速清除,擦洗干净,以保持其呼吸道通畅。

(3) 控水:使溺水者取俯卧位,用木料、衣服等垫在腹下;或救护者左腿跪下,把溺水者的腹部放在救护者的右侧大腿上,使溺水者头朝下,并压溺水者背部,迫使溺水者体内的水由气管、口腔流出。

(4) 人工呼吸:当上述方法控水效果不理想时,应立即做俯卧压背式人工呼吸,或口对口吹气,或胸外心脏按压。

(注:本书配套了煤矿班组长安全培训考核题库(综合本),扫描封底二维码,学员登录"众学教培服务平台"可以免费练题。一书一码,盗版书不能登录。具体登录方法见本书目录前面一页。)

第七章　煤矿职业病危害防治

第一节　煤矿职业健康形势

一、煤矿职业病

职业病,是指企业、事业单位和个体经济组织(以下统称用人单位)的劳动者在职业活动中,因接触粉尘、放射性物质和其他有毒有害物质等因素而引起的疾病。要构成职业病,必须具备以下 4 个条件,缺一不可。

(1) 患病主体是企业、事业单位或个体经济组织的劳动者。
(2) 必须是在从事职业活动的过程中产生的。
(3) 必须是因接触粉尘、放射性物质和其他有毒有害物质等职业病危害因素引起的。
(4) 必须是国家公布的《职业病分类和目录》所列的职业病。

职业病的种类按 2013 年 12 月 23 日开始施行的《职业病分类和目录》进行划分,共 10 类 132 种。煤矿职业病主要有煤肺、硅肺、水泥肺等尘肺病,噪声引起的听力下降或耳聋,振动引起的疾患和高温引起的中暑等。煤矿井下发病人数最多、危害最大的职业病是尘肺病。目前,世界各国对尘肺病都没有特效治疗方法,唯一的办法就是预防。

二、煤矿职业禁忌证

(一) 职业禁忌证的概念

职业禁忌证是指不宜从事某种作业的疾病或解剖、生理状态。在该状态下接触某些职业性危害因素时可导致下列情况。

(1) 使原有疾病病情加重。
(2) 诱发潜在疾病。
(3) 影响后代健康。
(4) 对某种职业危害因素易敏感,较易发生该种职业病。

煤矿对检查出有职业禁忌证和职业相关健康损害的从业人员,必须调离接触伤害的岗位,妥善安置。

(二)《煤矿安全规程》对职业禁忌证的相关规定

(1)《煤矿安全规程》第六百六十六条规定:有下列病症之一的,不得从事接尘作业:① 活动性肺结核病及肺外结核病;② 严重的上呼吸道或者支气管疾病;③ 显著影响肺功能的肺脏或者胸膜病变;④ 心、血管器质性疾病;⑤ 经医疗鉴定,不适于从事粉尘作业的其他

注:本部分按照《国家卫生健康委办公厅关于进一步加强用人单位职业健康培训工作的通知》(国卫办职健函〔2022〕441 号)和煤矿班组长安全培训的要求编写。

疾病。

(2)《煤矿安全规程》第六百六十七条规定：有下列病症之一的，不得从事井下作业：① 本规程第六百六十六条所列病症之一的；② 风湿病(反复活动)；③ 严重的皮肤病；④ 经医疗鉴定，不适于从事井下工作的其他疾病。

(3)《煤矿安全规程》第六百六十八条规定：癫痫病和精神分裂症患者严禁从事煤矿生产作业。

(4)《煤矿安全规程》第六百六十九条规定：患有高血压、心脏病、高度近视等病症以及其他不适应高空(2 m 以上)作业者，不得从事高空作业。

三、煤矿职业病防治的现状

近年来，国有大中型煤矿企业的职业卫生条件有了较大改善，职业病高发势头得到一定遏制。但是，当前煤炭行业职业病防治形势依然严峻，突出问题是：

(1) 职业病病人数量大。

(2) 尘肺病、职业中毒等职业病发病率在各行业稳居高位。

(3) 职业病危害范围广，几乎所有的煤矿企业都存在职业病危害，特别是许多中小企业工作场所劳动条件恶劣，劳动者缺乏必要的职业病防护措施。

(4) 对劳动者健康损害严重，尘肺病等慢性职业病一旦发病往往难以治愈，伤残率高。

因此，煤矿班组长应当带头遵守煤矿的职业健康管理制度和操作规程，学习职业病危害防治和职业健康管理知识，合理使用职业病危害防护设施和防护用品，提高班组职业病防范意识和预防能力。

四、职业健康相关法律、法规、规章及主要职业卫生标准

近年来，我国在职业病危害防治方面的法律不断修订和完善，形成了相对完整的职业健康防治法律法规和标准体系。

(1)《职业病防治法》(2021 年修订)。

(2)《职业病诊断与鉴定管理办法》(2021 年修订)。

(3)《煤矿安全规程》第五编职业病危害防治。

(4)《职业病危害项目申报管理办法》。

(5)《用人单位职业病危害告知与警示标识管理办法》。

(6)《工作场所职业卫生监督管理规定》。

(7)《煤矿作业场所职业病危害防治规定》。

(8)《建设项目职业病防护设施"三同时"监督管理办法》。

第二节　煤矿主要职业危害及防治措施

劳动者在劳动过程中因接触职业危害因素而对劳动者健康和劳动能力的侵害，称为职业危害。煤矿职业危害因素主要有粉尘、有毒有害气体、噪声、振动、潮湿的环境、高温的环境、放射性物质等。职业病防治工作坚持预防为主、防治结合的方针，实行分类管理、综合治理。

一、粉尘

在煤矿生产和建设过程中所产生的各种岩矿微粒统称为煤矿粉尘,它是污染作业环境、损害劳动者健康的重要职业性有害因素。煤矿粉尘主要是岩尘和煤尘,它是在矿井生产(如钻眼、爆破、切割、装载、落煤及运输和提升)过程中,因煤岩被破碎而产生的。不同的矿井由于煤岩地质条件和物理性质及采掘方法、作业方式、通风状况和机械化程度不同,粉尘的生成量有很大的差异。所有粉尘对身体都是有害的,不同特性,特别是不同化学性质的生产性粉尘,可能引起机体的不同损害,其中以呼吸系统损害最为主要。职业卫生标准均是以浮尘为规定对象的。

(一) 粉尘的主要危害

粉尘对机体影响最大的是呼吸系统损害,包括尘肺、粉尘沉着症、呼吸系统炎症和呼吸系统肿瘤等疾病。粉尘的粒径越小,越容易通过人体的呼吸道而进入肺泡,并沉积于其中。接尘工龄越长,患尘肺的概率越大。消除尘肺病,预防是根本,综合防治是关键。含有可溶性有毒物质如铅、砷、锰的粉尘,可在呼吸道黏膜很快溶解吸收,导致中毒。

(二) 粉尘的主要防治措施

煤矿应当加强粉尘的监测和防治工作,制定职业危害防治措施。煤炭行业根据其粉尘的产生特点形成了各具特色的控制粉尘浓度的技术措施,主要体现在如下几个方面。

1. 粉尘防治的技术措施

(1) 改革工艺与设备。这是消除粉尘危害的主要途径,如用安全无害的工艺或原材料来代替有害的工艺或原材料等。

(2) 湿式作业。这是一种非常经济实用的技术措施,如湿式凿岩、井下爆破后冲洗岩帮、高压注水采煤等。掘进井巷和硐室时,采取湿式钻眼、冲洗井壁巷帮、水泡泥、爆破喷雾装(煤)洒水和净化风流等综合防尘措施。除水采矿井和水采区外,矿井建立完善的防尘供水系统。没有防尘供水管路的采掘工作面不得生产。井下煤仓放煤口、溜煤眼放煤口、输送机转载点和卸载点,以及地面筛分厂、破碎车间、带式输送机走廊、转载点等地点,都必须安装喷雾装置或除尘器,作业时进行喷雾降尘或用除尘器除尘。

(3) 密闭抽风除尘。对不能采取湿式作业的场所,可使用密闭抽风除尘的方法。如采用密闭尘源和局部抽风相结合,可防止粉尘外溢,抽出的空气经过除尘处理后排入大气。

2. 个体防护措施

个体防护是对技术防尘措施的必要补救,在作业现场,当工程控制无法将作业场所中职业危害因素的强度或者浓度降低到国家规定的职业卫生接触限值以下时,工人就必须使用合适的个体防护用品。工人防尘防护用品包括:防尘口罩、送风口罩、防尘眼镜、防尘安全帽、防尘服、防尘鞋等。个人防尘要求作业人员佩戴防尘口罩和防尘安全帽。

此外,粉尘接触作业人员还应注意个人卫生,作业点不吸烟,杜绝将粉尘污染的工作服带回家;经常进行体育锻炼,加强营养,增强个人体质,提高防病能力。有严重上呼吸道或支气管疾病、心血管器质性疾病、活动性肺结核及肺外结核病症的人员,不得从事接尘作业。

3. 卫生保健措施

职业健康监护共分为上岗前检查、在岗期间定期健康检查、离岗时健康检查、离岗后医学随访检查和应急检查。对从事接触职业危害作业的劳动者,煤矿企业应当按照《煤矿作业场所职业危害防治规定(试行)》的规定组织上岗前、在岗期间和离岗时的职业健康检查和医学随访,并将检查结果如实告知从业人员。

二、职业毒害

煤矿生产中接触到的化学毒物主要有氮氧化物、碳氧化物和硫化氢等有毒有害气体。

(一) 氮氧化物的危害及防治

煤矿中的氮氧化物以二氧化氮为主,二氧化氮为刺激性气体,比空气重,较难溶于水,可随呼吸进入肺的深部,对肺组织产生强烈的刺激和腐蚀作用,可引起支气管炎和肺水肿等。其次是一氧化氮,在空气中和体内均容易被氧化为二氧化氮,可随呼吸进入肺的深部,对肺组织产生强烈的刺激和腐蚀作用,可引起支气管炎和肺水肿等。吸入高浓度一氧化氮可产生毒性反应,使血红蛋白氧化成高铁血红蛋白,使组织缺氧,引起呼吸困难和窒息,导致中枢神经损害。可能接触氮氧化物的工种:岩巷爆破、煤巷爆破、爆破采煤等。

氮氧化物危害的预防措施:

(1) 进行职业卫生知识培训,增强工人的安全意识和自我防护意识。

(2) 建立完善的应急救援措施,当事故发生后能使伤员及时得到现场救治,争取抢救时间。

(3) 建立健全职工健康档案,对作业者开展全面健康监护工作。从事氮氧化物作业应做上岗前体检,上岗后每1～2年体检一次。

(二) 碳氧化物的危害及防治

1. 碳氧化物的危害

煤矿中的碳氧化物主要有一氧化碳与二氧化碳。一氧化碳是无色、无味、无臭的气体,比空气轻,易燃易爆,一氧化碳进入人体之后会和血液中的血红蛋白结合,进而使血红蛋白不能与氧气结合,从而引起机体组织出现缺氧,导致人体窒息死亡。因此一氧化碳具有毒性,对心脏和大脑的影响最为显著。一氧化碳接触工种有:井下通风、岩巷爆破、煤巷爆破、采煤打眼、水力采煤、采煤支护、机械采煤各工种等。煤尘爆炸后要产生大量有害气体,尤其CO浓度一般为2%~3%,最高可达8%~10%,造成人员中毒。

二氧化碳密度大,比空气重,一般多积聚于巷道低处及通风不良的废巷中。高浓度时有显著毒性,主要是对呼吸中枢的毒性作用。接触途径:煤层逸出(或突出)、坑木腐烂、人员呼吸、煤自然发火、爆破等。在生产过程中,煤矿井下作业场所空气中二氧化碳的来源有煤岩层涌出、煤自燃、爆破、人员呼吸等。抽放容易自燃和自燃煤层的采空区瓦斯时,必须经常检查一氧化碳浓度和气体温度等有关参数的变化,发现有自然发火征兆时,应立即采取措施。

2. 碳氧化物危害的防治

1) 加强通风

加强通风,将碳氧化物冲淡到《煤矿安全规程》规定的浓度以下。如果碳氧化物产生量较大,可采用抽放措施。

2) 加强检查

应用各种仪器或煤矿安全集中监测系统监视井下各种有害气体的动态,以便及时地采取相应的措施。

3) 警示危险

需要进入闲置时间较长的巷道进行作业的,必须先通风、后作业。盲道或废弃巷道应及时予以密闭或用栅栏隔断,并设立警示牌。

4）喷雾洒水

当工作面有二氧化碳放出时，可使用喷雾洒水的办法使其溶于水中。

5）急救措施

若有人缺氧窒息时，应移至空气新鲜的地方进行急救。

6）个人防护

（1）进入高浓度一氧化碳的环境工作时，在通风的同时，要戴好特制的一氧化碳防毒面具，两人同时工作，以便监护和互助。

（2）二氧化碳的防护与一氧化碳类似，包括环境通风；对于皮肤的防护，可佩戴保温手套，穿防护服；对于眼睛的防护，可佩戴安全护目镜或面罩。

（三）硫化氢的危害及防治

1. 硫化氢的危害

硫化氢为无色、带有臭鸡蛋气味的气体，且易燃易爆，爆炸浓度界限为 4.3%～46%，比空气重，易积聚于低洼处。硫化氢易溶于水，扰动溶有硫化氢的积水即可逸出硫化氢气体。当空气中硫化氢浓度为 1×10^{-6} 时，就能闻出臭鸡蛋味。吸入后对人体有剧毒，主要作用于中枢神经系统。当接触浓度较高时，由于迷走神经反射，会立即发生昏迷或呼吸麻痹而呈"闪电式"的死亡，严重的会使人立即产生喉头痉挛、咽喉水肿而窒息。可能接触硫化氢的工种或机会：井下通风、爆破采煤、采煤支护、机械采煤、采煤运输、采煤装载、井下积水的老塘和老空区等。

2. 硫化氢的预防措施

《煤矿安全规程》规定，矿井内硫化氢的含量不得超过 0.00066%。接触硫化氢的作业人员应佩戴防毒口罩、安全护目镜、防毒面具和空气呼吸器，佩戴硫化氢报警设施；完善硫化氢检测系统。

三、物理因素

煤矿井下高温高湿的作业生产环境十分恶劣，噪声与振动是煤矿生产中很常见的有害因素。为保障煤矿工人的安全，防止职业病的发生，煤矿企业必须做好井下噪声、高温及振动等职业性有害因素的防治。

（一）噪声的危害及主要防治措施

1. 噪声对人体的危害

根据作用的系统不同，可将噪声的危害分为听觉系统（特异性）危害和听觉外系统（非特异性）危害。

（1）听觉系统危害。工人若长时间在 85 dB(A) 的强噪声下工作，会感到刺耳难受，长时间接触就会造成职业性耳聋。

在某些生产条件下，如进行爆破，由于防护不当或缺乏必要的防护设备，可因强烈爆炸所产生的振动波造成急性听觉系统的严重外伤，引起听力丧失，称为爆震性耳聋。根据损伤程度不同可出现鼓膜破裂、听骨破坏、内耳组织出血，甚至同时伴有脑震荡。

（2）听觉外系统危害。噪声还可引起听觉外系统损害，主要表现在神经系统、心血管系统等，如易疲劳、头痛、头晕、睡眠障碍、注意力不集中、记忆力减退等一系列神经症状。高频噪声可引起血管痉挛、心率加快、血压增高等心血管系统的变化。长期接触噪声还可引起食欲不振、胃液分泌减少、肠蠕动减慢等胃肠功能紊乱的症状。

2. 噪声的主要控制措施

(1) 消除、控制噪声源。消除、控制噪声源是噪声危害控制的根本措施。采用无噪声或低噪声设备代替高噪声设备,如无声液压机的应用;降低设备运行的负荷;提高机器的精密度;减少设备部件的摩擦和撞击。

(2) 控制噪声的传播。采用吸声、隔声、消声、减振的材料和装置以及阻尼与隔振技术,阻止噪声的传播,如采用隔声室、隔声带、用吸声材料装修工作间等措施。

(3) 个人防护。对生产现场的噪声控制不理想或特殊情况下高噪声作业,个人防护用品是保护听觉器官的有效措施,如佩戴防护耳塞、防护耳罩、头盔等。

(4) 健康监护。对上岗前的职工进行体格检查,检出职业禁忌证,如听觉系统疾患、中枢神经系统疾患、心血管系统疾患等。对在岗职工则进行定期的体检,以早期发现听力损伤,及时采取有效的防护措施。

(5) 合理安排劳动和休息。噪声作业应避免加班或连续工作时间过长,否则容易加重听觉疲劳,故应适当安排工间休息,休息时应尽量离开噪声环境,使听觉疲劳得以恢复。

《煤矿安全规程》规定:作业人员每天连续接触噪声时间达到或者超过 8 h 的,噪声声级限值为 85 dB(A)。每天接触噪声时间不足 8 h 的,可以根据实际接触噪声的时间,按照接触噪声时间减半、噪声声级限值增加 3 dB(A) 的原则确定其声级限值。

(二) 高温的危害及主要防治措施

1. 高温作业对人体的危害

高温作业时,人体可出现一系列生理功能改变,这些变化在一定程度内是适应性反应,但若超过一定的限度,则可能会对机体产生不良影响。

(1) 对体温调节的影响。人体的体温调节能力是有一定限度的,当人体受热、产热量持续大于散热量时,易发生机体蓄热过度而导致中暑性疾病的发生。

(2) 对水和电解质平衡与代谢的影响。高温作业人员大量出汗时,损失的水分远远高于损失的盐分,因此可能导致高渗性脱水,使血浆渗透压升高,尿量减少。如不能及时补充水分,机体将发生严重脱水。大量出汗时会损失氯化钠,加重心脏和肾脏负担。大量水盐损失可导致循环衰竭和热痉挛。

(3) 对循环系统的影响。在高温下体力劳动时间过长或劳动强度过大时,将会导致体温过度升高、血压下降。长期在高温环境下作业,心血管系统经常处于紧张状态,能使心肌发生生理性肥大。

(4) 对消化系统的影响。高温可导致消化液减少,消化酶活性和胃液酸度降低,同时肠液分泌增加而对胃功能产生抑制作用引起消化不良、食欲减退。

(5) 对神经系统的影响。高温作业时,神经系统可受到抑制,使得作业人员的注意力、肌肉工作能力、动作准确性和协调性以及反应速度降低,易发生工伤事故。

(6) 对泌尿系统的影响。高温作业时,大量的水分经汗腺排出,如不及时补充水分,可能导致肾功能不全,尿中出现蛋白、红细胞等。

2. 高温的主要控制措施

(1) 作业管理措施。首先是建设项目在新建、扩建、改建阶段,其防暑降温措施必须与主体工程同时设计、同时施工、同时建成投产;建设项目在竣工验收前,建设单位应当进行职业病危害控制效果评价。建设项目竣工验收时,其职业病防护设施经卫生行政部门验收合格后,方可投入正式生产和使用。

(2) 个体防护。高温场所作业,个人防护极为重要。企业应及时向作业人员发放符合国家标准的高温作业个人防护用品,包括工作服、工作帽、防护眼镜、面罩、手套、鞋盖、护膝等,并为职工提供保存防护用品的设施。

(3) 加强医疗预防。企业做好高温职业危害健康管理,主要应注意职工高温危害的职业健康检查、危害档案管理和职业卫生教育。

对高温作业工人必须进行上岗前和入职前体格检查。凡发现有心血管和肺的器质性疾病、持久性高血压、胃及十二指肠溃疡、活动性肺结核、肝脏疾患、肾脏病、内分泌疾病(如甲亢)、肥胖病、贫血、皮肤病、中枢神经系统器质性疾病及急性传染病后身体衰弱者等职业禁忌证者,均不宜安排在高温作业岗位上。

《煤矿安全规程》规定:当采掘工作面空气温度超过26 ℃、机电设备硐室超过30 ℃时,必须缩短超温地点工作人员的工作时间,并给予高温保健待遇。当采掘工作面的空气温度超过30 ℃、机电设备硐室超过34 ℃时,必须停止作业。

(三) 振动的危害及主要防治措施

1. 振动对人体的危害

生产过程中的一切振动统称为生产性振动。长期接触生产性振动可对机体产生不良影响。低强度振动主要引起组织和器官的位移、挤压,易引起不适感、疲劳、头晕、注意力分散等;高强度振动易引起组织和器官的撞伤、压伤等机械性损伤,出现耳鸣、胸腹痛、注意力难集中等。

2. 振动的主要控制措施

(1) 减少扰动。其主要是指减少或消除振动源的影响,如改善机器的平衡,减少构件加工误差,提高安装质量,对薄壁结构做阻尼等。

(2) 防止共振。防止共振是指防止或减少设备、结构对振动源的响应。如改变振动系统固有频率,改变振动系统扰动源频率。

(3) 隔振措施。采取措施减小或隔离振动的传递,常在振源与需要防振的设备间安装弹性隔振装置,使振源的大部分振动被隔振装置吸收,减小振源对设备或场所的干扰。

(4) 限制作业时间。当振动工具的振动强度控制暂时达不到标准时限值时,可适当缩短工人接触振动的时间,这是预防振动危害的重要措施。

(5) 改善作业环境,加强个人防护。坚持就业前体检,凡患有就业禁忌证者,不能从事该种作业;定期对工作人员进行体检,尽早发现受振动损伤的作业人员,采取适当预防措施及时治疗振动病患者。

第三节 煤矿职业危害告知和应急处置

一、职业危害告知

煤矿与煤矿工人订立劳动合同(含聘用合同)时,应当将工作过程中可能产生的职业病危害及其后果、职业病防护措施和待遇等如实告知煤矿工人,并在劳动合同中写明,不得隐瞒或者欺骗。

煤矿工人在已订立劳动合同期间因工作岗位或者工作内容变更,从事与所订立劳动合同中未告知的存在职业病危害的作业时,煤矿应当向煤矿工人履行如实告知的义务,并协商变更原劳动合同相关条款。

煤矿违反前两条规定的,煤矿工人有权拒绝从事存在职业病危害的作业,煤矿不能因此解除与煤矿工人所订立的劳动合同。

煤矿应当在醒目位置设置公告栏,公布有关职业病防治的规章制度、操作规程、职业病危害事故应急救援措施和工作场所职业病危害因素检测结果。存在或者产生职业病危害的工作场所、作业岗位、设备、设施,应当按照《工作场所职业病危害警示标识》(GBZ 158)的规定,在醒目位置设置图形、警示线、警示语句等警示标识和中文警示说明。警示说明应当载明产生职业病危害的种类、后果、预防和应急处置措施等内容。存在或者产生高毒物品的作业岗位,应当按照《高毒物品作业岗位职业病危害告知规范》(GBZ/T 203)的规定,在醒目位置设置高毒物品告知卡,告知卡应当载明高毒物品的名称、理化特性、健康危害、防护措施及应急处理等告知内容与警示标识。

二、职业病危害事故应急处置

发生或者可能发生急性职业病危害事故时,煤矿应当立即采取控制和应急救援措施,并及时报告所在地卫生行政部门和有关部门。卫生行政部门接到报告后,应当及时会同有关部门组织调查处理;必要时,可以采取临时控制措施。卫生行政部门应当组织做好医疗救治工作。对遭受或者可能遭受急性职业病危害的煤矿劳动者,煤矿应当及时组织救治、进行健康检查和医学观察,所需费用由用人单位承担。

(1)作业地点发现有职业病危害事故预兆或已经发生职业危害事故时,现场人员应停止作业,撤出所有受威胁地点的人员,按指定的避灾路线撤离,并向矿调度中心汇报(内容要简明扼要,说明事故性质、地点、范围、主要原因和伤亡情况等)。撤离期间要尽可能通知沿途受灾害影响区域人员一同撤离到安全地点。

(2)矿调度中心接到井下职业病危害事故报告后,应立即启动应急预案,通过井下语音广播系统、无线通信系统、调度通信系统等,通知到井下所有可能受事故波及区域的人员撤离,接到通知的作业人员应立即撤离。

(3)发生中毒事故时,会有人相继出现胸闷、头痛、恶心等症状,应立即将中毒者移至新鲜空气处。在搬运途中,如仍受有害气体威胁,施救者一定要戴好自救器,对被救人员也要戴好自救器。将中毒者口中一切妨碍呼吸的东西(如假牙、黏液和泥土等)除去,将衣领及腰带松开,并使其保暖。

(4)如果是一氧化碳中毒,中毒者还没有停止呼吸或呼吸虽已停止但心脏还有跳动,要立即给中毒者解开衣服,搓摩其皮肤,使其温暖以后,立即进行人工呼吸。如果心脏停止跳动,就要迅速进行心肺复苏,同时进行人工呼吸。

(5)如果是硫化氢中毒,在进行人工呼吸以前,要用湿棉花或手帕盖住中毒者的口鼻。

(6)如果是二氧化碳窒息,情况也不太严重,只要把窒息者抬到新鲜风流中稍作休息后,就会苏醒。假如窒息时间较长,就要进行人工呼吸。在进行人工呼吸前,先要搓擦其皮肤。

(7)如果作业现场呼吸性粉尘浓度超过接触浓度管理限制,立即停止作业并向矿调度室汇报,调度室通知有关领导进行分析并处理。

(8)如果设备发生故障,出现异常噪声或噪声指标超过国家最高环保标准时,要立即停止设备运行,开启备用设备并通知矿调度室。

(9)当不能撤离时,要暂时避到安全地点,要沉着、冷静,尽量减少动作,并要在躲避地点巷道口悬挂矿灯、工具或定时间隔敲打管子、铁轨等,发出呼救信号,等待救援。

第四节 煤矿从业人员职业病预防的权利和义务

劳动者依法享有职业卫生保护的权利。用人单位应当为劳动者创造符合国家职业卫生标准和卫生要求的工作环境和条件,并采取措施保障劳动者获得职业卫生保护。工会组织依法对职业病防治工作进行监督,维护劳动者的合法权益。用人单位制定或者修改有关职业病防治的规章制度,应当听取工会组织的意见。

一、煤矿从业人员职业病预防的权利

煤矿从业人员享有下列职业病预防的权利:

(1)获得职业卫生教育、培训。劳动者上岗前应接受职业健康培训,上岗前培训不得少于8学时,之后每年接受一次在岗培训,在岗培训不得少于4学时。因变更工艺、技术、设备、材料,或者岗位调整导致劳动者接触的职业病危害因素发生变化的,用人单位应当重新对劳动者进行上岗前职业健康培训。

(2)获得职业健康检查、职业病诊疗、康复等服务。

(3)了解工作场所产生或者可能产生的职业病危害因素、危害后果和应当采取的职业病防护措施。

(4)要求用人单位提供符合防治职业病要求的职业病防护设施和个人使用的职业病防护用品,改善工作条件。

(5)对违反职业病防治法律、法规以及危及生命健康的行为提出批评、检举和控告。

(6)拒绝违章指挥和强令进行没有职业病防护措施的作业。

(7)参与用人单位职业卫生工作的民主管理,对职业病防治工作提出意见和建议。

(8)索取本人职业健康监护档案复印件。煤矿从业人员离开煤矿企业时,有权索取本人职业健康监护档案复印件,煤矿企业应如实、无偿提供,并在所提供的复印件上签章。

二、煤矿从业人员职业病预防的义务

(1)劳动者应当学习和掌握相关的职业卫生知识,增强职业病防范意识。

(2)遵守职业病防治法律、法规、规章和操作规程。

(3)正确使用、维护职业病防护设备和个人使用的职业病防护用品。

(4)发现职业病危害事故隐患应当及时报告。劳动者不履行规定义务的,用人单位应当对其进行教育。

第五节 煤矿职业卫生健康监护基本要求

一、职业健康监护的主要内容

对从事接触职业病危害作业的劳动者,用人单位应当按照国务院卫生行政部门的规定组织上岗前、在岗期间和离岗时的职业健康检查,并将检查结果书面告知劳动者。职业健康

检查费用由用人单位承担。用人单位不得安排未经上岗前职业健康检查的劳动者从事接触职业病危害的作业；不得安排有职业禁忌的劳动者从事其所禁忌的作业；对在职业健康检查中发现有与所从事的职业相关的健康损害的劳动者，应当调离原工作岗位，并妥善安置；对未进行离岗前职业健康检查的劳动者不得解除或者终止与其订立的劳动合同。

职业健康监护主要内容包括：一是职业健康检查，包括上岗前健康检查、在岗期间健康检查、离岗时健康检查和应急检查；二是职业健康监护档案，用人单位应建立职业健康档案，每人1份，并妥善保存。煤矿企业必须按照国家有关规定，对从业人员上岗前、在岗期间和离岗时进行职业健康检查，建立职业健康档案，并将检查结果告知从业人员。

二、职业健康检查

（一）上岗前检查

上岗前健康检查的主要目的是发现有无职业禁忌证，建立接触职业病危害因素人员的基础健康档案。上岗前健康检查均为强制性职业健康检查，应在开始从事有害作业前完成。下列人员应进行上岗前健康检查：拟从事接触职业病危害因素作业的新录用人员，包括转岗到该项作业岗位的人员。

（二）在岗期间体检

根据年度体检计划组织安排职业危害因素作业人员到指定医疗机构参加在岗期间职业健康定期体检。对在体检期间因各种原因不能参加体检的，应在补检时间内组织安排体检。对检查出职业禁忌证的应通知所在部门将其调离原工作岗位并妥善安置。对检查出可疑职业病的应组织诊断资料报市疾控中心。确诊的职业病人纳入职业病管理，进行康复治疗。

（三）离岗时健康检查

劳动者在准备调离或脱离所从事的职业病危害的作业或岗位前，应进行离岗时健康检查；主要目的是确定其在停止接触职业病危害因素时的健康状况。如最后一次在岗期间的健康检查是在离岗前的90日内，可视为离岗时检查。

（四）离岗后医学随访检查

（1）如接触的职业病危害因素具有慢性健康影响，或发病有较长的潜伏期，在脱离接触后仍有可能发生职业病，需进行医学随访检查。

（2）尘肺病患者在离岗后需进行医学随访检查。

（3）随访时间的长短应根据有害因素致病的流行病学及临床特点、劳动者从事该作业的时间长短、工作场所有害因素的浓度等因素综合考虑确定。

（五）应急情况下的检查

应向体检机构及时提出申请，组织对紧急接触人员进行相应项目的体检。如因事故接触某种毒物或放射线后，应立即组织有关人员到相关体检机构进行应急性体检。

三、职业健康监护档案

（1）职业健康监护档案内容包括：① 劳动者职业史、既往史和职业病危害接触史；② 相应工作场所职业病危害因素监测结果；③ 职业健康检查结果及处理情况；④ 职业病诊疗等健康资料。

（2）档案管理人员必须维护劳动者的职业健康隐私权、保密权。相关的卫生监督检查人员、劳动者或其近亲属、劳动者委托代理人有权查阅、复印劳动者的职业健康监护档案，其他人员不得私自查阅职业健康监护档案。

（3）劳动者离开单位时,本人有权索取健康监护档案复印件,档案管理人员应如实、无偿提供,并在所提供的复印件上签章。

（4）对已离职人员的职业健康监护档案,应在离职后三个月后进行封存,并保存10年以上,以备上级部门查阅。

（5）档案管理人员应妥善保管职业健康监护档案,防虫蛀、防霉、防丢失,保证档案安全。

（6）所有档案应有专柜存放、加锁,定期清理通风,防湿。

（7）所有档案不得随意查阅、复印,不得置于公共场所。

（注：本书配套了煤矿班组长安全培训考核题库（综合本）,扫描封底二维码,学员登录"众学教培服务平台"可以免费练题。一书一码,盗版书不能登录。具体登录方法见本书目录前面一页。）

第二篇　煤矿班组安全管理

第八章　煤矿安全生产规章制度与班组"三违"防范

第一节　煤矿安全生产规章制度

一、煤矿安全生产规章制度

安全生产规章制度是以安全生产责任制为核心,指引和约束人们在安全生产方面的行为,它是安全生产的行为准则。其作用是明确各岗位安全职责、规范安全生产行为、建立和维护安全生产秩序,确保实现安全生产。

班组制度应符合以下特点:合法性、简单性、针对性、具体性、实效性、操作性。制度的功能在于规范和约束行为,其指向往往侧重于克服人性的弱点,增强行为能力和克服客观环境中的不利因素。企业通过有效的制度安排来调解矛盾和冲突,降低生产运行成本,构建和谐班组。

（一）煤矿全员安全生产责任制

煤矿全员安全生产责任制是按照岗位、职能、权利和责任相统一的原则,明确各级负责人、职能机构和各岗位人员承担的安全生产责任和义务,将企业部门或单位的全部安全生产责任逐项分解,逐级落实到各岗位和人员,各岗位人员在各自的工作范围内,认真贯彻执行国家有关安全生产的方针、政策、法律、法规,对安全生产工作各司其职、各尽其责,确保安全生产。

（二）煤矿安全操作规程

安全操作规程是职工操作设备、处置物料、进行生产作业时所必须遵守的安全规则。

煤矿安全操作规程包括以下内容:

(1) 作业前安全检查内容、方法和安全要求。

(2) 安全操作的步骤、要点和安全注意事项。

(3) 作业过程中巡查设备运行的内容和安全要求。

(4) 故障的排除方法、事故应急处理措施。

(5) 作业场所、作业位置、个人防护的安全要求。

(6) 作业结束的现场清理。

(7)特殊作业场所作业时的安全防护要求。

煤矿安全操作规程对防止生产作业中不安全行为有重要作用。

(三)煤矿班组长岗位责任制

岗位责任制是根据各个岗位的性质和特点,明确规定其职责和权限,按照规定的标准进行考核和奖惩而建立的制度。实行班组岗位责任制,有助于班组工作的科学化、制度化。岗位责任制要以任务定岗位,以岗位定人员,责任落实到人,规范各个岗位人员的操作行为,从而达到减少违章作业行为和安全事故的目的。

1. 采煤班组长岗位责任制

(1)严格遵守国家有关安全生产的法律、法规、标准和技术规范及各项规章制度。

(2)牢固树立"安全第一"的思想,带头做好自主保安和互保联保工作,坚决制止"三违"行为。

(3)组织班组学习"三大规程",抓好现场落实和执行,做好新员工的班组教育。

(4)负责本班组安全生产指挥、协调工作,保质保量完成当班生产任务。

(5)组织召开当班班前会,安排当班任务及有关安全注意事项,协助队长搞好安全管理,做好班组队伍建设工作。

(6)严格执行班组长挂牌上岗制度,坚持现场指挥作业。

(7)接班后组织人员进行详细的巡视检查,并加强班中巡回检查制度,如发现安全隐患,要及时采取措施处理。

(8)班组分工明确,责任到位,做好班后检查验收,如发现问题要及时处理。

(9)及时向队部汇报本班安全生产情况,并向接班班长交代清楚注意事项,不留隐患。

(10)发生事故和险情时,组织好现场人员避灾脱险,并及时上报。

(11)落实作业现场隐患排查治理、风险管控、应急处置工作。

(12)做好班组职业病危害防治工作,做好安全生产标准化达标工作。

2. 掘进班组长岗位责任制

(1)严格遵守国家有关安全生产的法律、法规、标准和技术规范及各项规章制度。

(2)做好自主保安和互保联保工作,坚决制止"三违"行为。

(3)组织召开当班班前会,安排当班任务及有关安全注意事项,协助队长搞好安全管理,做好班组队伍建设工作。

(4)组织班组学习"三大规程",抓好现场落实和执行,做好新员工的班组教育。

(5)严格执行班组长挂牌上岗制度,坚持现场指挥作业。

(6)接班后组织人员进行详细的巡视检查,严格班中巡回检查制度,发现安全隐患,要及时采取措施处理,并及时填写现场隐患排查处理台账。

(7)及时向队部汇报本班安全生产情况,并向接班班长交代清楚注意事项,不留隐患。

(8)严格按作业规程施工,做好工作面所有设备、设施使用维护工作,抓好工具管理,做到物料齐备、记录详细、交班清楚。

(9)做到分工明确,责任到位,做好班后检查验收,如发现安全质量问题要及时处理。

(10)落实作业现场隐患排查治理、风险管控、应急处置工作。发生事故和险情时,组织好现场人员避灾脱险,并及时上报。

(11)做好班组职业病危害防治工作。

(12) 做好安全生产标准化达标工作。

3. 机电班组长岗位责任制

(1) 严格遵守国家有关安全生产的法律、法规、标准和技术规范及各项规章制度。

(2) 牢固树立"安全第一"的思想,带头做好自主保安和互保联保工作,坚决制止"三违"行为。

(3) 组织召开当班班前会,安排当班任务及有关安全注意事项,协助队长搞好安全管理,做好班组队伍建设工作。

(4) 组织班组学习"三大规程",抓好现场落实和执行,做好新员工的班组教育。

(5) 严格执行班组长挂牌上岗制度,坚持现场指挥作业。

(6) 熟练掌握机电设备原理、性能,经常检查机电设备的维护保养情况,保证设备安全运转。

(7) 负责班组隐患排查治理,及时汇报设备管理中存在的安全隐患,并对设备存在的问题提出整改意见。

(8) 严格班组日常工作考核,合理安排日常工作,做好机电设备管理工作。

(9) 落实电气设备巡回检查制度,发现问题及时处理,做到完好、无失爆。

(10) 抓好班组建设,调动班组成员的积极性,及时完成领导下达的各项工作任务。

(11) 落实作业现场隐患排查治理、风险管控、应急处置工作。

(12) 做好班组职业病危害防治工作。

(13) 做好安全生产标准化达标工作。

4. 运输班组长岗位责任制

(1) 严格遵守国家有关安全生产的法律、法规、标准和技术规范及各项规章制度。

(2) 牢固树立"安全第一"的思想,带头做好自主保安和互保联保工作,坚决制止"三违"行为。

(3) 组织召开当班班前会,安排当班任务及有关安全注意事项,协助队长搞好安全管理,做好班组队伍建设工作。

(4) 组织班组学习"三大规程",抓好现场落实和执行,做好新员工的班组教育。

(5) 熟悉运输设备原理、性能,经常检查设备的维护保养情况,保证设备安全运转。

(6) 严格执行班组长挂牌上岗制度,坚持现场指挥作业。

(7) 每班开始作业前,必须对运输地段的隐患问题进行处理后方可组织工作。

(8) 加强现场安全巡回监督检查工作,及时排除现场安全隐患。

(9) 合理安排班组工作,按照运输计划、运输安全措施及有关规定组织运输作业,确保完成当班安全生产任务。

(10) 落实作业现场隐患排查治理、风险管控、应急处置工作。发生运输事故时,应立即组织抢救、汇报。

(11) 做好班组职业病危害防治工作。

(12) 做好安全生产标准化达标工作。

5. 通防班组长岗位责任制

(1) 严格遵守国家有关安全生产的法律、法规、标准和技术规范及各项规章制度。

(2) 牢固树立"安全第一"的思想,带头做好自主保安和互保联保工作,坚决制止"三违"

行为。

(3) 严格执行班组长挂牌上岗制度,坚持现场指挥作业。

(4) 组织召开当班班前会,安排当班任务及有关安全注意事项,协助队长搞好安全管理,做好班组队伍建设工作。

(5) 组织班组学习"三大规程",抓好现场落实和执行,做好新员工的班组教育。

(6) 组织人员检查通风设施、设备,确保其完好,满足安全生产要求,保证矿井通风系统稳定、可靠。

(7) 组织开展"一通三防"隐患排查工作,发现隐患及时安排整改。

(8) 组织对防尘系统、防灭火系统设施进行检查、维护,确保正常工作。

(9) 落实作业现场隐患排查治理、风险管控、应急处置工作。发生安全事故时,要第一时间组织现场抢救,并立即汇报,严防事故扩大。

(10) 做好本班组职业病危害防治工作。

(11) 做好通风标准化达标工作。

6. 测量班组长岗位责任制

(1) 严格遵守国家有关安全生产的法律、法规、标准及技术规范及各项规章制度。

(2) 牢固树立"安全第一"的思想,带头做好自主保安和互保联保工作,坚决制止"三违"行为。

(3) 严格执行班组长挂牌上岗制度,坚持现场指挥作业。

(4) 组织召开当班班前会,安排当班任务及有关安全注意事项,协助队长搞好安全管理,做好班组队伍建设工作。

(5) 组织班组学习规程,抓好现场落实和执行,做好新员工的班组教育。

(6) 按时完成领导安排的各种测量及其他任务。

(7) 安排、检查测量工作,发现问题及时处理解决。

(8) 检查各种图纸、测量记录等资料,做到符合规定要求、内容齐全、填绘及时。

(9) 做好井下控制导线及中腰线的测量工作,保证生产顺利进行。

(10) 负责完成工作总结及工作计划。

(11) 落实作业现场隐患排查治理、风险管控、应急处置工作。

7. 煤矿地质防治水班组长岗位责任制

(1) 严格遵守国家有关安全生产的法律、法规、标准和技术规范及各项规章制度。

(2) 牢固树立"安全第一"的思想,带头做好自主保安和互保联保工作,坚决制止"三违"行为。

(3) 严格执行班组长挂牌上岗制度,坚持现场指挥作业。

(4) 组织召开当班班前会,安排当班任务及有关安全注意事项,协助队长搞好安全管理,做好班组队伍建设工作。

(5) 组织班组学习"三大规程",抓好现场落实和执行,做好新员工的班组教育。

(6) 必须严格按照《煤矿安全规程》和《煤矿防治水规定》等相关规定要求,积极开展各项水文地质工作。

(7) 负责班组安全检查,发现不安全因素及时组织力量消除,发生事故立即报告,组织抢救,保护好现场,做好详细记录,参加事故调查、分析,落实防范措施。

(8) 负责矿井水文地质探查工作,熟知矿井涌水量动态变化规律,提出解除矿井水患的具体措施。

(9) 负责组织地质钻孔施工、验收等工作。

(10) 负责钻探设备、安全装备、防护器材的检查维护工作,使其经常保持完好和正常运行,督促教育职工合理正确使用劳保用品、用具。

(11) 协助技术人员做好井下各观测点的涌水量观测工作,并将观测结果如实记录观测台账。

(12) 落实作业现场隐患排查治理、风险管控、应急处置工作。

二、煤矿班组管理制度

煤矿制定、修改班组安全管理规章制度时,应当由煤矿分管领导组织,班组安全建设管理机构与工会代表、区队长代表、班组长代表共同协商确定。

为规范煤矿班组管理制度工作,根据《煤矿安全生产标准化基本要求及评分方法(试行)》中安全培训和应急管理(或调度和地面设施)专业"班组安全建设－制度建设"对班组安全管理制度建设的要求,煤矿应当建立完善以下班组安全管理规章制度。

(一) 班组长安全生产责任制

班组长要贯彻班组的安全生产责任制,可以通过以下几个方面进行:

(1) 提高认识。如果班组长对安全生产认识正确,就能高度重视员工在生产过程中的安全和健康,教育和带领员工认真执行安全生产责任制;反之,如果班组长对安全生产认识片面,对员工的安全健康漠不关心,安全生产责任制就不能建立;即使建立了,也难以执行。

(2) 严格执行。班组安全生产责任制一旦颁布实施后,全班组员工要严格执行,特别是班组长要带头执行。在执行过程中要随着生产的发展和员工认识的深化,不断修改和完善。

(3) 及时检查。班组长经常或定期检查安全生产责任制的贯彻执行情况,发现问题,及时解决。对执行好的员工,应当给予表扬;对不负责任或者由于失职而造成工伤事故的,应当给予批评。

(4) 认真监督。在制订安全生产责任制时,要充分发动员工参加讨论,广泛听取意见。每位员工都要了解制度颁布情况,以便于员工的监督检查,同时还应接受上级安技部门的检查监督。

(5) 加强考核。实践证明,落实各级安全生产责任制,必须制订两个责任制(安全生产责任制和经济责任制)的考核办法,对安全管理的全面情况进行考核。

(二) 班前、班后会和交接班制度

(1) 班前会。

① 班组必须严格执行班前、班后会制度,要认真组织,切实解决生产中存在的问题。

② 班前会必须由队干部组织,队干部必须提前 30 min 到达班前会会议室,提前熟悉和了解井下工作面情况。

③ 班组成员要准时参加班前会,迟到的必须处罚,未参加班前会的当班不准上班。

④ 必须做好点名签到工作,凡是不参加班前会议者,不予考勤,不准下井作业。

⑤ 队领导和班组长要注意观察每名员工的安全思想状态,对有情绪波动、精神疲倦、喝

酒等不安全情节的不准上班。

⑥ 班组长要认真准备班前会的会议内容,会议内容包括:

a) 传达上级指示和学习每日一题。

b) 贯彻有关的作业规程及安全技术措施。

c) 通报上一班工作完成情况、作业现场存在的问题及不安全因素。

d) 布置当班工作,强调具体工作要求、应注意的问题及协调处理的事项。

e) 征求员工对当班工作安排的意见,听取员工的合理化建议。

f) 对员工进行安全教育,强调各岗位、各工种的安全注意事项,安全互保联保与安全防范措施等。

g) 对"一岗双述"安全工作法执行情况进行检查。

⑦ 班后会上要认真总结上一班的安全生产情况,指出存在的问题,对于工作中违规行为、工作怠慢、组织失误、责任心不强等现象,根据情节轻重扣除当班工分,对各级领导临时安排的工作要在班后会上汇报处理情况。

⑧ 参加班前、班后会人员应遵守现场秩序,不得来回走动,不准接打手机,不准大声喧哗,不准迟到早退。

(2) 班后会。当班生产结束后,由班组长主持召开本班班后会,总结当班工作安全情况、生产任务完成情况等,指出工作中发现的安全和质量问题,对违章人员给予批评,对工作中表现突出的职工给予褒奖。

班组长根据班组成员生产中的表现进行考核,并现场公开考核结果。

(3) 交接班制度。

① 严格执行井下现场交接班制度,接班人在班前会上布置完生产任务和安全注意事项后及时入井交接班,交班人必须留在工作岗位等待接班人员接班,交代好现场安全工作情况后方准离开。

② 交接班人必须认真履行交接班程序,必须交接清楚工作地点安全隐患情况、设备运行情况、工程质量情况、工器具情况、文明生产情况以及记录填写是否完整,交接不清楚不进行签字交接。

③ 班组长及各岗位人员要严格执行交接程序,跟班队长监督执行,发现某岗位不按制度执行者严肃处理。

④ 对未进行交接班或者交接检查情况落实不严格而出现问题的,双方都有责任并在处理中从严处罚。

⑤ 对于存在严重问题的,接班人员可以拒绝接班,上报给队领导或上级领导处理。

⑥ 交接班要真正做到"交接班手拉手,你不来我不走",将安全生产工作做到实处,并做好交接班记录。

(三) 班组安全生产标准化和文明生产管理制度

安全生产标准化和文明生产是煤矿班组安全生产的基础,是加强安全基础管理,建立安全生产长效机制的主要内容。制定该制度是为了保证班组安全生产标准化和文明生产工作顺利开展,促进班组安全管理水平不断提高。

(1) 严格按照《煤矿安全生产标准化管理体系基本要求及评分方法(试行)》有关内容执行,达到一级标准化要求。

(2)成立安全生产标准化检查验收组,由队部牵头负责,对安全生产标准化建设要做到每周一次检查。

(3)队部至少指定一人按时参加每周的安全生产标准化验收。

(4)每次检查问题要严格按照内部制度进行考核。

(5)每周由技术员将本周安全生产标准化检查验收结果和整改报告上报煤矿安全生产标准化办公室。

(6)严格执行安全生产标准化要求,针对本专业安全生产标准化进行验收、考核,坚持公开、公平、全员参与的原则,考核与工资挂钩,每月分别对有关人员的工资进行上下浮动。

(7)当班班组长是本班组安全生产标准化和文明生产的第一责任人,对本单位的安全生产标准化和文明生产负全责,对本单位及上级单位检查出的安全生产标准化和文明生产中存在的问题要积极落实和整改。当班班组长要监督、检查工作范围内的各项工作,严格按照安全生产标准化要求进行施工。

(8)大力推广工程质量平面管理和直线管理,实现管线、轨道、物料、支柱、设备、风筒等成直线,做到规范作业,不返工、不窝工,班队、组长要引导本班组牢固树立质量就是生命的理念,加强安全生产标准化建设,抓好全面质量管理,确保质量动态达标,保证安全生产管理工作持续稳定进行。

(9)当班班组长要抓好当班工程质量和文明生产验收工作,进入地点后要对工程质量和文明生产进行全面详细的检查,同时发现问题要及时安排人员进行整改落实。

(10)施工过程中必须严格按"三大规程"、安全生产标准化要求等有关规定进行组织施工。

(11)经常对职工进行安全教育,贯彻有关安全知识和岗位应知应会知识,使其能及时掌握本岗位的业务技能。

(12)班组内的设备、工具及工作现场等都必须做到无隐患。每天必须对施工现场设备、工器具、工程质量、文明生产、环境卫生等进行认真检查,发现隐患和问题要及时整改并认真填写好记录。

(13)必须做好施工现场文明施工的环境保护工作,文明操作、文明检修,不乱摆放物料,不乱动、乱拆、乱卸设备,生产和检修后做到工完料净场地清。

(四)班组学习制度

制定班组学习制度,是为了不断提高岗位班组员工的安全业务素质,建立学习型班组,培养员工的实际操作能力,提高理论水平。

(1)本着学以致用的原则,不断对班组成员进行有目的的学习培训,保证学习时间,提高学习质量,增强学习的针对性和实效性,努力提高班组员工的理论和技术水平,争做学习型班组。

(2)培养员工爱岗敬业精神与不断创新精神,开展思想道德、诚信意识方面的教育。

(3)培训员工熟知工艺流程,了解生产原理和设备原理。让其明白"一清二熟三会四懂",一清:工艺流程清;二熟:生产原理熟、工艺条件熟;三会:会使用、会维护保养、会排除故障;四懂:懂操作、懂结构、懂用途、懂性能。

(4)新技术、新工艺、新设备、新材料应用前,要对岗位员工进行认真的培训与学习。

(5) 对新进员工、转岗员工、请假超七天的员工都要经过矿培训中心上岗前再培训教育方可上岗。

(6) 学习培训采取多种形式,采取集中学习、自学、培训班、技能交流等方式进行,要充分利用班前会时间进行学习,原则上不影响正常的工作。

(7) 要坚持理论联系实际,学以致用,学习知识的理解与应用,解决操作过程中碰到的热点、难点问题。

(五) 安全承诺制度

班组安全管理要充分体现层级关系,本着一级对一级负责的精神落实安全承诺。班组长要在对所在区队安全工作进行承诺的基础上,落实并确认班组成员对班组安全管理的安全承诺,要求班组成员做到:

(1) 认真执行"安全第一、预防为主、综合治理"的安全生产方针,遵守各项安全生产制度和规定,做到"三不伤害",即:不伤害自己,不伤害他人,不被他人伤害。

(2) 不违章指挥、不违章作业、不违反劳动纪律,抵制违章指挥,纠正违章行为。

(3) 按规定着装上岗,穿戴好劳动保护用品。

(4) 主动接受安全教育培训和考核,持证上岗,会自救、会互救、会熟练使用自救器、灭火器等防护设施和器材。

(5) 与本单位签订劳动合同的所有人员都应进行安全承诺。

(6) 承诺人必须熟悉安全承诺内容,并在安全承诺书上亲笔签字,不允许他人代签。

(7) 承诺人违反承诺,造成责任事故或情节严重的应承担相应的责任。

(六) 民主管理班务公开制度

制定该制度是为了能让大家相互信任、互相协作、集中智慧、挖掘潜能,充分发挥组织的积极性、主动性和创造性,安全高效地完成各项任务。

(1) 班组民主原则:个人服从班组,少数服从多数,班组服从单位和煤矿。

(2) 实行班组和队长负责相结合,处理重大问题都经民主管理会议研究讨论作出决定。

(3) 倾听班组员工心声,了解职工疾苦,切实研究和解决职工提出的问题。

(4) 按时召开班组员工大会,参与每月奖金分配、工资升级以及班组长的任命等重大问题。

(5) 维护职工合法权益,监督行政管理,确保职工合法权益不受损害。

(6) 对不合理的处罚,有权向队负责人或上级领导提出,并要求改正,确保职工利益不受损害。

(7) 及时填写"合理化建议表"并对提出合理化建议被采纳的员工进行激励。

(8) 实施班务公开,增强透明度,实现民主监督。

(9) 公开内容及公开形式:

① 工资考核、奖金分配。

② 考勤、休假、出勤率情况。

③ 工作安排、人员调整分配。

④ 各项规章制度的制定、公布、实施。

⑤ 班组奖惩办法及考核。

⑥ 班组工作计划和总结。
⑦ 上级传达的会议精神及煤矿相关学习内容。
⑧ 其他公开内容。
⑨ 班务会议、网络平台、公开公示栏。

(七) 安全绩效考核制度

(1) 推行班组安全绩效考核,目的在于通过对班组成员一定时期的工作成绩、工作能力的考核,实事求是地把握每一位员工的实际工作状况,指导员工有计划地改进工作,促进矿井安全健康发展。

(2) 绩效考核的结果主要用于工作反馈、报酬管理和工作改进。

(3) 绩效考核原则:

① 绩效考核不是为了制造员工间的差距,而是实事求是地发现员工工作的长处、短处,以扬长避短,有所改进、提高。

② 绩效考核应以规定的绩效考核内容及方法为依据,实行百分制考核。

③ 绩效考核应以确认的事实或者可靠的材料为依据。

④ 绩效考核自始至终应以公正为原则,决不允许徇私舞弊。

(4) 绩效考核内容。绩效考核内容主要包括以下四部分:

① 基本情况,包括出勤、奖惩、团结性3个评价项目,共25分。

② 工作态度,包括责任心、积极性、协调性、纪律性4个评价项目,共20分。

③ 工作能力,包括专业知识、操作技能、创新能力3个评价项目,共15分。

④ 工作成绩,包括安全工作情况、任务完成情况、工作质量、工作效率4个评价项目,共40分。

(5) 绩效考核方法:

① 绩效考核每月进行一次。

② 班长为绩效考核的直接负责人,具体执行绩效考核初核、复核。

③ 绩效考核初核结果必须公开,接受员工及区队的监督。

(6) 绩效考核等级。绩效考核等级按得分情况划分为4个等级:

① 95分以上(含95分)为"优秀员工"。

② 90分以上(含90分)为"先进员工"。

③ 80分以上(含80分)为"合格员工"。

④ 80分以下(不含80分)为"不合格员工"。

(7) 绩效考核奖罚:对评为"优秀员工""先进员工"的职工进行奖励;对评为"不合格员工"的职工进行处罚。

(八) 特聘煤矿安全群众监督员管理制度

依照《特聘煤矿安全群众监督员实施办法》规定,各班组至少选举产生1名工会小组群众安全监督员,井工生产矿井的采煤、掘进班组至少选举产生1名特聘煤矿安全群众监督员,群众监督员从工人生产技术骨干中聘任。班组工会小组群众安全监督员、特聘煤矿安全群众监督员不得由正、副班组长担任。

班组工会小组群众安全监督员和特聘煤矿安全群众监督员要积极开展作业现场的安全生产群众监督检查活动,监督协助班组长做好班组安全工作,对班组安全生产中存在的问题和发现的事故隐患及时指出或报告,并督促整改,对违章指挥、违章作业的行为要及时制止。班组长应认真对待工会小组群众安全监督员和特聘煤矿安全群众监督员所提出的问题并加以整改。

(1) 群监员必须参加每年一次的业务技能培训,考试合格,持证上岗,没经过培训或培训后考试不合格就上岗的,对单位进行罚款。

(2) 群监员要及时参加群监站组织的会议或活动,对无故不参加会议、活动的,缺一人次对群监员本人进行罚款。

(3) 各区队组织群监员每周开展一次安全技术、职业安全卫生知识、劳动保护政策、法规和企业安全卫生制度的学习,并做好记录,群监站定期抽查,对不按规定组织学习的,发现一次对单位进行罚款。

(4) 群监员要协助班组长检查落实国家劳动安全卫生法律法规及企业相关规章制度落实情况,为创建安全合格班组尽职尽责。

(5) 群监员坚持上岗前签名,班中、班后进行汇报制度,否则,按空班论处,进行罚款。

(6) 群监员要认真查询工作场所存在的职业危害、安全隐患和采取相应的防范措施,确保群监员身边无事故,对不作为的群监员进行罚款。

(7) 群监员不履行职责,不制止违章指挥、违章作业和违反劳动纪律的现象,发生事故的,对单位进行罚款。

(8) 出现明显危及职工生命安全的紧急情况时,群监员应立即报告,并组织职工采取必要的避险措施,对避免事故发生或减少事故损害有贡献的,视其情况给予当班群监员奖励。

(9) 发生伤亡事故时,群监员要迅速参加抢险、急救工作,协助保护事故现场,并立即报告,否则,按空班空岗处理。

(10) 群监员监督企业单位提供国家规定的劳动条件,按规定发放劳动用品,向企业单位提出改善劳动条件的建议。

(11) 因进行正常监督检查活动而遭受打击报复时,群监员有权予以上报,要求严肃处理。

第二节 煤矿"三违"及其防治

"三违"是指煤矿员工在生产建设中所发生或出现的违章指挥、违章作业和违反劳动纪律的现象及行为。任何人如果违反了其中的一项,就被称为"三违"人员。

"三违"现象及行为是导致煤矿发生事故的重要原因,严重威胁着煤矿的正常生产和员工的生命安全。据调查,90%以上的事故均是由人员"三违"造成的。因此,煤矿员工对"三违"现象和行为,绝不能宽容和忽视,要从自身做起,坚决与"三违"人员做斗争,确保安全生产。

一、"三违"的表现

(一) 违章指挥的表现

凡违反党和国家的安全生产方针、政策、法令、条例、规程、制度和有关规定的,均属于违章指挥。其主要表现如下:

(1) 不认真按照安全生产责任制的有关规定履行职责,对安全生产不负责任、官僚主义、玩忽职守、瞎指挥。

(2) 不按照安全教育规定对新工人、复工工人、换岗工人进行教育;对从事特种作业的工人(国家规定的特种作业人员)不进行专业培训和考核发证;在采用新工艺、新技术、新设备、新材料生产时,操作者未经教育培训;节假日加班加点不进行安全教育等。

(3) 不按照要求及时传达贯彻上级有关安全生产方面的文件、规定、通知等。

(4) 对劳动安全监察部门和上级有关管理部门已发出停止使用通知单的设备、设施,未消除隐患、擅自安排使用。

(5) 已发现隐患或有重大事故预兆,不及时采取有效措施,放任自流或强制员工作业。

(6) 多工种、多层次同时作业,现场无人指挥和监护,没有或不执行安全措施。

(7) 发生工伤事故,不按照"四不放过"的原则认真接受教训和采取必要的防范措施,仍继续冒险作业。

(8) 设备安装不按照技术标准和规定程序进行施工、检查、验收、移交,对在检查验收中提出的问题尚未解决就擅自投入使用。

(9) 在事故隐患不排除、安全防护装置缺少或失灵的设备上,强行安排生产任务。

(10) 特种设备不按照规定制造、购置、安装,防护缺损,带病使用。

其他违反有关法律法规明文规定的指挥行为。

(二) 违章作业的表现

凡在劳动生产过程中违反国家颁布的各种法规性文件和企业、事业单位及其上级管理机关制定的各种规章制度,以及有关安全生产的通知、决定等均属于违章作业。其主要表现如下:

(1) 操作错误,忽视安全警告。

(2) 造成安全装置失效。

(3) 使用不安全设备。

(4) 以手代替工具操作。

(5) 物体存放不当。

(6) 冒险进入危险场所。

(7) 攀坐不安全位置。

(8) 起吊物下作业、停留。

(9) 运转时操作机器。

(10) 有分散注意力的行为。

(11) 个人防护用品使用不当。

(12) 着不安全装束。

(13) 处理燃、爆物品错误。

(14) 擅自动用未经检查、验收、移交或查封的设备和车辆,以及未经领导批准任意动用非本人操作的设备和车辆。

(15) 不执行"危险作业申请单"所规定的安全防范措施,对领导的违章指挥盲目服从不加抵制。

(16)特种作业人员无证上岗,特种设备无证操作。特种设备和要害部门,不认真登记和交接班,擅自离岗或睡觉。

(17)井下作业过程中擅自卸下劳动保护用品。

(18)违反其他法律、法规明文规定的行为。

(三)违反劳动纪律的表现

违反劳动纪律的表现通常为:

(1)不遵守劳动时间和单位的作息制度,旷工和无故迟到、早退。

(2)工作不负责任,不坚守工作岗位,不服从分配和管理,消极怠工和玩忽职守,擅自脱离岗位、串岗、饮酒、干私活。

(3)不努力工作,完不成生产任务,保证不了生产质量。

(4)在工作时间内不遵守生产和工作秩序,做与生产和工作无关的事情。

(5)不严格遵守安全规程与作业规程,违章指挥或违章作业,做不到安全生产。

(6)不爱护国家财产和公共财物。

(7)不遵守本单位其他有关劳动纪律的规定。

二、严重"三违"界定标准

(一)通用部分

(1)在仓库、油库、木料场等危险区域吸烟或使用明火。

(2)井口 20 m 范围内无措施使用明火或吸烟。

(3)酒后参加班前会。

(4)特殊工种(关键岗位)班中睡觉。

(5)未集体升入井的跟班人员。

(6)安全技术措施或施工措施未送达调度指挥中心、安监处等相关部门就施工的责任单位技术员。措施已审批但现场无措施就施工的班队长。

(7)在井下乘坐架空乘人器时吃东西。

(8)作业地点挂停止作业牌后继续生产的责任者。

(9)非专职人员擅自调试电气设备。

(10)站在车皮边沿上进行作业。

(11)管技人员下井、跟班干部开工前安全确认的汇报或调度员的记录,弄虚作假。

(12)科区干部跟带班未现场交接班或最后一个离开现场。

(13)乘坐人行车,车没停稳上、下车。

(14)一个月之内同一施工地点两次以上均未进行施工前安全确认。

(15)找活研危岩所用长钎工具低于 3 m。

(16)安全检查、事故追查,出现弄虚作假、好人主义。

(17)跨越运行的带式输送机、链板机未走过桥。

(18)未采取安全防护措施进入煤壁作业。

(19)无故拖延作业、躲避检查。

(20)下井和升井从二水平正石门行走的(运输区司机、检查人员除外)。

(21)进入煤眼透眼未采取措施或未系安全带。

(22)锚杆巷道使用支护锚杆进行起吊、固定工作或支护锚杆失效。

(23) 初撑力、初锚力、锚固力达不到设计要求。

(24) 在斜巷下口休息、坐、卧。

(25) 煤眼放空眼或空眼未合封堵板造成漏风的责任人。

(26) 上班期间班中脱岗。

(27) 未经矿调度指挥中心同意,擅自从暗立井上下罐(暗立井检修人员和把钩人员及检查人员除外)。

(28) 临时工程或搬家倒面未以书面形式通知安监处长、安监处的责任单位正职或当班值班人员。

(29) 安全设施不正常使用。

(30) 违反煤矿安全的其他典型行为。

(二) 采煤部分

(1) 工作面移机头、机尾时未停止链板机运转。

(2) 用机巷链板机拉工作面带式输送机机头或缩机尾时用本身拉机尾。

(3) 移完支架后,不将供液手把打到零位;推拉前后部带式输送机后,不将供液手把打到零位。

(4) 转载机运行时,在未封闭段进行作业。

(5) 煤机停止作业时,停放在断层处、帮顶不完好地点。

(6) 煤壁有人作业时,上、下 10 m 范围内操作支架。

(7) 采煤机上、下 5 m 范围内有人作业时,开启采煤机或没有停机闭锁。

(8) 检修采煤机时,不护帮护顶,不打开采煤机隔离开关和离合器,工作面带式输送机不停电闭锁。

(9) 综采工作面急停闭锁不起作用而继续正常生产的现场负责人。

(10) 采煤工作面两巷超前 3 根单体初撑力不合格的当班跟班人员。

(11) 带压拆除液压管路。

(12) 拆除液压支架时,人员站位不当。

(13) 拉移转载机时,两股受力链两侧周围 4 m 范围内有人。

(14) 爆破打歪打倒支柱,没有进行处理而继续作业的责任人。

(15) 未对起吊架棚进行加固或使用不合格绳头起吊。

(16) 用链板机、带式输送机运单体支柱、棚梁。

(17) 刮板输送机运行时,清理转动部位的煤粉或用脚、手调整刮板链的人员。

(18) 两腿横跨或站在链板机溜槽上作业。

(三) 掘进部分

(1) 维修巷道时不执行由外向里。

(2) 倾斜巷道掘进(修复)未采取防止倒架措施的,倾角大于 25°未采取矸石物料滚落措施。

(3) 采掘单位未按地测联系单施工的;未按中腰线施工,造成巷道贯通偏差。

(4) 综掘机前方有人作业擅自启动综掘机或综掘机未停电闭锁;综掘机运行时进入其运行区域内。

(5) 综掘机司机离开操作台没有停电闭锁挂牌。

(6) 综掘机停止工作、检修及交接班时没有将切割头落地或断开综掘机自身电源或上级馈电开关没有停电闭锁挂牌。

(7) 耙矸机前方有人作业擅自启动耙矸机；耙矸机运行时进入其运行区域内。

(8) 耙矸机停止作业时没有停电闭锁并取下操作手把。

(9) 未按贯通通知书要求进行巷道贯通的有关责任人。

(10) 连续三根以上锚杆松动不处理继续作业者。

(11) 开掘工作面迎头连续 5 m 支护不合格，不处理继续掘进的责任者。

(12) 修护独头巷道多段作业，或维修点以里有其他人员的当班跟班人员。

(13) 修复斜巷未采取防止矸石、物料滚落措施，悬钩装车未采取防跑车安全措施。

(14) 有发生冒顶、片帮危险而不及时采取措施的主要责任者。

(15) 临时支护的前探梁、点柱、棚撑子、拉杆等未按作业规程规定设置使用，材质、规格不符合作业规程规定。

(16) 炮掘架棚巷道迎头 10 m 范围内的支架没有使用防倒设施或不全。

(17) 锚杆安装时的预应力不符合作业规程规定。

(四)"一通三防"部分

(1) 随意开停局部通风机。

(2) 局部通风机看管人员送电不及时造成瓦斯预警。

(3) 掘进工作面停风不撤人。

(4) 处理瓦斯超限采用"一风吹"。

(5) 恢复通风前未检查瓦斯浓度。

(6) 擅自进入栅栏内。

(7) 巷道启封未制定安全技术措施。

(8) 巷道贯通前未构建齐全通风设施的；贯通后未及时调整通风系统。

(9) 火工品装卸车监护人不在现场监护或不按规定安设警戒。

(10) 炸药、雷管等火工品当班不交回炸药库。

(11) 用刮板输送机或带式输送机运送爆炸材料。

(12) 运送火工品时乱丢乱放责任人或与运送人员同一车厢的乘车人员。

(13) 炸药和雷管装在同一容器内或同车运输。

(14) 发放无编号雷管、雷管不导通或雷管编号与爆破工的编号不符的责任人。

(15) 爆破工私自转借炸药、雷管或将雷管、发爆器交给他人。

(16) 打眼与装药平行作业、"全民装药"的班队长及爆破工。

(17) 非爆破工做炮头或连接母线。

(18) 未执行"一炮三检""三警戒""三人连锁"爆破制度。

(19) 发爆器手把不摘除或不随身携带。

(20) 工作面爆破时，安排警戒人不到位的责任人或警戒人警戒不到位，擅离职守。

(21) 爆破后未检查拒爆、残炮情况。

(22) 无措施安拆抽排管路或关闭闸阀不当造成瓦斯超限事故。

(23) 钻孔施工时出现异常现象（喷孔、顶钻、夹钻、吸钻、孔内冒烟等）不处理且不汇报擅自离开现场。

(24) 地质钻孔未按设计要求施工的责任人。
(25) 石门揭煤防突措施实施后未做效果检验。
(26) 跟班人员及流动电钳工入井未按规定要求携带便携式甲烷检测仪。
(27) 故意调高监控断电值或缩小断电范围或私自甩开断电保护等装置。

(五) 机电、运输部分

(1) 绞车绳在滚筒上生根不牢或破股生根,生根端绳在滚筒上缠绕少于五圈。
(2) 熔件用异物代替。
(3) 起吊、拉运重物时,起吊设备挂在棚梁、棚腿上。
(4) 无"MA"煤安标志的机电产品擅自入井。
(5) 井下无措施使用非防爆电子仪表、编程器。
(6) 擅自停用井下电气安全保护装置的责任人。
(7) 起吊重物下有人工作的,起吊设备上站人。
(8) 甩掉风电闭锁或不试验漏电继电器。
(9) 提升机急停受猛烈拉力后,未进行钢丝绳及提升机其他相关部件检查继续开启提升机运行。
(10) 罐笼未停稳打开罐门。
(11) 绞车安全设施不齐全进行走钩。
(12) 绞车未进行验收或验收不合格,擅自走钩。
(13) 绞车大绳断丝超过《煤矿安全规程》规定走钩。
(14) 违反"行车不行人、行人不行车"规定。
(15) 用木料、铁管子等物件支抵矿车。
(16) 机车司机不下车扳道岔、矿车运行中摘挂车链。
(17) 无措施利用刮板输送机、带式输送机拉运物料、设备的责任人。
(18) 斜巷脱钩拿道。
(19) 矿车停放期间未掩车或距道岔小于 3 m。
(20) 斜巷运输车辆掉道时,用绞车牵引强行复道。
(21) 斜巷停车未采取措施。
(22) 机车司机在开车前没发开车信号。
(23) 使用"C"钩,无防崩、防脱设施。
(24) 在井下大巷集控道岔或交岔点处停放车辆。
(25) 斜巷运输空拉钩头或保险绳未固定牢固。
(26) 主、副井提升机司机、轨道绞车司机,信号工把钩工在设备运行时交接班。
(27) 主、副井提升机司机、信号工等关键岗位人员班中玩手机或打闹嬉戏。

三、"三违"现象的心理

(1) 麻痹心理。麻痹就是失去警惕或疏忽大意。
(2) 侥幸心理。明知道个人行为有导致事故发生的危险,但抱着"撞大运"的思想,以为自己违章不会出事。
(3) 从众心理。大家都违章,自己也跟着违章。
(4) 盲目无知。安全知识一知半解或一无所知。

（5）习惯心理。习惯是长期养成的，并且一时不容易改变的行为，有些工人不顾井下多变的场所和条件，沿袭原有习惯的活动方式，"习惯成自然"地违章作业。

（6）好强逞能。逞英雄，以此证明自己比别人强。

（7）慌张心理。这是探亲及休假前后容易产生的一种心理，探亲前或休假前矿工归心似箭，表现为思想慌、干活慌、快干活、快升井、快回家、不沉着，急切忙乱，慌中易出错。

（8）攀比、模仿心理。别人这样干没出事，我也这样干，照别人的办法做不会错。

（9）紧张心理。紧张是一种恐惧情绪，初次接触陌生事物，过度紧张会带来一系列的行为紊乱。

（10）简单应付。对存在的隐患不认真整改，敷衍了事，只是满足于领导检查时蒙混过关，检查后依然如故。

（11）喜悦心理。由于不按规程要求做事省时省力省劲，冒险成功的刺激，每一次"成功"的喜悦都伴随着冒险冲动而产生，违章次数越来越多，这种乐于违章的心理观念就越强。

（12）一味求快。面对进度压力，或者效益指标，不能很好地平衡，一味追求数量，忽视安全。

（13）失落心理。生活和工作中受到挫折后，在井下工作注意力集中不起来，往往容易违章或出事。

（14）疲劳作战。心烦意乱、注意力下降、动作协调性不够。

（15）逆反心理。逆反心理表现为对某些人或某个领导的言行不满，产生抵触情绪。

（16）作风散漫。自由主义、工作满不在乎，脱岗串岗，纪律涣散，不服管理，藐视规章，无视制度。

（17）自谅、补偿心理。具有这种心态的人认为煤矿井下工作违章是难免的，有的矿工认为在井下又脏又累，偷点懒，违点章算是补偿。

（18）自信心理。井下干的时间长了，熟悉情况，认为违章不会出事。

（19）好奇心强。生性好奇，管不住自己，擅闯禁区，乱摸乱动，以至于引起误操作。

（20）急躁情绪。不做好准备就想马上达到目的。

四、容易产生"三违"的时间

通过对违章时间进行大量统计调查发现，违章现象有以下时间上的规律：

（1）下午和夜间违章现象较多。

（2）每个班的下半班违章普遍要高于上半班。

（3）交接班前后违章偏多。

（4）倒班前后容易违章。

（5）上级安全质量检查过后容易出现违章。

（6）改变新的工作场所工作时容易违章。

（7）生产任务紧张时违章较多。

（8）出勤率低时容易违章。

（9）领导不在场时违章偏多。

（10）领导干部调动变换时容易违章。

（11）生产材料供应不及时或者缺少时容易出现违章。

(12) 人体生物节律处于低潮时容易违章。

(13) 家庭闹矛盾时容易违章。

(14) 农忙季节容易违章。

(15) 新婚前后,由于思想不够集中,容易违章。

(16) 家中出事期间,思想紊乱,不专心容易违章。

(17) 安全周期延长时,滋长麻痹心理,容易出现违章。

(18) 工作面各个工序不协调或各工种进展不均衡时容易出现违章。

(19) 安检人员不认真检查时,容易违章。

(20) 黎明前的一段时间违章偏多,并且较为严重。

五、"三违"现象的防范措施

(1) 追查分析。由煤矿安监站组织、相关部门领导、"三违"人员及单位负责人和发现"三违"人员参加,共同分析产生"三违"的各种原因,找出主要根源。

(2) 现身说法。"三违"人员在本单位安全活动时,结合自身"三违"事实,谈认识、谈体会,吸取教训,保证不再违章。这些均由各基层单位党政主管负责落实。

(3) 停班学习。停班学习的形式采取自学和集中学习相结合,集中学习由教培部门负责。

(4) 帮教提高。科级以上的领导、支部书记、工会女工协管对"三违"人员进行谈话,帮助"三违"人员提高思想认识。

(5) 行政处罚。按照企业文件规定的相关条款,对"三违"责任人进行处罚或处分。

(6) 公示。通过公示栏、局域网等形式公布"三违"人员名单。

(7) 媒体曝光。由企业宣传部门组织,通过企业内部新闻媒体对"三违"人员的追查、分析、处理进行曝光。

(8) 亲属签字。"三违"人员在停班学习期间,通过反思,写出安全保证书,家属或亲人在安全保证书上签名,由单位支部书记负责。

(9) 建档立卡。对各类"三违"人员由安监部门负责建立追查、处理档案,并记录清楚。

(10) 业务考试。停班学习期满前一天,由教育培训部门负责对"三违"人员进行业务知识考试,考试时严格按照教考分离的办法执行,考试不合格,将延长停班学习时间,直至考试合格后方可上岗。

六、"三违"处罚实施办法

为有效制止各种违章行为,杜绝和减少事故的发生,保障职工人身安全,依据《安全生产法》《劳动法》《劳动合同法》《安全生产违法行为行政处罚办法》等法律、法规和规定,制定《"三违"处罚实施办法》。

"三违"行为划分为严重"三违"和一般"三违"。对"三违"人员的处理可参照以下方法:

(1) 对所有"三违"人员进行登记建档,定期公布,凡是有"三违"行为的,取消评先资格。

(2) 对一般"三违"人员,未造成事故的,采取帮教、经济处罚进行处理。

(3) 对严重"三违"人员,强制培训教育3～24个月。
(4) 对造成事故的"三违"人员,强制培训教育3～24个月。
① 对造成轻伤事故的"三违"人员,强制培训教育3～6个月。
② 对造成重伤事故的"三违"人员,强制培训教育6～12月。
③ 对造成死亡事故的"三违"人员,强制培训教育9～24月。
(5) 凡出现群体违章的,对群体违章人员强制培训教育7～15天。
(6) 被强制培训人员的待遇如下:
① 强制培训期间,其工资按本地区最低工资标准发放。
② 强制培训结束后,经考试合格方准许再上岗。
③ 强制培训结束后,单位可根据需要另行安排工作。
(7) 除对"三违"人员给予帮教、经济处罚、强制培训外,可以根据情节轻重给予警告、记过直至撤职、留用察看、解除劳动合同、开除等处分,涉嫌构成犯罪的,依法移送司法机关,追究刑事责任。

有下列行为之一的给予警告、记过行政处分,并给予一定数额的经济处罚。情节严重的,给予解除劳动合同。
(1) 违章指挥或强令工人违章、冒险作业。
(2) 对工人屡次违章作业熟视无睹、不加制止。
(3) 对重大事故预兆或已发现的严重事故隐患不及时采取措施。
(4) 严重违反企业规章制度。

违章造成企业财产损失的,视情节轻重,违章人员赔偿一定数额的经济损失。

第三节　煤矿班组安全教育培训

搞好职工安全教育与培训是企业的法定职责。《煤矿安全培训规定》对煤矿行业的培训教育工作做了最明确的规定。班组安全教育是职工安全教育培训最直接、最有效的途径,加强班组安全教育是煤矿安全生产的一项基础工程。

一、煤矿班组安全教育

(一) 煤矿班组安全教育的内容

1. 煤矿安全生产法律法规与规章制度的教育

对职工进行煤矿安全生产法规教育和规章制度教育,是安全教育的根本。增强职工的安全意识,引导职工认识安全法规的内容,使职工牢固树立安全就是法的观念,自觉地遵守规章制度,抵制违章指挥,制止违章作业。

2. 煤矿安全技术教育

煤矿安全技术教育,就是对职工进行安全技术、职业卫生、劳动保护等科学知识及安全操作技术规程的教育。通过安全技术教育,可使每个职工都清楚本岗位的安全生产规范,掌握本工种的安全操作标准。

3. 安全责任感教育

对职工进行安全责任感教育,是安全教育的核心。班组长要把安全责任感教育放在首位,要教育职工充分认识自己在安全生产中的地位和作用,增强他们搞好安全生产的自觉性和责任感,克服与自己无关的思想。

4. 典型经验和煤矿事故案例教育

对职工进行典型经验和煤矿事故案例教育,是安全教育的重要内容。班组安全教育工作中,要组织职工学好先进经验,并在学习典型经验的过程中增强搞好安全生产的自觉性,提高安全生产的技能,提高安全生产素质。同时,在安全教育中结合事故案例进行教育,提高职工对安全生产方针、政策、法规的认识,增强职工遵法、守法、执法的自觉性和自我保护意识。

(二)煤矿班组安全教育的方式

1. 岗位教育

岗位教育是新工人或调动工作的工人到了固定工作岗位开始工作前的教育。通过行之有效的岗位教育,促使工人尽快掌握生产技术知识,熟悉安全操作,做到安全生产,这对保证安全生产起着极为重要的作用。

2. 班前班后会教育

班前班后会教育是一种比较实用又很普及的安全教育形式。班前会教育,主要针对当天工作任务,向职工讲清作业特点、操作要求、事故易发点及可能出现事故的具体部位,讲清安全措施与要求,使职工保持清醒的头脑,做到心中有数。同时检查职工劳动防护用具的佩戴情况,对不按规定佩戴的职工进行说服教育,劝其改正。班后会教育,主要针对当天安全生产情况进行总结,讲清安全生产中遗留的问题、解决的措施及应注意的问题。同时对班中出现违纪的职工进行批评教育,以增强全体职工的安全生产意识。

3. 形式多样、内容丰富的竞赛

形式多样、内容丰富的竞赛活动是近年来区队、班组创造的一种便于开展、职工又乐于接受的教育形式,具体形式主要有安全知识竞赛、百日无事故竞赛、安全操作技术表演赛、岗位练兵等。

4. 事故分析会教育

最能触动职工思想、最有说服力的安全教育方式是运用本企业发生的事故,召开事故分析会,进行事故案例教育,使职工真正从血的事实中吸取教训,增强安全意识,实现安全生产。

二、煤矿班组安全培训

"管理、装备、素质、系统"四并重,是我国煤炭战线广大职工在多年安全生产工作中不断总结经验、提高认识所得出的一个重要结论。班组素质提升是煤矿素质的重要组成部分,其落实的重要途径就是开展班组安全培训。

(一)煤矿班组安全培训主要内容

煤矿班组安全培训主要内容包括班组安全建设和管理、班组安全生产知识、班组安全生产技能等。

1. 煤矿班组安全建设和管理

煤矿班组安全建设内容主要包括制度建设、安全文化建设、团队建设和先进经验分享等。

煤矿班组安全管理内容主要包括班组劳动定员、劳动组织管理、绩效管理、自主管理、班组安全生产标准化、学历和职业资格准入制度等。

《煤矿安全培训规定》规定,煤矿企业应严格执行班组长学历和职业资格准入制度,井工煤矿从事采煤、掘进、机电、运输、通风、地测等工作的班组长,任职前应当接受不少于72课时的专项安全培训并经考核合格方可上岗作业。班组长及班组成员每年必须进行专题安全培训,培训时间不得少于20学时,并经考核合格方可上岗作业。

煤矿班组特种作业人员应当经培训考核合格,持特种作业人员操作资格证上岗。

2. 煤矿班组安全生产知识

煤矿班组安全生产知识包括安全生产法律法规、企业规章制度、安全生产技术、职业病危害防治和现场处置等。

3. 煤矿班组安全生产技能

煤矿班组安全生产技能包括安全操作规程、岗位操作标准等。

(二) 煤矿班组安全培训方式

煤矿企业应当采用"请进来、走出去""互联网+"等多种方式,以员工为中心对企业班组人员进行培训。

通过互动研讨、分享点评、实践演练、管理体验等形式,传授班组安全建设的新理念、新方法、新技术。

煤矿企业可建立班组安全建设内部培训讲师队伍,经常性地在各区队、各班组之间进行相互交流,通过讲认识、说做法、传经验,提升班组员工整体技能水平及对班组安全建设的认知水平。

班组应将碎片化学习和集中式学习相结合,推行案例学习法,形成基于岗位的"工作学习化、学习工作化"的团队互动式学习模式。

第四节 煤矿班组长的不安全行为管控

管控员工的不安全行为,对不安全行为从发现到制止、从帮教到再上岗的全流程管理,赋予每一个员工现场抵制和制止不安全行为(含"三违"行为)的权力,对不安全行为进行分析,制定不安全行为管控措施,不断减少员工不安全行为,杜绝员工"三违"发生,是每一位班组长应具备的安全技能。

一、煤矿不安全行为观察

煤矿不安全行为观察是通过在作业现场观察作业人员的作业行为,并与被观察者进行交流,以强化好的作业行为,纠正不安全的作业行为,提高双方的安全意识。

煤矿不安全行为观察是一种主动辨识并消除不安全行为,预防事故的工作方法。不安全行为观察通过改变员工的工作态度与心态,从而建立起良好的安全文化。

(一) 观察内容

观察内容包括七个方面:员工的反应、员工的位置、个人防护装备、工具与设备、程序与标准、人体工效学、现场环境与秩序。

(二) 观察步骤

(1) 工作准备:观察计划、确定观察人员、确定观察区域。

(2) 观察:观察员工的作业行为,并留意好的及不规范的做法,并记录在表9-1中。

表 9-1 不安全行为人员观察记录

被观察人		观察岗位		观察作业			
观察人		观察人职务		观察时间	年	月 日	时 分
需要观察的原因	□新员工；□喜欢冒险人；□执行力差的人；□责任心不强；□高危作业；□零星工程作业						

员工的反应	员工的站位	个人防护用品	工具和设备	作业、操作程序	人体工效学	整洁（附加）
观察到的人员的异常反应 □调整个人防护用品 □改变原来的站位和设备位置 □重新安排工作 □停止工作 □敲帮问顶 □停电作业 □人员安全技能 □人员生理、心理状态	可能 □被撞击 □被夹住 □高处坠落 □绊倒或滑倒 □被碾压 □被片帮击中 □触电 □被高压液体打击 □接触转动设备 □搬运负荷过重 □不合理的姿势 □其他	未使用或未正确使用；是否完好 □眼睛和脸部 □耳部 □头部 □手和手臂 □脚和腿部 □呼吸系统 □躯干 □其他	不适合该作业 □未正确使用 □工具和设备本身不安全 □其他	有制定程序、作业规程、操作规程 □程序不适用 □员工不知道或不理解 □没有遵照执行 □其他	操作和检维修环境 □是否符合人机工程学原则 □重复的动作 □躯体位置 □姿势 □工作场所 □工作区域设计 □工具和把手 □照明、能见度 □噪声 □其他	作业区域顶板是否完好、通风是否有效 作业区域是否整洁有序 □工作场所是否井然有序 □材料及工具的摆放是否适当 □其他

(3) 沟通：认可好的做法，交流不规范行为的潜在后果。

① 在确保安全的情况下，礼貌地打断他们的作业。

② 用一种考虑到员工自尊的积极的方式，向被观察员工反馈观察到的信息。

③ 对所有采用安全方法操作的行为，给予积极的激励。

④ 当观察到不安全行为时，要从员工那里了解到为什么会存在这种危险行为，并提供及时的辅导与纠正。

⑤ 感谢员工的积极配合。

⑥ 鼓励他们继续安全工作。

(4) 分析与反馈：填写行为观察卡、统计分析、编制报告并反馈。

不安全行为观察是事故有效预防的工具之一，作为安全计划的重要补充并和其他安全措施共同作用，但不能取代。

二、煤矿不安全行为管控流程

(一) 不安全行为的发现、举报、申诉

1. 不安全行为的发现

(1) 各层级安全排查、检查，包括煤矿安全监管监察部门、上级公司、矿井及各专业安全排查、检查期间，在现场查出的不安全行为。

(2) 矿井及区队领导入井带班,矿井、科室及区队安全生产管理人员、安监员、班组长等各层级在现场查出的不安全行为。

(3) 员工在现场制止的或举报并经查实的不安全行为。

(4) 查出不安全行为后,检查人必须及时告知不安全行为人,并按规定填写不安全行为人员登记台账。

2. 不安全行为的举报

(1) 员工有权对现场存在的各类不安全行为进行举报。举报受理单位为各级安全监管部门或本单位安全生产管理人员。

(2) 根据举报人意愿,举报人可直接向现场的跟带班领导、安监员举报;举报人与被举报人是同区队(科室)的,也可向本单位值班领导或主要负责人举报。

(3) 举报人可以采用书面、口头、电话、邮箱等方式进行举报。举报时应描述清楚不安全行为发生的时间、地点、不安全行为内容及现场人员,为不安全行为的核查创造有利条件。

(4) 受理举报的科室、区队(或接受举报的现场管理人员),应按照要求及时核查认定,并严格按规定对不安全行为进行考核或责任追究。

(5) 对不安全行为举报实行奖励机制,举报一般不安全行为并经查实的,对举报人奖励;举报触碰红线或严重不安全行为并经查实的,根据不安全行为性质,对举报人进行奖励。

(6) 举报受理单位或受理人,必须对举报人予以保护。未经举报人同意,严禁公开或泄露举报人信息,同时严厉打击任何报复举报人的行为。

3. 不安全行为的申诉

(1) 对被查出的不安全行为存在异议的,员工有权进行申诉。

(2) 员工对被查出的不安全行为存在异议的,应在接到通知后三日内,向不安全行为安监部门或工会提出申诉,安监部门和工会负责组织对申诉内容进行复核。

(3) 主管部门收到申诉请求后,应在三日内完成对申诉事项的核查,并将核查结果告知申诉人和被申诉单位。对事实清楚、处罚无误的,按原处理执行;对事实不清、处罚不当的,要撤销或变更处罚。

(二) 不安全行为的帮教和考核

1. 对不安全行为人员的帮教

按照"系统抓,抓系统"原则,对不安全行为要分层级开展不安全行为帮教工作。

(1) 安监部门、工会等职能科室,负责组织矿井层面查出及举报核实的不安全行为人的学习、帮教工作。专业系统、区队班组分别负责各自单位查出及举报核实的不安全行为人的学习、帮教工作。

(2) 对触碰红线和严重不安全行为人员,要采取多种方法(如:亲情帮教、友情提示、协管帮扶等)进行帮教,责任单位接到帮教通知单后,要及时通知责任人即日起停止工作,分别接受工会、安监等部门的安全帮教。对区队自查出的严重不安全行为,由区队组织学习帮教和考核。

2. 对不安全行为人员帮教的要求

(1) 帮教部门负责向不安全行为人员所在单位下达不安全行为人员安全学习帮教通知单,并严格按要求填写不安全行为人员帮教记录、不安全行为人员学习记录、不安全行为人员帮教反馈意见。

(2) 不安全行为人员学习的内容主要为：有关煤矿安全生产法律法规、典型事故案例、规程措施、不安全行为管理制度等，学习结束并经考试合格后，方可重新上岗工作。

(3) 参加学习原则上不得请假，特殊情况不能按时参加学习，必须书面请假，并经学习责任单位主要负责人同意。在核准的假期内严禁上岗作业，假期结束后，学习时间按要求顺延。

(4) 帮教单位必须严格按要求对不安全行为人员进行帮教，保证帮教效果，凡出现交差应付、走过场或造假现象，对帮教人及帮教单位主要负责人给予相应追究。

(三) 不安全行为人员的返岗和回访

1. 不安全行为人员的返岗

(1) 不安全行为人员只有经过帮教、参加学习培训并考试合格后，才具有重新上岗资格。

(2) 对不安全行为再上岗人员再上岗一周内，至少对其实施一次行为观察(观察人应为班组长以上管理人员)，并按要求填写不安全行为人员观察记录。

(3) 在停工学习培训合格和帮教结束前，不安全行为人员所在单位不得安排不安全行为人员再上岗工作。

2. 不安全行为人员的回访

(1) 由不安全行为管控主管单位对再上岗人员按要求进行回访。

(2) 回访至少包括不安全行为人员所在单位的领导、同事不少于3人签署的再上岗人员的评价意见，填写不安全行为人员回访记录。

(3) 回访评价结果判定不安全行为人员不具备再上岗条件的，立即对不安全行为人员停止工作，继续对其进行学习、帮教，直至具备再上岗条件后方可重新上岗工作。

三、煤矿不安全行为管控能力提升

(一) 树立理念，用安全理念引领员工

安全理念也称安全价值观，是在安全方面衡量对与错、好与坏的最基本的道德规范和思想。要引导和教育员工弘扬"人民至上、生命至上"的思想，树牢"从零开始、向零奋斗"的安全理念，强化红线意识和底线思维，持续提高员工"安全我一个，幸福一家人"的安全责任意识，真正做到为自己而安全、为亲人而安全、为企业和社会而安全。

(二) 倡导文化，用安全文化熏陶员工

(1) 强化文化引安、文化育安，提升企业安全发展软实力。要继承"特别能战斗"精神，变"要我安全"为"我要安全""我能安全"，让每名员工都成为安全文化的受益者。

(2) 倡导安全承诺文化。安全承诺是对履行岗位安全职责的宣誓，便于从思想上引导、氛围上促进职工自觉履行岗位职责，增强落实安全责任的荣誉感和自觉性，是一种有效的安全心理文化。煤矿安全标准化也要求矿长每年率先作出安全承诺，让每名员工都成为庄严安全承诺的践行者。

(3) 倡导安全诚信文化。把"讲诚信、不作假、不隐瞒"观念引入安全生产管理全过程，大力倡导"守法规、遵制度、按规程"和"规定动作一丝不苟"的安全诚信风尚，引导职工"禁区雷区绝不可逾越、法律代价清清楚楚"的安全诚信文化认知，建立安全失信行为惩戒机制，让每名员工都成为安全诚信的守护者。

（4）提升安全文化氛围。加强安全核心理念的宣贯，丰富载体、创新方式，夯实安全文化。充分发挥文化育人功能，积极组织开展各种形式的安全宣讲，如在集团微信公众号开设"习近平总书记关于安全生产重要论述学习专栏"，在集团电视台长期开设"安全为天""灾害治理"等栏目，各基层单位要积极组织安全演讲、安全知识竞赛、张贴安全宣传海报、在职工经常聚集或经过的场所悬挂安全标语、播放安全教育视频等群众性的安全宣教工作，使员工置身于浓厚的安全文化氛围中，提高安全意识。

（三）改善环境，用良好环境保护员工

通过采取措施，不断改善和优化作业环境，消除和减少作业人员因不良环境而产生不良的心理和生理反应，使操作者身心愉快地去工作，从而避免不安全行为的发生。

（四）善于疏通，用真情真意感染员工

员工因思想情绪的变化而影响正常工作的事件突出表现在：工资和福利待遇问题、晋级问题、与同事矛盾问题、家庭和个人生活中发生的问题，等等。

班组长要积极采取交流和谈心等方式化解各类矛盾，员工与班组长发生矛盾时，班组长要理性对待，避免员工带情绪上岗而发生不安全行为。

亲情感染的力量是巨大的，要发挥亲情感染在促进员工行为安全规范上的重要作用，采取利用播放电视亲情教育片、向家属通报员工不安全行为、请家属到矿帮教等方式唤起员工的责任感等方法，强化员工安全意识。

（五）正向激励，用奖惩机制激励员工

要围绕员工各类不安全行为，进一步完善安全奖惩机制，逐步将以罚为主改变为以奖为主，采取增加员工安全绩效工资、安全风险抵押金等措施，真正使员工不敢违章、不愿违章，形成人人为安全工作出力、个个为安全工作争光的氛围，推动安全生产工作持续稳定发展。

（六）煤矿智能化管控"三违"能力

有效防范现场作业中的违章指挥、违章作业、违反劳动纪律等行为，坚决遏制因习惯性"三违"导致的伤亡事故发生，在煤矿重要作业场所增设完善视频监控，实现煤矿重要作业场所全过程视频监控，监督从业人员"上标准岗、干标准活"，构建无监控不作业、作业行为受监督的煤矿作业现场可视化监控环境。

在容易发生违章指挥、违章作业、违反劳动纪律的作业场所必须增补视频监控设施，实现对作业过程的全过程监督和作业全流程管控，对作业人员从业行为、操作过程、执行纪律的行为进行实时监督，对作业程序实现透明管理。

（1）井工煤矿重要作业场所是指井下采掘工作面、巷道维修作业点、钻孔施工作业点、重要机电设备检修作业点、大型设备安装回撤作业点等作业场所。

① 采煤工作面超前支护段至少布设1路摄像仪，监视工作面出口是否通畅及人员进出情况，采煤工作面安装1~4路摄像仪，监视采煤工作面设备状态及工作面人员作业情况。

② 掘进工作面迎头15 m范围内至少布设1路摄像仪，监视工作面支护、探放水、设备运行状态及人员作业情况。

③ 工作面安装回撤作业点至少布设2路摄像仪，在进设备及设备回撤通道口安设1路摄像仪，监视工作面设备安装回撤工序及人员作业情况。

④ 巷道维修作业点至少布设1路摄像仪，监视巷道修理期间顶板、巷帮支护情况及维修巷道人员作业情况。

⑤ 钻孔施工作业点至少布设 1 路摄像仪,监视钻孔施工期间人员作业情况。

⑥ 重要机电设备检修作业点至少布设 1 路摄像仪,监视机电设备检修期间人员作业情况。

(2) 露天煤矿重要作业场所是指排土场和采剥作业点。

① 采剥作业点至少安装 2 路摄像仪,监视采剥作业点的运输、采剥、边坡及人员作业情况。

② 排土场至少安装 1 路摄像仪,监视排土场车辆、边坡情况。

【案例 8-1】

补连塔煤矿"无不安全行为班组"创建活动

补连塔煤矿规定:班组成员在 25 人及以上的为大班,其他的为小班。月度考核,季度兑现。对完成季度无不安全行为班组创建任务的班组执行叠加奖励,颁发流动红旗,对大班班组成员每人奖励 500 元,大班班组长奖励 800 元;小班班组成员奖励 300 元,小班班组长奖励 500 元;第二、三、四季度持续完成创建任务的,以大班班组成员为例,第二、三、四季度分别奖励 1000 元、1500 元、2000 元;季度内班成员有被查处不安全行为的,取消当季度奖励,以第一季度奖励标准起步,从下一季度重新计算叠加奖励。

落实班组互保联保责任,班组成员之间相互监管、监督和提醒,树立一人被查处全班受损的管理理念,在增强班组凝聚力的基础上,有效形成了安全管理合力。同时,为发挥带班队长安全管理绩效,带班队长全年带班期间(带班 180 次以上)所带班班组成员未发生不安全行为的,对带班队长执行 10000 元奖励,带班队长的责任心和积极性被有效激励和调动起来。

(注:本书配套了煤矿班组长安全培训考核题库(综合本),扫描封底二维码,学员登录"众学教培服务平台"可以免费练题。一书一码,盗版书不能登录。具体登录方法见本书目录前面一页。)

第九章　煤矿班组安全风险管控与隐患排查治理

第一节　安全风险和隐患基本知识

一、煤矿安全风险辨识与评估

（一）信息收集与准备

煤矿应精心组织、策划，收集、处理风险辨识评估相关资源与信息，确保风险辨识评估全面、充分。

在开展风险辨识与评估前，要做好前期的信息收集与准备工作，至少包括：

（1）相关法规、政策规定和标准。

（2）相关工艺、设施的安全分析报告。

（3）详细的工艺、装置、设备说明书和工艺流程图。

（4）设备试运行方案、操作运行规程、维修措施、应急处置措施。

（5）工艺物料或危险化学品的理化性质说明书。

（6）本煤矿及相关行业事故资料。

（二）风险辨识

煤矿风险辨识必须以科学的方法，全面、详细地剖析生产系统，确定危险有害因素存在的部位、存在的方式、事故发生的途径及其变化的规律，并予以准确描述。

煤矿应从地理区域、自然条件、作业环境、工艺流程、设备设施、作业任务等各个方面进行辨识。充分考虑分析"三种时态"和"三种状态"下的危险有害因素，分析危害出现的条件和可能发生的事故或故障模型。

"三种时态"是指过去时态、现在时态、将来时态。过去时态主要是评估以往残余风险的影响程度，并确定这种影响程度是否属于可接受的范围；现在时态主要是评估现有的风险控制措施是否可以使风险降低到可接受的范围；将来时态主要是评估计划实施的生产活动可能带来的风险影响程度是否在可接受的范围。

"三种状态"是指人员行为和生产设施的正常状态、异常状态、紧急状态。人员行为和生产设施的正常状态即正常生产活动，异常状态是指人的不安全行为和生产设施故障，紧急状态是指将要发生或正在发生的重大危险，如设备被迫停运、火灾爆炸事故等。

（三）风险评估

风险评估是在风险辨识的基础上，通过确定风险导致事故的条件、事故发生的可能性和事故后果严重程度，进而确定风险大小和等级的过程。

二、煤矿安全风险分级与管控

（一）风险分级

煤矿企业可根据自身实际情况，选择适用的风险评估方法，依据统一标准对本企业的安全风险进行有效的分级。安全风险等级，从高到低依次划分为重大风险、较大风险、一般风险和低风险四级，对应Ⅰ级、Ⅱ级、Ⅲ级和Ⅳ级风险，分别采用红、橙、黄、蓝四种颜色标示。

（二）安全风险分级原则及标准

煤矿安全风险评估是指通过采用科学、合理的方法，对危险源所伴随的潜在危险性、存在条件和触发因素及可能产生的后果（人、机、环、管）进行定性、定量评估，划分风险等级。风险点的风险等级由各类危险源最高风险确定。

有下列情形之一的，列为煤矿重大风险：

（1）未进行安全生产法律、法规及国家强制性标准识别的。

（2）发生过死亡、3人及以上重伤、群体性职业病或重大侥幸涉险事故的。

（3）涉及重大危险源，具有冲击地压、瓦斯爆炸、煤尘爆炸、火灾、水灾等危险的场所，作业人员在10人以上的。

① 在受冲击地压威胁严重或顶板极难管理的区域进行采掘生产活动的。

② 在受水害威胁严重或水害不明的区域进行采掘生产活动的。

③ 通风系统复杂，容易出现系统不稳定、不可靠及不合理通风状况的。

④ 高、突矿井和存在瓦斯涌出异常区的矿井的。

⑤ 煤尘爆炸性强的矿井。

⑥ 井下爆破，存在特殊爆破或非正规爆破的。

⑦ 煤矿在容易自燃煤层生产的。

⑧ 其他可能导致煤矿重大事故的危险性因素。

（4）经风险评估确定为最高级别风险的。

需要指出的是，判定事故发生的可能性和事故后果严重程度，需要选择适用的定性或定量风险评估方法进行科学判定。如事故发生的可能性，可采用事故统计分析、事件树分析等方法来判定；事故后果的严重程度，可采用事故统计分析和事故后果定量模拟计算等方法来判定。一般推荐优选风险矩阵分析法和作业条件危险性分析法，分级比较见表9-1。

表9-1 风险矩阵分析法（LS）与作业条件危险性分析法（LEC）比较表

级别	颜色	$R=L\times S$	$D=L\times E\times C$		
一级风险	重大风险	30～36	$D\geqslant 320$	$D\geqslant 270$	$D\geqslant 140$
二级风险	较大风险	橙 18～25	$160\leqslant D<320$	$140\leqslant D<270$	$70\leqslant D<140$
三级风险	一般风险	黄 9～16	$70\leqslant D<160$	$70\leqslant D<140$	$20\leqslant D<70$
四级风险	低风险	1～8	$D<70$	$D<70$	$D<20$

（三）煤矿安全风险分级管控的原则和流程

风险分级管控基本原则是风险越大，管控级别越高；上级负责管控的风险，下级必须负责管控。风险辨识应遵循大小适中、便于分类、功能独立、易于管理、范围清晰的原则，涵盖生产全过程所有常规和非常规状态的作业活动。按照以下流程开展辨识：

(1) 划分风险点。

① 组织对生产全过程进行风险点辨识,形成风险点台账,包括风险点名称、所在位置、可能导致事故类型、风险等内容的基本信息。

② 按生产(工作)流程的阶段、场所、装置、设施、作业活动或上述几种方式的结合进行风险点排查。

③ 对风险点内存在的危险源进行辨识,辨识应覆盖风险点内全部的设备设施和作业活动,并充分考虑不同状态和不同环境带来的影响。

(2) 风险辨识。煤矿安全风险辨识以煤矿整体和井上下所有生产系统、环节、区域、工作地点、设备设施、岗位等为单位,以煤矿危险源辨识为基础,依据《煤矿安全规程》《煤矿安全生产标准化管理体系基本要求及评分方法(试行)》(煤安监管〔2020〕16号)和国家相关法律、法规、标准和其他要求,以及企业相关规章制度、作业规程、操作规程、安全技术措施等开展安全风险辨识工作。

风险辨识分为年度辨识、专项辨识和岗位辨识三类。

(1) 年度辨识。每年矿长组织开展年度安全风险辨识,重点对容易导致群死群伤事故的危险因素进行安全风险辨识评估。

① 每年矿长组织各分管负责人、副总工程师和相关科室、区(队)进行年度安全风险辨识评估,重点对井工煤矿瓦斯、水、火、煤尘、顶板、冲击地压及提升运输系统,露天煤矿边坡、爆破、机电运输等容易导致群死群伤事故的危险因素开展安全风险辨识评估。

② 风险辨识评估范围应覆盖煤矿井(坑)下所有系统、场所、区域。

③ 高瓦斯及突出、水文地质类型复杂和极复杂、煤层自燃及容易自燃、有冲击地压等4类重大灾害矿井,应将相应影响区域的安全风险评估为重大风险。

④ 年底前完成年度安全风险辨识评估报告的编制,制定"煤矿重大安全风险管控方案",应包含重大安全风险清单,相应的管理、技术、工程等管控措施,以及每条措施落实的人员、技术、时限、资金等内容。

⑤ 将辨识评估结果应用于确定下一年度安全生产工作重点,"煤矿重大安全风险管控方案"对下一年度生产计划、灾害预防和处理计划、应急救援预案、安全培训计划、安全费用提取和使用计划等提出意见。

(2) 专项辨识。以下情况,应按要求进行专项安全风险辨识评估:

① 新水平、新采(盘)区、新工作面设计前;该专项辨识由总工程师组织有关业务科室人员进行;辨识地质条件和重大灾害因素等方面存在的安全风险。专项辨识要有记录,参加人员要签字;内容明确,针对性强。编制专项安全风险辨识评估报告,完善重大安全风险清单,并制定相应管控措施;辨识评估结果用于完善设计方案,指导生产工艺选择、生产系统布置、设备选型、劳动组织确定。

② 生产系统、生产工艺、主要设施设备、重大灾害因素(露天煤矿爆破参数、边坡参数)等发生重大变化时,开展1次专项辨识评估;该专项辨识由分管负责人组织有关业务科室人员进行;专项辨识要有记录,参加人员要签字,内容明确,针对性强。及时编制专项安全风险辨识评估报告,完善重大安全风险清单,并制定相应管控措施,与实际相符。辨识评估结果用于指导重新编制或修订完善作业规程、操作规程和安全技术措施。

③ 启封密闭、排放瓦斯、反风演习、工作面通过空巷(采空区)、更换大型设备、采煤工

面初采和收尾、综采(放)工作面安装回撤、掘进工作面贯通前,突出矿井过构造带及石门揭煤等高危作业实施前,露天煤矿抛掷爆破前,新技术、新工艺、新设备、新材料试验或推广应用前,连续停工停产1个月以上的煤矿复工复产前,开展1次专项辨识评估;该专项辨识评估由分管负责人(复工复产前专项辨识评估由矿长)组织有关科室、生产组织单位(区队)进行;重点辨识评估作业环境、工程技术、设备设施、现场操作等方面存在的安全风险;编制专项辨识评估报告,有新增重大风险或需要调整措施的补充完善"煤矿重大安全风险管控方案";辨识评估结果应用于指导安全技术措施的编制。

④ 本矿发生死亡事故或涉险事故、出现重大事故隐患,全国煤矿发生重特大事故,或者所在省份、所属集团煤矿发生较大事故后,开展1次针对性的专项辨识评估;该专项辨识评估由矿长组织分管负责人和科室进行;识别安全风险辨识评估结果及管控措施是否存在漏洞、盲区;编制专项辨识评估报告,有新增重大风险或需调整措施的补充完善"煤矿重大安全风险管控方案";辨识评估结果应用于指导、修订、完善设计方案、作业规程、操作规程、安全技术措施。

(3)岗位辨识。建立岗位安全风险清单,落实具体的管理对象、主要责任人、直接管理人员、主要监管部门、主要监管人员,进一步落实各岗位安全生产责任。依据岗位安全风险清单的条款和内容,制作岗位安全风险辨识评估卡,发到每个岗位员工手中,并保证在工作过程中随身携带。

(四)风险清单

煤矿企业在风险辨识评估和分级之后,应建立风险清单。风险清单应至少包括风险名称、风险位置、风险类别、风险等级、管控主体、管控措施等内容。

煤矿企业应将重大风险进行汇总,登记造册,并对重大风险存在的作业场所或作业活动、工艺技术条件、技术保障措施、管理措施、应急处置措施、责任部门及工作职责等进行详细说明。

对于重大风险,煤矿企业应及时上报属地负有安全生产监督管理职责的部门。

(五)分级管控

煤矿企业安全风险分级管控应遵循"分类、分级、分层、分专业"的方法,按照风险分级管控基本原则开展。

煤矿企业应对安全风险进行分级管控。要建立安全风险分级管控工作制度,制定工作方案,明确安全风险分级管控原则和责任主体,分别落实领导层、管理层、员工层的风险管控职责和风险管控清单,分类别、分专业明确部门、车间、班组、岗位的安全风险管理措施。

煤矿企业应在醒目位置和重点区域设置重大风险公告栏,制作岗位安全风险告知卡,标明主要安全风险、可能引发事故隐患类别、事故后果、管控措施、应急措施及报告方式等内容。同时,煤矿企业应以岗位安全风险及防控措施、应急处置方法为重点,强化风险教育和技能培训。

煤矿企业应对重大风险重点管控,制定有效的管理控制措施。

煤矿企业应根据自身组织机构特点,按照分级管控要求,做到事故应急的机构、编制、人员、经费、装备"五落实"。建立重大风险监测预警系统,开展重大风险分级预警和事故应急响应,做到风险预警准确,事故应急响应及时。

煤矿要根据风险等级实施分级管控,根据安全风险转变为事故的所有因素和影响条件制定管控措施,层层落实管控责任。风险管控措施类别包括工程技术措施、管理措施、安全设备设施、培训教育措施、个体防护、应急处置措施等。在选择风险管控措施时应考虑:可行性、安全性、可靠性,重点突出人的因素。

(1) 煤矿每一轮风险辨识评估后,要编制或补充完善矿井重大风险清单和矿井风险分级管控清单,并按规定及时更新。重大风险清单中所列的重大安全风险的管控措施要由矿长组织实施,并针对每一项重大风险制定具体实施方案,明确措施实施负责人和保障资金。

(2) 矿长每月至少组织分管负责人及安全、生产、技术等业务科室、生产组织单位(区队)开展一次覆盖生产各系统和各岗位的对重大安全风险管控措施落实情况的检查,以及覆盖各生产系统、各岗位的事故隐患排查,合并召开月度安全风险管控和隐患排查治理会议,分析管控效果和事故隐患产生原因,调整完善风险管控措施,部署风险管控重点和隐患治理措施。

(3) 分管负责人每旬组织对分管范围内月度安全风险管控重点实施情况进行检查,对分管领域事故隐患进行排查,改进风险管控措施,强化隐患整改。

(4) 领导干部带班下井要跟踪重大风险管控措施落实情况,发现隐患立即组织整改。

(5) 区队、班组、岗位要依据相应风险管控措施,开展区域安全风险评估,重点工序安全风险评估,岗位安全风险评估,排查事故隐患,立即组织整改。

三、事故隐患排查治理

(一) 事故隐患分级原则及标准

安全风险管控不到位形成事故隐患。事故隐患分为重大事故隐患和一般事故隐患。

重大事故隐患是指危害程度高、整改难度大、整改时间长,应当全部或者局部停产停业治理方能排除的隐患,或者因外部因素影响致使生产经营单位自身难以排除的隐患,以及其他性质严重可能造成重大社会影响的隐患。

一般事故隐患,是指危害较小,在采取有效安全措施后可以边治理边生产的隐患。按严重程度、解决难易、工程量大小等,一般事故隐患分为 A、B、C 三级:

A 级:危害较轻,治理难度及工程量大,须由煤矿上级管理部门协调解决的事故隐患。

B 级:危害较轻,治理难度及工程量较大,须由煤矿限期解决的事故隐患。

C 级:危害轻,治理难度和工程量较小,煤矿区(队)、业务部门能够解决的事故隐患。

1. 煤矿重大事故隐患界定

重大安全风险中的任意一项或几项管控措施不到位,以及违反《煤矿重大事故隐患判定标准》(应急管理部令第 4 号)所列内容及下列情况的,列为煤矿重大事故隐患。

2. A、B 级以上一般事故隐患界定

列为较大风险或一般风险中的任意一项或几项管控措施不到位或有下列情形之一的,列为 A、B 级以上一般事故隐患:

(1) 在受冲击地压威胁或顶板难以管理区域进行采掘生产活动的。

(2) 在受水害威胁区域生产需要进一步探查分析或完善措施的。

(3) 矿井通风状况不良,需要进一步调整优化的。

(4) 高、突矿井和存在瓦斯涌出异常区的矿井,有可能出现瓦斯涌出异常情况或措施不落实的。

(5) 煤尘爆炸性中等的矿井。

(6) 煤矿在自燃煤层生产的。

(7) 存在机电设备设施老化或提升运输非正常物件设备设施的。

(8) 其他可能导致煤矿事故的危险性因素。

煤矿企业应根据风险分级管控的基本原则,结合本单位机构设置情况,合理确定各级风险的管控层级。风险分级管控应遵循风险越高管控层级越高的原则,对于操作难度大、技术含量高、风险等级高、可能导致严重后果的作业活动应重点进行管控。上一级负责管控的风险,下一级必须同时负责管控,并逐级落实具体措施。对评估出的重大风险要编制重大安全风险清单,制定专项管控措施。

(二) 隐患分级治理原则与流程

事故隐患治理应坚持及时有效、先急后缓、先重点后一般、先安全后生产的原则,必须做到不安全不生产。事故隐患治理前无法保证安全或事故隐患治理过程中出现险情时,应撤离危险区域作业人员,并设置警示标志;事故隐患治理过程中,必须有可靠的安全措施,不得冒险作业和施工,严防事故发生。

严格隐患分级治理和挂牌督办。煤矿是隐患治理的责任主体,必须认真制定隐患治理方案,严格做到治理责任、措施、资金、期限、应急预案、监控措施"六落实"。重大事故隐患按监管权限由省级煤炭管理部门及市级煤炭管理部门负责挂牌督办。A 级事故隐患的治理由煤矿上一级煤炭管理部门负责挂牌督办;B 级事故隐患的治理由煤矿企业负责挂牌督办。C 级事故隐患的治理,由煤矿区(队)、业务部门治理监控,煤矿安监部门负责挂牌督办。

(1) 对煤矿企业报告的重大事故隐患、煤炭管理部门在监督检查中发现的重大事故隐患、举报并经查实的重大事故隐患、其他移交并经核实的重大事故隐患,一经具有安全监管权限的煤炭管理部门确认后,必须及时向隐患治理单位下达重大事故隐患治理督办通知书。督办通知书应当包括以下内容:

① 重大事故隐患基本情况。

② 治理方案报送期限。

③ 治理进度定期报告要求。

④ 治理完成期限。

⑤ 停产区域和治理期间的安全要求。

⑥ 督办销号程序。

(2) 事故隐患治理完成后,严格进行分级验收。重大事故隐患治理由煤矿上一级煤炭管理部门组织初步验收后向负责挂牌督办部门提出验收申请,挂牌督办部门负责组织或委托验收。A 级事故隐患治理由煤矿上一级挂牌督办部门负责组织验收,B 级和 C 级事故隐患治理由煤矿企业负责组织验收。验收合格后解除督办、予以销号。

(3) 对于短期内无法彻底治理的 A 级事故隐患,必须组织专家对其危险程度和影响范围进行评估,根据评估结果采取相应的安全监控和防护措施,确保安全。

(4) 对不能在规定期限内完成治理重大事故隐患,煤矿企业要在规定的治理期限内向负有督办职责的煤炭管理部门提交重大事故隐患治理延期说明。延期说明应当包括以下内容:

① 申请延期的原因。

② 已完成的治理工作情况。

③ 申请延期期限及采取的安全措施。

(5)煤矿每月要向上一级煤炭管理部门书面报告一般事故隐患排查治理情况和重大事故隐患治理进展情况,书面报告必须有单位负责人签字确认,并及时输入煤矿安全生产综合监管信息平台。

四、重大安全风险和重大事故隐患上报与公示

(一)上报

煤矿必须向负有安全生产监督管理职责的部门报告重大安全风险和重大事故隐患。

(1)上报的安全风险应当包括以下内容:
① 风险点的基本情况。
② 危险源及危险因素的类别。
③ 风险级别和描述。
④ 风险管控措施。
⑤ 风险分级管控责任落实。

(2)上报的重大事故隐患应当包括以下内容:
① 隐患的基本情况和产生原因。
② 隐患危害程度、波及范围和治理难易程度。
③ 需要停产治理的区域。
④ 发现隐患后采取的安全措施。

(二)公示

重大安全风险和重大事故隐患要公告警示。在井口采用电子屏或牌板等形式公示重大安全风险、重大事故隐患相关信息,在采掘工作面等作业场所采用牌板公示重大安全风险、重大事故隐患相关信息。公示内容包括风险描述、管控措施、管控单位和管控责任人;重大事故隐患的地点、主要内容、治理时限、责任人员和停产停工范围。明确存在重大安全风险的采掘工作面和其他作业场所,限定作业人数,并在采掘工作面显著位置挂牌公示。

【案例9-1】

大柳塔煤矿作业现场风险问询管理法

针对班组员工现场过程中可能存在的安全隐患开展作业流程风险问询管理法,制定作业流程风险问询观察卡,并将卡片发放给每位员工。

每个班组利用班前会时间,确定本班工作任务及工作小组成员(2人及以上),并明确小组长,制定各项工作问询计划,保证每个工作组都有问询。

在下井作业前,针对将要做的工作执行先问询后工作,由小组长问询:安全完成本项工作存在哪些风险?怎样做更安全?参与人员分别从工作环境、岗位危险源、岗位标准化作业流程、岗位风险和安全技术措施等方面进行现场在辨识并相互补充,直至完善全面,方可展开作业。问询人将问询内容简要填写在作业风险问询观察卡上。跟班队干观察员对各项工作小组进行安全观察,检查工作过程中是否按照岗位标准化作业流程作业,对作业完成后的工作进行检查。

该项工作完成后,继续由组长组织总结工作地点存在的隐患,是否发现新的危险源并提出合理化建议等。部门管理人员负责对区队各工作小组是否进行问询进行监督检查。队内设专人对问询卡进行总结分析,针对员工提出的作业风险、存在的隐患、发现新危险源及合理化建议等做出正确的筛选,并将其作为制定、修改相关作业规程、操作规程、岗位标准化作业流程及安全技术措施等的参考,使各种规程、流程和措施等更加符合现场实际。

第二节　煤矿班组长岗位风险管控和隐患排查治理

一、采煤班组长岗位风险管控和隐患排查治理

(一)岗位风险管控

(1)未对各作业地点的隐患进行排查,易发生安全事故。

管控措施:作业前,必须仔细检查各作业地点的支护情况和设备的完好情况,存在隐患必须先排除隐患再组织生产。

(2)启动采煤机未检查四周情况,易发生安全事故。

管控措施:采煤机司机开机前必须巡视采煤机周围,确认附近 5 m 范围内无人员方可开机。

(3)采煤机停止作业,未打开隔离开关和离合器,误操作易发生安全事故。

管控措施:采煤机停止工作或检查时,必须切断电源,打开隔离开关和离合器,并切断采煤机电源。

(4)架间、煤壁活矸、活石掉落,有伤人风险。

管控措施:工作面支架接顶严实,支架间隙不超过 200 mm,发现有活矸、活石有掉落风险的,必须先处理。

(5)支架初撑力不符合要求,护帮板未打实,有顶板冒落或片帮伤人风险。

管控措施:液压支架初撑力不得低于 24 MPa,护帮板打实,在线监测仪显示准确,设专人看护、提醒。

(6)班前会未对职工精神状态仔细排查,易发生安全事故。

管控措施:班前会必须对每位职工的精神状态进行安全确认,情绪不佳者,严禁上班。

(7)职工为快速完成安全生产任务而违章作业,易发生安全事故。

管控措施:现场必须监督到位,杜绝人员违章作业,发现违章作业人员必须及时制止并矫正。

(8)工作面重点岗位巡查不到位,易发生安全事故。

管控措施:重点岗位要重点巡查、盯守,避免发生事故。

(9)各类安全技术措施未学习贯彻,易发生安全事故。

管控措施:严格按要求对班组人员学习和贯彻安全技术措施情况进行岗位风险辨识。

(10)未及时掌握和处理生产过程中各类问题,易造成安全事故和机电事故扩大化。

管控措施:及时了解、掌握安全生产过程中出现的隐患并及时调配人员进行处理,隐患排除后方可恢复生产。

(二)岗位隐患排查

1. 常见事故隐患

(1)工作面作业规程未组织学习和贯彻就组织施工。

(2)现场劳动组织混乱,操作不规范。

(3)作业前未进行安全确认、未执行敲帮问顶制度。

(4)工作面空顶、超控顶距组织劳动作业。

(5)工作面支护不及时、支护强度不足,导致顶板出现裂缝、快速下沉。

(6) 不同类型或不同性能的支柱混用；底板松软而支柱不穿铁鞋，造成支柱钻底超过规定要求。

(7) 工作面安全出口不畅通，人行道宽度、工作面安全出口高度不符合规定要求。

(8) 顶板来压或悬顶超过作业规程规定未加强支护或采取人工强制放顶措施。

(9) 工作面无支护质量、顶板动态监测。

(10) 冒顶处理过程未设专人观山。

(11) 工作面过断裂构造带、过破碎带、过老空区或老巷、复合顶板开采，或现场条件发生变化时，未及时制定安全措施。

(12) 工作面液压泵站压力小于 30 MPa，炮采工作面液压泵站压力小于 18 MPa。

(13) 采煤机更换截齿或距滚筒上、下 3 m 以内有人工作时，未切断电源并打开离合器。

(14) 采煤机未装置能停开工作面输送机的闭锁装置或装置失效。

(15) 无安全措施采用刮板输送机、带式输送机运送物料。

(16) 开采冲击地压危险工作面，未进行冲击危险性预测预报、无防治措施。

(17) 甲烷传感器安装位置不符合规定；瓦斯治理措施不到位。

(18) 工作面净化水幕安装位置不符合规定，各转载点喷雾降尘效果差。

【案例 9-2】 2022 年 3 月 8 日，中煤新集阜阳矿业有限公司 111306 采煤工作面维修采煤机时发生事故，两名作业人员被下落的综采液压支架的护帮板挤压在采煤机与护帮板之间，造成 1 人死亡，1 人受伤，直接经济损失 247.4 万元。

2. 常见事故隐患治理措施

(1) 规范岗位操作，严格落实各项规章制度。

(2) 完善班组现场管理制度，明确岗位责任。

(3) 加强作业现场的安全检查，发现问题，及时妥善处理。

(4) 劳动组织安排合理，保证正规循环作业。

(5) 加强支护质量检查，发现不符合标准规定及时整改处理。

(6) 加强设备管理，安装、使用符合规程要求。

(7) 保证各种保护和监测系统灵敏、可靠。

(8) 加强工作面通风，防治瓦斯聚积或超限。

(9) 加强机电设备管理，确保无失爆、失修等现象。

(10) 改善作业环境，清除有害气体、爆炸、火种等危险源。

(11) 设备布置、物料堆放要符合规定要求，保持通道畅通。

(12) 正确穿戴和使用劳动保护用品。

(13) 加强职工的安全教育培训。

二、掘进班组长岗位风险管控和隐患排查治理

(一) 岗位风险管控

(1) 工作面危岩活矸掉落伤人风险、片帮伤人风险。

管控措施：作业前要进行观察，严格执行敲帮问顶制度。

(2) 掘进机运行前后及两侧有人容易伤人。

管控措施：掘进机运行期间前后 5 m、机身两侧严禁有人。

(3) 掘进机电缆损伤，发生机电事故和触电伤人事故。

管控措施:掘进机运行时要派专人看护电缆,防止有挤压现象。

(4) 任务安排时未合理搭配,导致作业期间人员力不从心或盲目瞎干,易发生安全事故。

管控措施:安排任务时从年龄、性格、技术、责任心等方面综合考虑合理搭配。

(5) 开工前安全确认流于形式,隐患排查不实,不具备开工条件组织生产,发生事故。

管控措施:作业前对照安全确认牌板逐一排查,并对重大风险管控措施落实情况进行有效确认。

(6) 班中巡查不到位,有不安全行为未及时制止,违章作业发生事故。

管控措施:做好班中巡查,每天班前会对前一天的岗位流程标准化落实情况进行总结改进,逐步规范员工行为。

(7) 炮头未落地,护罩未覆盖,易发生安全事故。

管控措施:停机后,综掘机炮头必须落地,并盖好护罩。

(8) 班前会对职工精神状态未仔细排查,人员状态不佳,易发生安全事故。

管控措施:班前会必须对每位职工的精神状态进行安全确认,精神状态不佳者,严禁入井作业。

(9) 职工为求任务进度快,违章作业发生安全事故。

管控措施:现场必须监督到位,杜绝违章作业。

(10) 工作面重点岗位巡查不到位,造成人员伤亡。

管控措施:重点岗位要经常巡查,避免发生事故。

(二) 岗位隐患排查

1. 常见事故隐患

(1) 接班未如实告知班中遗留未处理问题。

(2) 工作面现场条件发生变化时,未及时补充安全措施。

(3) 未执行敲帮问顶制度;空顶、超控顶距作业。

(4) 工作面无临时支护或临时支护不合格,前探支架移设不及时,接顶不牢固仍继续掘进作业。

(5) 架棚巷道支护出现严重变形或失效未及时处理。

(6) 锚杆(锚索)锚固力达不到设计规定值,未按照规定进行拉拔试验。

(7) 喷层厚度不符合规定要求,未对喷体厚度、强度进行检验。

(8) 爆破作业时没有设置警戒,未按照规定处理拒爆、残爆。

(9) 巷道失修严重影响通风、运输、供电、排水和行人安全。

(10) 工作面风量不足、出现局部瓦斯聚积。

(11) 未按照规定进行洒水降尘或降尘措施未落实。

(12) 机械设备故障没有处理,带病运转。

【案例9-3】 2002年9月1日,成庄矿综掘四队施工2229巷工作面,连续掘进11 m,未按作业规程要求打注锚索,致使煤顶与岩层之间离层,导致煤顶整体垮落顶板大面积冒顶,造成8人死亡。

2. 常见事故隐患治理措施

(1) 规范岗位操作,严格落实各项规章制度。

(2) 完善班组现场管理制度,明确岗位责任。
(3) 加强作业现场的安全检查,及时排查安全隐患。
(4) 劳动组织安排合理,保证正规循环作业。
(5) 支护质量符合标准要求,控顶距符合规程规定要求。
(6) 加强工作面通风,防治瓦斯聚积或超限。
(7) 瓦斯治理、综合防尘措施落实到位。
(8) 监测监控装置完好、动作灵敏可靠。
(9) 加强机电设备管理,确保无失爆、失修等现象。
(10) 正确穿戴和使用劳动保护用品。
(11) 加强职工安全教育培训。

三、机电班组长岗位风险管控和隐患排查治理

(一) 岗位风险管控

(1) 个人防护用具和防护设施不齐全完好,易发生安全事故。

管控措施:维修电工检修电气设备前,必须配备防护手套、绝缘手套、验电笔、停电牌、绝缘台、放电地线及相关工具,以上有一项不完好或缺失不符合检修条件的,都不得进行检修工作。

(2) 没有停电、闭锁挂牌或设专人监护,易发生机电事故。

管控措施:维修电工检修电气设备前,须将上级电源(或持有效的停电工作票)断电并闭锁,挂"有人工作、严禁送电"警示牌,并设专人进行监护,电气设备的停送电必须严格执行"谁停电、谁送电"的规定。

(3) 打开检修的设备没有验电、放电,就触及电器元件,易发生机电事故。

管控措施:打开电气设备前,用合格的验电笔进行验电,确认无电后,将接地线先接接地端、后接放电端进行放电。

(4) 电气设备检修完毕后,设备内遗留工具、杂物,易发生机械事故。

管控措施:电气设备检修完毕,维修电工必须认真检查设备内有无遗留工具、杂物,并检查接线及螺丝紧固情况,确认无问题,方可关闭柜门或盖板。

(5) 带电搬迁电气设备,易发生机电事故。

管控措施:检修电气设备时,严禁带电搬迁电气设备,需要搬迁电气设备时,必须将上级电源(或持有效的停电工作票)断电并闭锁,挂"有人工作、严禁送电"警示牌,并设专人进行监护。

(6) 检修完毕未检查确认就送电,易发生机电事故。

管控措施:电气设备检修完毕,维修电工必须检查接线、螺丝紧固、插头插接、进出线、橡胶圈、挡板、接地线、防爆结合面等情况,确认无问题,方可合盖送电。

(7) 测量电压时万用表挡位不对,易引起触电事故。

管控措施:万用表测量电路电流、电压时,打到对应挡位。

(8) 防爆电气开关螺丝出扣过长,导致电气设备不完好。

管控措施:防爆电气开关螺丝出扣数不超3扣。

(9) 防爆电气设备密封圈、挡板、挡圈安装顺序不对,导致设备不完好。

管控措施:密封圈分层面要向内,且密封圈、挡板、挡圈依次装好。

(10) 防爆电气设备防爆面不及时处理，导致设备不完好。

管控措施：修理好的电气设备开关应涂抹凡士林进行防爆面处理。

（二）岗位隐患排查

1. 常见事故隐患

(1) 非专职人员擅自操作电气设备。

(2) 供电系统不按规定定期试验、整定、检修。

(3) 供电线路故障未排除强制送电。

(4) 供电线路检修无措施或未严格执行措施施工。

(5) 供电存在"鸡爪子""羊尾巴"、明接头现象。

(6) 未按照规定敷设、吊挂电缆。

(7) 未按照规定执行停送电制度。

(8) 电气设备存在失爆现象。

(9) 违章带电作业、检修，带电搬迁电气设备及电缆。

(10) 未按照规定进行验放电，验放电不按规定检查瓦斯。

(11) 停电检修未悬挂停电作业牌，或未经许可，擅自摘掉停电牌。

(12) 低压配电点未按要求装设局部接地极。

(13) 井下照明配电装置，不具有短路、过负荷和漏电保护的照明信号综合保护功能。

(14) 电气设备、电缆未按规定设置标志牌或标志牌字迹不清、内容和实际不符。

(15) 手持式电气设备手柄和接触部分绝缘破坏。

(16) 未按照规定正确穿戴防护用品操作高压电气设备。

(17) 停止运转的机电设备、开关在检修、处理故障、交班和长期停运时未打到零位并闭锁。

(18) 机电设备安全保护装置和安全设施未按规定配齐。

(19) 机电设备带病运行。

2. 常见事故隐患治理措施

(1) 加强操作人员安全技能培训，持证上岗。

(2) 规范作业人员操作，杜绝"三违"行为。

(3) 加强对作业场所的安全检查，发现问题及时处理。

(4) 完善机电管理制度，明确操作人员岗位职责。

(5) 定期对机电设备、设施进行检测检验。

(6) 严格按照规定要求装设过流、漏电、保护接地装置。

(7) 保证各种保护和监测系统灵敏、可靠；电气设备、电缆无失爆。

(8) 严格落实停送电制度。

(9) 保证各种保护和监测系统灵敏、可靠，设备、电缆无失爆。

(10) 加强设备管理，按规定做好设备和安全设施、防护装置的维护保养。

(11) 按照规定正确穿戴和使用劳动防护用具、用品。

(12) 不断完善工程设计，改善作业条件，提升机电装备水平。

四、运输班组长岗位风险管控和隐患排查治理

(一)岗位风险管控

(1) 职工为求任务违章作业,造成人员伤亡。

管控措施:现场必须监督到位、杜绝违章作业。

(2) 重点岗位巡查不到位造成人员伤亡。

管控措施:重点岗位要经常巡查,避免发生事故。

(3) 各类安全技术措施未学习贯彻,发生工伤事故。

管控措施:严格贯彻和学习各种技术安全措施和风险辨识。

(4) 未及时了解和处理生产过程中各类问题。

管控措施:必须在现场亲自指挥,了解上一班遗留的问题。

(5) 高空作业未系安全带,易造成人员坠落。

管控措施:高空作业必须系好安全带,安全带高挂低用。

(6) 班前会对职工精神状态未仔细排查,发生安全事故。

管控措施:班前会确认职工情绪,严格执行四步骤五必做。

(7) 纵容职工习惯性违章。

管控措施:杜绝违章作业。

(8) 发生灾害时,现场指挥救灾、指挥避险不当,造成灾情扩大或伤及人员生命。

管控措施:跟班队长作为现场指挥救灾避险的第一责任人,必须时刻清楚现场救灾避险的原则并按照原则组织实施。

(9) 新分配职工上岗前未签订师徒合同和自保互保联保责任书,发生安全事故。

管控措施:新分配职工上岗前必须有专职师傅并和师傅签订自保互保联保责任书。

(10) 班前会未进行情绪确认发生事故。

管控措施:班前会必须对每位员工进行情绪确认。

(二)岗位隐患排查

1. 常见事故隐患

(1) 操作人员无证操作(驾驶)。

(2) 提升运输制度不完善,岗位操作不规范。

(3) 轨道线路未按标准铺设,同一线路未使用同一型号钢轨。

(4) 道岔不合格,道岔的钢轨型号低于线路的钢轨型号。

(5) 未按照规定要求对提升装置进行安全检查。

(6) 提升信号不明或未发出信号进行提升操作。

(7) 提升钢丝绳磨损、断丝、锈蚀超过规定,未按规定期限更换钢丝绳。

(8) 专为升降人员和升降人员与物料的罐笼乘人层顶部未设置可以打开的铁盖或铁门。

(9) 提升罐笼装车未按规定使用挡车装置。

(10) 斜巷运输未按规定装车、刹车或超挂车。

(11) 斜巷轨道运输未按规定安装使用声光语音报警装置及红灯。

(12) "一坡三挡"不齐全完好或使用管理不符合规定。

(13) 斜巷运输违反"行车不行人,行人不行车"规定。

(14) 斜巷轨道运输未按规定周期进行检查和试验安全保护装置。

(15) 带式输送机未按规定对保护装置进行试验,保护装置不齐全或失灵。
(16) 机车牵引速度超过规程规定。
(17) 电机车的制动、灯、警铃、连接装置等故障无处理运行。
(18) 蓄电池电机车电气检修未在维修车库内进行。
(19) 机车行近巷道口、硐室口、弯道、道岔或者噪声大等地段,未减速慢行,未发出警示信号。
(20) 违反人力推车规定的,推车过程中,不按规定发出警号。
(21) 架空乘人装置未按照乘人制度执行。
(22) 架空乘人装置、制动装置、抱索器等不完好。
(23) 无极绳绞车保护装置、通信信号、语音及红灯信号不全或失效。
(24) 无极绳绞车托、压绳轮数量不足,出现跳绳、磨绳现象。
(25) 未按照规定使用专用人车运送人员或超员运送。

2. 常见事故隐患治理措施

(1) 加强操作人员安全技能培训,持证上岗。
(2) 规范作业人员操作,杜绝"三违"行为。
(3) 加强对作业场所的安全检查,发现问题及时处理。
(4) 落实提升运输管理制度,明确岗位职责。
(5) 提升运输设备的选型、安装符合规程要求。
(6) 加强轨道的日常检查维护,发现轨道不符合标准规定及时处理。
(7) 定期对提升运输设备、设施进行检测检验、维护保养,保持设备完好。
(8) 加强保护装置检查和提升车辆连接检查。
(9) 按照规定运送设备、物料,捆绑牢固可靠,有防跑、防滑措施。
(10) 改善提升运输机械的安全性能,提升运输标准化管理。

五、通风班组长岗位风险管控和隐患排查治理

(一) 岗位风险管控

(1) 未检查作业地点顶帮支护、周围环境,容易造成顶帮落石伤人。
管控措施:认真检查顶帮支护,挑落活矸,确认周边无碎矸后,方可施工。
(2) 未检查作业地点瓦斯毒气,易造成瓦斯超限或毒气窒息伤人。
管控措施:认真检查,瓦斯毒气不超标,方可施工。
(3) 施工现场安全措施监督不到位,易发生伤害事故。
管控措施:现场施工严格按规程措施执行,杜绝"三违"。
(4) 未及时处理施工过程中的隐患和问题,施工期容易发生伤害事故。
管控措施:必须在施工现场亲临指挥,现场发现隐患、问题及时采取措施组织处理。
(5) 未按规定砌筑墙体,墙体歪斜塌落伤人。
管控措施:施工砌墙铺底搭线正确,砖块摆放平稳,砂浆饱满,砖缝交错搭接,墙面平整。
(6) 脚手架搭接不牢,易摔伤。
管控措施:脚手架平台搭接牢固,平台底座安放平稳,不晃动、不歪斜,上架人员系好安全带,站在脚手架平台中部。
(7) 多人作业配合过失,容易造成物件砸伤人员。

管控措施：多人作业抬举物件时要配合密切，用力均匀，同起同放，有专人指挥。

（8）未及时处理施工过程中隐患和问题，施工期容易发生伤害事故。

管控措施：必须在施工现场亲临指挥，现场发现隐患、问题及时采取措施组织处理。

（9）盲巷管理不到位，容易发生人员窒息伤害事故。

管控措施：临时停工的地点不得停风，否则必须设置警标，搭设栅栏，严禁人员入内。

（10）随意脱掉安全帽坐在安全帽上休息，易造成顶帮落石砸伤人员。

管控措施：休息时，严禁人员随意脱掉安全帽坐在安全帽上休息，必须选择支护完好的地点休息。

（二）岗位隐患排查

1. 常见事故隐患

（1）通风系统不合理，通风设施不齐全。

（2）未按照规程规定进行测风和风流调节。

（3）用风地点出现无风、微风及不符合规定的串联通风。

（4）局部通风机安装位置不符合规定要求，产生循环风。

（5）局部通风机"三专两闭锁"装置故障未排除、未采取有效措施继续使用。

（6）局部通风机停止运转后，未停止作业、切断电源、撤出人员。

（7）工作面漏风导致风量不足，未及时处理仍继续作业。

（8）风门同时打开，造成用风地点风流短路现象。

（9）巷道贯通后，调整通风系统不及时，造成瓦斯积聚。

（10）除尘制度不健全、防尘系统不完善、防尘设施不全。

（11）未按规定进行冲刷、清扫煤尘，造成煤尘堆积。

（12）未采用湿式钻眼。

（13）爆破作业未按照规定采用乳化炸药、水炮泥；爆破前后，未按照规定进行洒水降尘。

（14）采掘机械无内、外喷雾装置，内、外喷雾装置不合格或使用不正常。

（15）各运煤（岩）转载点无喷雾洒水装置，造成粉尘浓度超限。

（16）作业人员未正确佩戴劳动防护用品。

（17）瓦斯检查工出现空岗、脱岗、漏检及假检现象。

（18）瓦斯监测探头吊挂位置不符合规定要求，导致监测数据失真。

（19）作业地点瓦斯超限时，不采取措施，继续组织作业。

（20）煤与瓦斯突出危险的采掘工作面未严格落实防突措施。

（21）工作面出现局部瓦斯聚积，未进行瓦斯排放或排放措施不落实。

（22）工作面瓦斯超限时未及时切断电源、撤出人员；未及时汇报和采取措施进行处理。

（23）作业地点瓦斯浓度超过规程规定，仍坚持爆破作业。

（24）未建立消防库或库内消防器材不齐全，未定期检查、更换。

（25）携带点火、易燃物入井。

（26）违反规定在井下动火作业。

（27）开采有自然发火危险的煤层，未严格执行防灭火措施。

（28）未按规定使用阻燃电缆、风筒、带式输送机等。

(29) 带式输送机巷道无消防管路,机头未按规定采用不燃材料支护;机头硐室无砂箱和灭火器材;输送机无烟雾报警装置。

(30) 未按照规程规定管理火区。

2. 常见事故隐患治理措施

(1) 严格执行隐患排查治理制度,及时排查现场动态隐患。

(2) 规范作业人员的安全行为,严格执行操作规程。

(3) 加强对作业场所的安全检查,发现隐患及时整改处理。

(4) 改善作业场所的通风条件,维持适宜的温度、湿度和照明度。

(5) 合理选择通风方式、方法、风量分配;井下作业地点实际供风量不小于所需风量。

(6) 严格按照规程要求选用通风设备。局部通风机安装、供电、闭锁功能、检修、试验等符合规程规定,运行稳定可靠,无循环风。

(7) 按规定构筑通风设施;设施可靠,有利于通风系统调控。

(8) 加强瓦斯检测,防治瓦斯聚积、超限。

(9) 完善综合防尘措施,防尘设备、设施齐全,使用正常。

(10) 按规定建立防灭火系统,系统运行正常,防灭火措施落实到位。

(11) 加强开采容易自然发火煤层的监测、预测预报工作。

(12) 正确穿戴和使用劳动保护用品、用具。

【案例9-4】 2020年12月4日,重庆市胜杰再生资源回收有限公司(以下简称胜杰回收公司)在重庆市永川区吊水洞煤业有限公司(以下简称吊水洞煤矿)回收设备时发生重大火灾事故,造成23人死亡、1人重伤,直接经济损失2632万元。事故直接原因:胜杰回收公司在吊水洞煤矿井下回撤作业时,回撤人员在-85 m水泵硐室内违规使用氧气/液化石油气切割水泵吸水管,掉落的高温熔渣引燃了水仓吸水井内沉积的油垢,油垢和岩层渗出油燃烧产生大量有毒有害烟气,在火风压作用下蔓延至进风巷,造成人员伤亡。

事故暴露出吊水洞煤矿和胜杰回收公司安全管理混乱,未落实煤矿入井检身制度,入井人员未随身携带自救器,隐患排查治理不到位。

(注:本书配套了煤矿班组长安全培训考核题库(综合本),扫描封底二维码,学员登录"众学教培服务平台"可以免费练题。一书一码,盗版书不能登录。具体登录方法见本书目录前面一页。)

第十章　煤矿班组安全生产标准化管理

第一节　煤矿安全生产标准化管理体系

煤矿安全生产标准化管理体系就是煤矿企业通过落实煤矿安全生产主体责任,通过全员全过程参与,建立并保持煤矿安全生产管理体系,全面管控煤矿生产经营活动各环节的安全生产与职业卫生工作,实现煤矿安全健康管理系统化、岗位操作行为规范化、设备设施本质安全化、作业环境器具定置化,并持续改进。

一、煤矿安全生产标准化管理体系的内涵

煤矿是安全生产的责任主体,应通过树立安全生产理念和目标,实施安全承诺,建立健全组织机构,配备安全管理人员,建立并落实安全生产责任制和安全管理制度,开展风险分级管控、隐患排查治理、质量控制,通过持续改进,不断规范安全生产管理,将煤矿安全生产标准化管理软件与硬件相统一、动态与静态相统一、过程与结果相统一,提升煤矿安全保障能力,实现安全发展。

煤矿安全生产标准化管理体系包含煤矿安全理念目标和矿长安全承诺、组织机构、安全生产责任制及安全管理制度、从业人员素质、安全风险分级管控、事故隐患排查治理、质量控制(通风、地质灾害防治与测量、采煤、掘进、机电、运输、调度和应急救援、职业卫生和地面设施)、持续改进等相关生产环节和相关岗位的安全质量工作,其必须符合法律法规、规章、规程等规定,达到并保持良好的标准,保障矿工的安全、身体健康和矿井长治久安,逐步达到安全型矿井标准。

二、煤矿安全生产标准化管理体系的特点

煤矿安全生产标准化管理体系的主要特点体现在六个方面。

(1) 强化煤矿企业安全生产主体责任落实。煤矿安全生产标准化管理体系将安全生产责任制和安全生产管理制度作为一项体系要素,对煤矿安全生产责任制的建立与考核,以及各项管理制度的建立、执行与考核进行了明确规定。

(2) 突出煤矿领导作用的发挥。煤矿安全生产标准化管理体系的8项要素中,"煤矿安全理念目标和矿长安全承诺""组织机构""安全生产责任制及安全管理制度""从业人员素质""安全风险分级管控""事故隐患排查治理""持续改进"7项要素主要由煤矿领导推动实施,对矿长和管理层职责提出了明确要求。

(3) 完善煤矿安全风险预防控制体系。将重大风险管控与隐患排查相结合,把风险管控措施落实情况作为隐患排查的内容,实现了二者有机衔接。将安全风险管控工作向煤矿基层延伸,明确了区队、科室的风险管控责任,将重大风险的管控措施落实延伸到区队、班

组,岗位作业人员在作业前进行安全风险辨识和安全确认,逐步推进全员、全过程、全方位的安全风险管控。

(4) 推动煤矿建立完善安全承诺制度。煤矿安全生产标准化管理体系将"矿长安全承诺"作为一项考核要素,明确煤矿矿长承诺的内容、方式、兑现考核等要求。

(5) 强化管理制度落地和实操考核。一方面,从煤矿矿长到岗位作业人员实施现场考试考核,在考核煤矿责任制、制度有无的同时,抽查责任制是否落实,抽查制度是否有效执行;另一方面,从煤矿矿长到岗位作业人员实施现场考试考核,推动检查考核由查资料向查现场转变,使理念目标、风险、制度措施等各项内容内化于心、外化于行。

(6) 推动煤矿"一优三减"和人员素质提升。推动煤矿采用"一井一面""一井两面"生产模式;推动煤矿逐步取消调度绞车,鼓励在掘进工作面采用锚杆锚固质量无损检测技术、综掘机装备机载支护装置;推动煤矿智能化建设,鼓励煤矿建设智能化采煤工作面和智能化综合掘进系统;严把煤矿从业人员准入关口,对矿长、副矿长、总工程师、副总工程师、专业技术人员、特种作业人员和普通从业人员素质提出明确要求,并要求井下不得违规使用劳务派遣工。

第二节 煤矿班组安全生产标准化

煤矿班组长必须掌握相关的岗位职责、管理制度、技术措施,严格执行本岗位安全生产责任制;作业人员掌握本岗位相应的操作规程、安全措施,规范操作;现场作业人员操作规范,无"三违"行为,作业前进行岗位安全风险辨识及安全确认;班组长确保作业场所卫生整洁,照明符合规定;工具、材料等摆放整齐,管线吊挂规范,图牌板内容齐全、准确、清晰。

一、班组安全生产标准化的工作要求

(1) 强化煤矿班组安全建设,制定班组建设规划、目标,保障班组安全建设资金,完善班组安全建设措施。

煤矿企业应当建立健全从企业、矿井、区队到班组的班组安全建设体系,把班组安全建设作为加强煤矿安全生产基层和基础管理的重要环节,明确分管负责人和主管部门,制定班组建设整体规划、目标和保障措施。

煤矿企业工会要加强宣传和指导,积极参与煤矿班组安全建设,要建立健全区队工会和班组工会,强化班组民主管理,维护职工合法权益。

(2) 加强班组现场管理,落实班组安全责任,制定班组安全工作标准,规范工作流程。

煤矿企业应当依据《煤矿安全规程》、作业规程和煤矿安全技术操作规程等规定,制定班组安全工作标准、操作标准,规范工作流程。

① 班组必须严格班前会制度,结合上一班作业现场情况,合理布置当班安全生产任务,分析可能遇到的事故隐患并采取相应的安全防范措施,严格班前安全确认。

② 班组必须严格执行交接班制度,重点交接清楚现场安全状况、存在隐患及整改情况、生产条件和应当注意的安全事项等。

③ 班组要坚持正规循环作业和正规操作,实现合理均衡生产,严禁两班交叉作业。

④ 班组必须严格执行隐患排查治理制度,对作业环境、安全设施及生产系统进行巡回检查,及时排查治理现场动态隐患,隐患未消除前不得组织生产。

⑤ 班组必须认真开展安全生产标准化工作,加强作业现场精细化管理,确保设备设施

完好,确保各类器材、备用配件、工器具等摆放整齐有序,清洁文明生产,做到岗位达标、工程质量达标,实现动态达标。

⑥ 班组应当加强作业现场安全监测监控系统、安全监测仪器仪表、工器具和其他安全生产设施的保护和管理,确保正确正常使用、安全有效。

二、班组安全管理制度建设

(1)建立并严格执行下列制度:
① 班前会和交接班制度。
② 班组安全生产标准化和文明生产管理制度。
③ 学习制度。
④ 民主管理班务公开制度。
⑤ 安全绩效考核制度。

(2)制度的建立和完善。
① 班组安全建设的载体和基本前提是建立完善相关制度。
② 煤矿企业在制定、修改班组安全管理规章制度时,应当经职工代表大会或者全体职工讨论,与工会或者职工代表平等协商确定。
③ 煤矿安全标志建设的制度应以规范载体(矿行政文件)下发。
④ 制度的内容结合本煤矿安全管理、现场隔离、隐患排查治理等实际予以完善,具有科学性、适宜性、可操作性。

三、班组安全管理组织建设

(1)配备群众安全监督员。
① 每个班组至少配备1名群众安全监督员(不得由班组长兼任)。
② 人员较少的班组,也可以以工会小组为单位,每个工会小组设立1名群众安全监督员。
③ 必须明确群众安全监督员的职责。
④ 群众安全监督员的履职履责情况应有据可查。

(2)班组建有民主管理机构,并组织开展班组民主管理活动。
① 班组民主管理机构。煤矿应建立班组民主管理机构,并明确班组民主管理机构是如何建立的。
② 班组民主管理活动。
a)煤矿应以权威载体的形式(例如煤矿工会文件),明确班组应开展民主管理活动的组织形式和活动内容等。
b)班组应按照煤矿对班组开展民主管理活动的统一要求实施民主管理活动。
c)班组民主管理主要内容至少应包括政治、经济、生产技术、安全管理、职工合法权益保障、生活等方面。

(3)开展班组建设创先争优活动,组织优秀班组和优秀班组长评选活动;建立表彰奖励机制。
① 煤矿开展创先争优活动应有管理制度,应包括基层班组如何开展创先争优活动;优秀班组如何建设和组织评选;优秀班组长如何组织评选;对优秀班组、优秀班组长的表彰奖励机制等。

② 活动开展:班组应按照煤矿相关制度的规定开展创先争优活动。
(4) 建立班组长选聘、使用、培养机制,制度应明确:
① 班组长的任职条件。
② 班组长的职责。
③ 班组长的权利。
④ 班组长的工作标准。
⑤ 班组长的业务技术培训等。
⑥ 班组长的考核、约束机制。
煤矿要建立人才选拔、任用机制,应能够体现:
① 如何积极地从优秀班组长中选拔人才。
② 把班组长纳入科(区)管理人才培养计划。
③ 区队安全生产管理人员原则上要有班组长经历。
(5) 赋予班组长及职工在安全生产管理、规章制度制定、安全奖罚、民主评议等方面的知情权、参与权、表达权、监督权。
煤矿应以制度形式,明确班组长及职工如何在安全生产方面实施参与权、知情权、表达权、监督权、紧急避险权等。

四、班组现场安全管理的要求

(1) 班前有安全工作安排,班组长督促落实作业前进行岗位安全风险辨识及安全确认。
① 班前安全工作安排内容与记录。
② 班前工作现场的安全确认内容与标准。
③ 在班中,班组长实施监督检查作业前安全确认的方式方法。
④ 班组岗位作业流程图及流程标准化。
⑤ 班组岗位作业前风险辨识评估及管控措施落实情况。
⑥ 班组安全生产及事故记录等。
(2) 严格执行交接班制度,交接重点内容包括隐患及整改、安全状况、安全条件及安全注意事项。
① 煤矿的基层施工作业单位应建立生产作业现场(岗位)的交接班制度。该制度至少应明确:交接实施主体责任人;交接的工作内容;交接的程序;交接时隐患的处置;是否应形成交接班记录等。
② 班组或岗位人员,按照制度的要求实施交接班。
(3) 组织班组正规循环作业和规范操作。
① 正规循环作业。
a) 煤矿的采煤、开拓、掘进等生产作业现场的正规循环作业应在采煤作业规程中予以明确。
b) 煤矿的采煤、开拓、掘进现场应严格按照作业规程的相关规定实施正规循环作业。
② 规范操作。
a) 岗位达标是标准化管理基础,是煤矿安全生产标准化的内容之一。
b) 煤矿应将岗位标准化纳入煤矿达标管理的范畴。
c) 煤矿应细化并明确:哪些工种(岗位)应实施规范操作;岗位规范操作的具体内容(标

准);岗位规范操作检查和考核机制。

③ 井工煤矿实施班组工程(工作)质量巡回检查,严格工程(工作)质量验收。

a) 班组应按照本单位(或本煤矿)安全管理制度(或工程质量管理制度、工程质量验收制度、隐患排查治理制度等)的相关规定,严格实施现场施工(工作)过程的质量巡回检查、工程(工作)质量验收。

b) 班组实施工程(工作)质量的巡回检查和工程(工作)质量的验收情况,按照本单位(或本煤矿)相关制度的规定进行记录。

第三节 煤矿班组岗位作业流程标准化

岗位作业流程标准化是以岗位定责任、定流程、定标准,规范一线员工的安全行为和操作规范;推行岗位作业流程标准化应立足于岗位,着力于加强管理和素质提升,以辨识管控岗位作业风险为前提,以排查治理作业过程隐患为重点,以规范管理员工岗位操作为目的,以"岗位达标、专业达标、企业达标"为目标,使员工熟知岗位知识和操作技能、按流程作业、按标准作业,能够掌握作业条件和环境变化时现场处置能力,推动员工养成在岗按流程标准化作业的习惯。

推行岗位作业流程标准化应按照班前会"四步骤""五必做""岗前黄金五分钟""风险五步法""职工入井必带证件"等方法进行流程梳理,让员工养成注重作业过程的每个细节,从而引导员工上标准岗、干标准活,消除作业风险,提高作业效率。

(1) 四步骤:总结上一班、安排本班、风险辨识、情绪确认。

(2) 五必做:每班领学一道应知应会安全知识;每班由一名工人用"手指口述"方式对岗位职责、标准作业流程、分析辨识及管控进行演示;每班对3名工人抽考所学安全知识;每班播放5分钟安全规程、措施等学习视频;每周一队组播放一次安全事故警示教育片。

(3) 岗前黄金五分钟:一是班组人员到达作业现场后,由跟班队长、班组长进行作业前安全巡查和安全确认,根据现场实际作业环境及时排查治理存在问题和灵活安排当班任务;二是各岗位作业人员在作业前对照"岗位作业流程标准"和作业现场"6S"标准要求对本岗位作业流程、风险辨识及管控措施进行叙述。

(4) 风险五步法:制卡、亮卡、读卡、检卡、充卡。

制卡:在年度安全风险管控清单的基础上,队组和专业科室,自下而上,上下联动,充分听取岗位作业人员意见,结合岗位实际制作各岗位安全风险告知卡并发放到每位职工手中,入井时随身携带。

亮卡:所有下井人员,必须随身携带本安全岗位风险告知卡,安监部门在井口和作业现场不定时抽查,让所有入井人员有"岗岗有风险、风险随时在、风险随时控"的安全理念。

读卡:要求职工在作业前,迅速读取本岗位存在的各类风险,对照卡上的管控措施验证是否管控到位,同时要熟知并掌握风险告知卡上各项安全风险的应急措施。

检卡:各级管理人员在下井检查过程中,结合现场作业,对各岗位人员安全风险防范的有关情况进行抽查督促。井口检身员在入井检身过程中,对入井持卡情况进行抽查。

充卡:安监部门每两个月对岗位风险告知卡进行一次抽查评比,根据评比情况,结合岗位人员在实际操作过程中、全国各地通报的煤矿事故警示或其他涉险行为等不断发现的新风险,岗位人员制定、队组技术员完善制作,周而复始,不断增添和替换内容。

(5) 职工入井应带证件:上岗证、特工(安管)证、岗位职责卡、风险告知卡、岗位隐患排查卡、应急处置卡等。

一、采煤班组长岗位作业流程标准化

(一) 岗位作业流程

开好班前会→到达作业现场→现场巡查、安全确认→作业前→组织"岗前黄金 5 分钟"→安排注意事项→作业中→工程质量验收→设备运行状态→人员状态→作业后→安全检查→汇报当班情况→交班→出井,如图 10-1 所示。

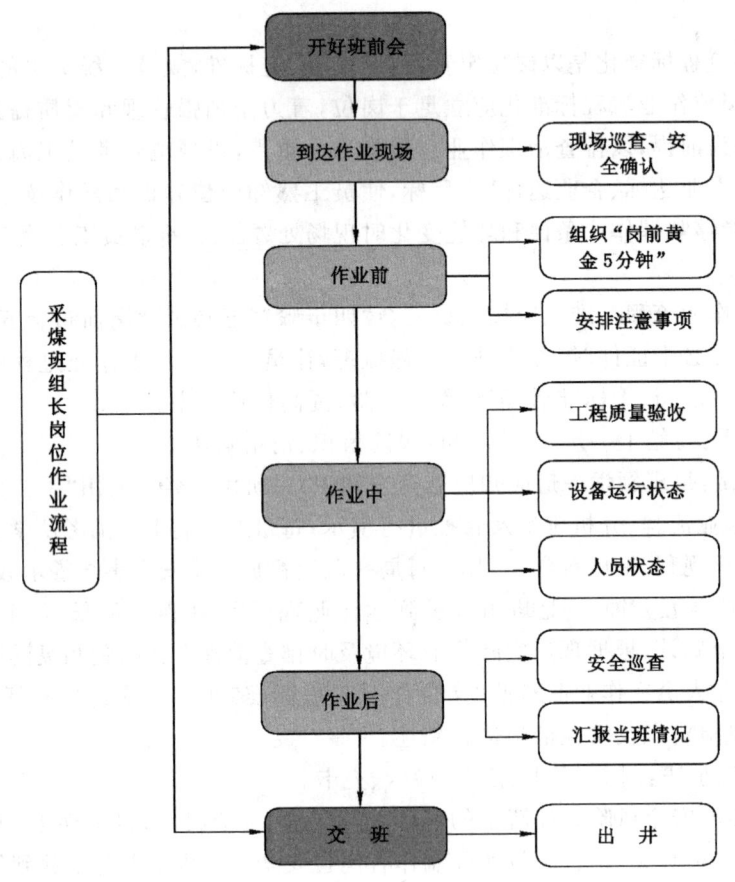

图 10-1 采煤班组长岗位作业流程

(二) 岗位作业流程标准

(1) 作业现场是否进行巡查和安全确认,并组织员工落实岗前"黄金 5 分钟"的流程。

(2) 检查工作面支护是否完好、有无危岩活矸现象。

(3) 检查工作面瓦斯浓度是否正常。

(4) 检查工作面甲烷传感器是否吊挂正确。

(5) 检查工作面管路是否整齐、有无跑冒滴漏现象。

(6) 检查工作面是否符合生产要求。

(7) 检查各设备是否运转正常,控制器是否灵敏可靠,并试机。
(8) 开机前,先向工作面发出信号,确认各运行设备内无人作业。
(9) 检查刮板输送机机头与转载机搭接是否合理,有无回煤。
(10) 检查电机、减速器运转是否正常,温度是否符合要求。
(11) 检查工作面喷雾效果是否良好。
(12) 检查工作面三直两平两畅通是否符合标准。
(13) 作业后清理工作现场、各种材料码放整齐、工具摆放整齐。
(14) 检查溜槽内煤是否已全部拉空,可以停机。
(15) 检查启动按钮是否已停电闭锁,喷雾、冷却水关闭。
(16) 检查机头、机尾煤泥清理是否干净,安全出口畅通。
(17) 向当班跟班队长汇报工作情况。

二、掘进班组长岗位作业流程标准化

(一) 岗位作业流程

开好班前会→到达作业现场→现场巡查、安全确认→作业前→组织"岗前黄金5分钟"→安排注意事项→作业中→工程质量验收→设备运行状态→人员状态→作业后→安全检查→汇报当班情况→交班→出井,如图10-2所示。

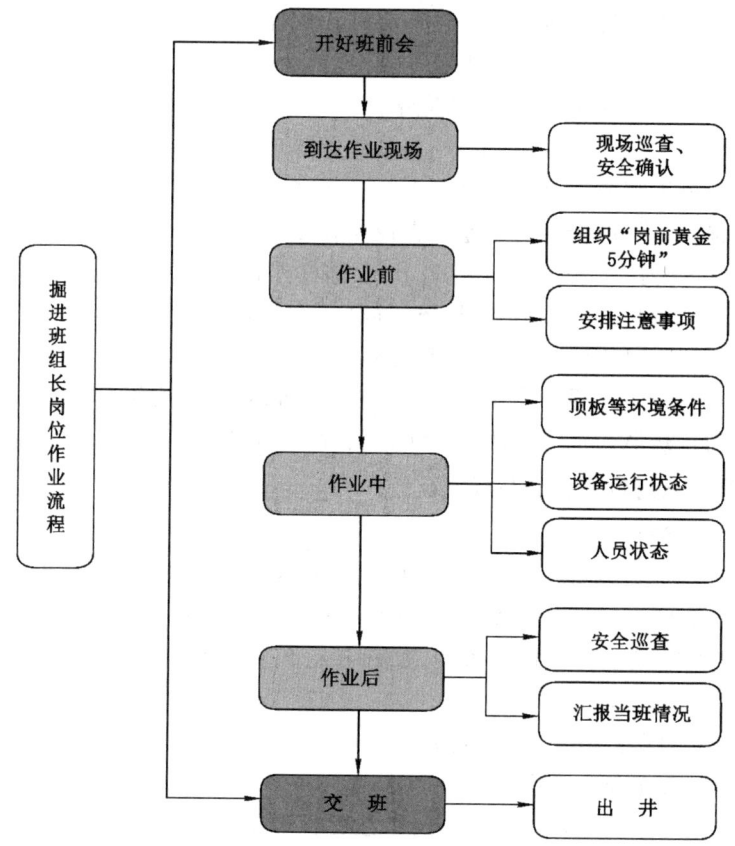

图 10-2 掘进班组长岗位作业流程

(二) 岗位作业流程标准

(1) 现场向上一班跟班领导询问安全生产情况,有遗留问题妥善安排处理,无遗留问题正常交接班。

(2) 现场进行巡查,安全确认牌板按要求填写,重大风险管控措施已落实到位。

(3) 检查现场是否有透水预兆,允许掘进距离牌板是否填写正确,是否悬挂在5 m范围内。

(4) 检查工作面风流是否正常。

(5) 检查顶帮支护是否完好,有无片帮、离层、漏顶现象。

(6) 检查红外线一点三线是否已照至工作面,巷道有无超挖欠挖现象。

(7) 检查现场消防设施是否配备齐全。

(8) 检查工作面全断面喷雾是否符合要求。

(9) 检查压风、供水装置是否距工作面25～40 m,设置数量是否满足作业人员的需求。

(10) 检查粉尘传感器是否在非风筒侧距迎头30 m范围内,应急语音广播在迎头50 m范围内。

(11) 检查甲烷传感器距工作面是否小于5 m,距帮不大于0.2 m,距顶不小于0.3 m。

(12) 检查带式输送机保护是否齐全、安装位置是否合理。

(13) 检查工作面电气设备是否存在不完好或失爆状态。

(14) 检查工作面人员是否超过规定要求。

(15) 各作业点安全退路畅通,确认完毕。

(16) 检查作业人员有无睡岗、蛮干、违章作业等现象。

(17) 检查巷道工程质量是否符合要求。

(18) 检查锚杆、锚索间排距,偏差是否控制在10%以内。

(19) 检查锚索外露是否为150～250 mm、锚杆外露是否为10～50 mm。

(20) 检查锚索拉拔力是否为40 MPa、锚杆扭力矩是否为15 kN。

(21) 检查工器具是否码放规范、材料是否码放整齐。

(22) 检查现场卫生是否干净整洁,支护质量是否达标,是否符合"6S"管理要求。

(23) 现场向接班队长汇报本班安全生产情况,与工人共同出井。

三、机电班组长岗位作业流程标准化

(一) 岗位作业流程

开好班前会→到达作业现场→现场巡查、安全确认→作业前→组织"岗前黄金5分钟"→安排注意事项→作业中→巡查岗位劳动纪律→设备运行状态→人员精神状态→作业后→作业后巡查→汇报当班情况→交班→出井,如图10-3所示。

(二) 岗位作业流程标准

(1) 巡查周围的支护情况、环境卫生。

(2) 检查现场有无安全隐患。

(3) 人员检修操作前是否执行停电闭锁挂牌管理制度。

(4) 班中巡查设备运行情况。

(5) 巡查是否有人员脱岗、睡岗现象。

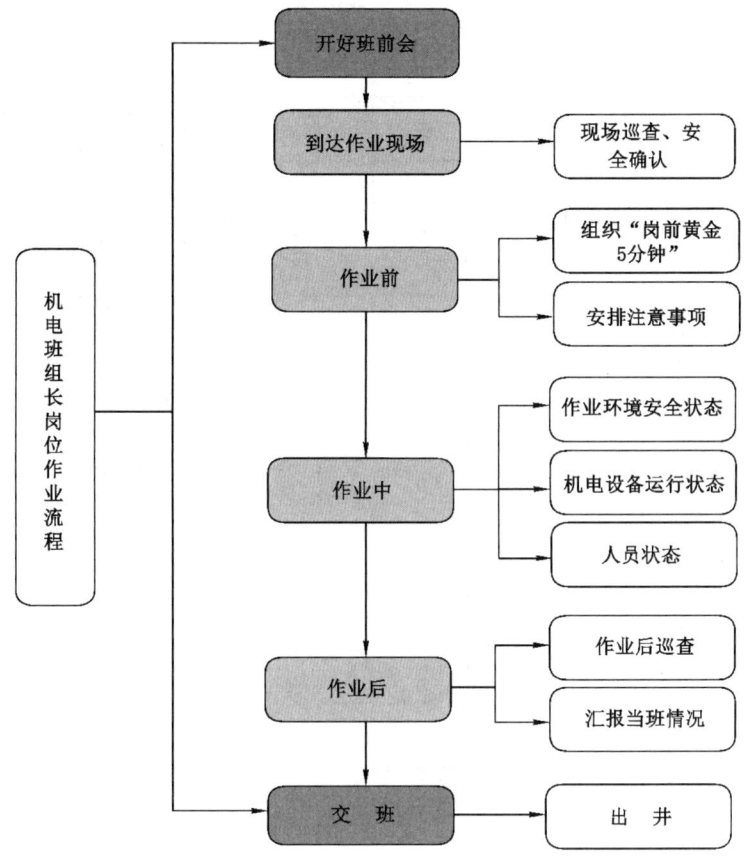

图 10-3　机电班组长岗位作业流程

(6) 检查各类记录、牌板是否填写规范。
(7) 检查各配电地点的消防器材是否齐全完好。
(8) 严格执行班组长、检修工(巡检工)、电工三人联锁制度。

四、运输班组长岗位作业流程标准化

(一) 岗位作业流程

开好班前会→到达作业现场→现场巡查、安全确认→作业前→组织"岗前黄金5分钟"→安排注意事项→作业中→巡查岗位劳动纪律→设备运行状态→人员状态→作业后→作业后巡查→汇报当班情况→交班→出井，如图 10-4 所示。

(二) 岗位作业流程标准

(1) 带式输送机各部位螺丝紧固，信号声音响亮，各闭锁键灵敏可靠。
(2) 消防器材齐全完好，各部件完好无缺。
(3) 各岗位认真检查，卫生清洁干净。
(4) 上班运行正常，无遗留问题，可以开机运行。
(5) 各带式输送机运转正常，声音、温度正常，各清扫器完好有效，无跑偏现象，托辊齐全运转正常。

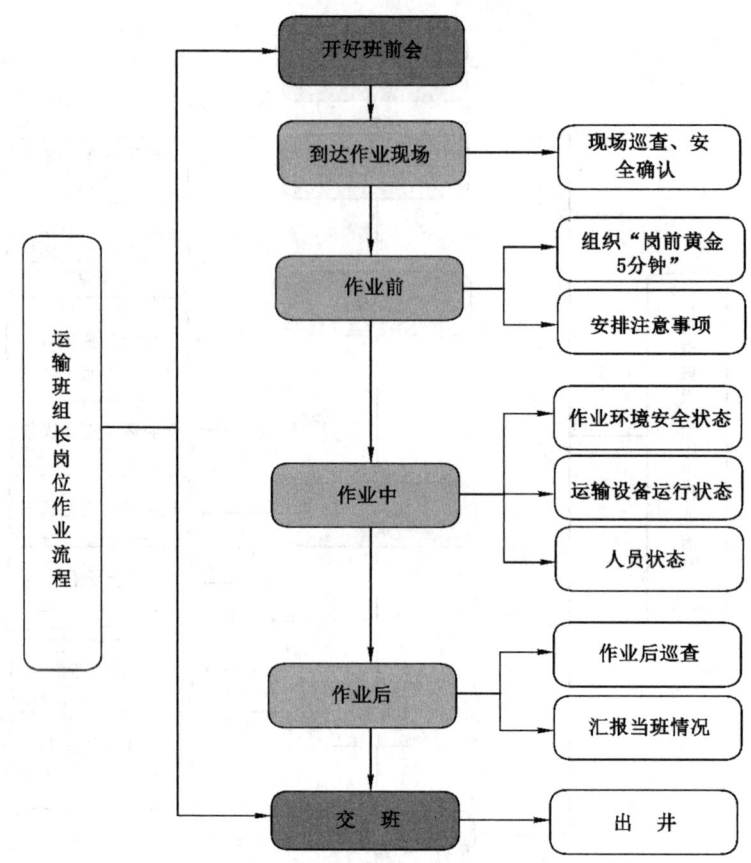

图 10-4　运输班组长岗位作业流程

(6) 备品备件及工具齐全完好,存储地点明确。

(7) 带式输送机八大保护齐全完好,安装位置正确:

① 防滑保护:速度传感器式防滑保护装置是将磁铁安装在改向滚筒的侧面,速度传感器安装在与磁铁相对应的带式输送机架上,速度传感器探头的中心应对准磁钢的中心,两者皆要用螺丝固定牢固,间距 5～10 mm,直到动作灵敏可靠为止。滚轮式防滑保护装置应将速度传感器安装在下部输送带上表面,并使输送带与滚轮保持足够的驱动摩擦力,要求固定牢固,偏离输送带中心线不超过±100 mm。防滑保护装置应每天在检修期间试验一次。

② 堆煤保护:两部带式输送机转载搭接时,堆煤保护传感器在卸载滚筒前方吊挂,传感器触头水平位置应在落煤点的正上方,距下部输送带上带面最高点距离不大于 500 mm,且吊挂高度不高于卸载滚筒下沿,安装时要考虑洒水装置状况,防止堆煤保护误动作。输送带与煤仓直接搭接时,分别在煤仓满仓位置及溜煤槽落煤点上方 500 mm 处各安装一个堆煤保护传感器,两处堆煤保护传感器都必须灵敏可靠。堆煤保护装置应每天在检修期间试验一次。

③ 防跑偏装置:机头、机尾各安装一组防跑偏保护传感器,应垂直安装在带式输送机机头架两侧槽钢上,离机头卸载滚筒约 5 m 处,安装要牢固。防跑偏装置应每天在检修期间

试验一次。

④ 温度保护:热电偶感应式超温洒水保护传感器应固定在主传动滚筒瓦座(轴承座)上。采用红外线传感器时,传感器发射孔应正对主传动滚筒轴承端盖(瓦座)处进行检测,传感器与主传动滚筒距离为 300～500 mm;每天检查并模拟试验一次,每月更换一次。

⑤ 烟雾保护:烟雾保护传感器应安装在带式输送机机头下风侧 5～15 m 处的上部输送带正上方,距离顶板不大于 300 mm,每天检查并模拟试验一次。

⑥ 超温自动洒水装置:自动洒水电磁阀应固定在输送机驱动滚筒一侧带式输送机架上,喷头位于主驱动滚筒上方,保证安装牢固,超温自动洒水装置的电磁阀每月更换一次。

⑦ 急停拉线开关:急停拉线开关安装在带式输送机机架的行人侧,以便于操作和观察,从带式输送机机头到带式输送机机尾每隔 50 m 安装一台,所有的拉线开关要用钢丝绳进行连接,拉绳要松紧适度,垂度一致,每天在检修期间试验一次。

⑧ 防撕裂保护:撕裂传感器安装在带式输送机机头后部带式输送机架上,位于上下输送带之间,保持与输送带平行,与上部输送带间距为 100 mm,固定要牢固,每天在检修期间试验一次。

⑨ 先发出信号(一停、二开),点动带式输送机试运行无异常后,再开启正常运行。

⑩ 根据煤的湿润情况开启喷雾,停机必须停水(喷雾)。

⑪ 运行过程中观察好运行情况。

⑫ 带式输送机拉空后,将开关停电并闭锁。

⑬ 各部件浮煤、杂物及时清理干净,文明生产。

五、通风班组长岗位作业流程标准化

(一) 岗位作业流程

开好班前会→到达作业现场→现场巡查、安全确认→作业前→组织"岗前黄金 5 分钟"→安排注意事项→作业中→验收工程质量→通风设备情况→人员劳动纪律→作业后→作业后巡查→汇报当班情况→交班→出井,如图 10-5 所示。

(二) 岗位作业流程标准

(1) 组织召开班前会,班前会严格按照"四步骤,五必做"内容进行安排。

(2) 班前会上,总结上一班存在的问题,及时进行纠正,分配落实当班工作任务和当班工作的重点注意事项和风险辨识。

(3) 本班规程措施贯彻到位,安全宣誓。

(4) 进入更衣室,劳动保护用品穿戴齐全,乘坐人车进入施工地点。

(5) 检查施工现场隐患,密闭施工掏槽是否合格,密闭砌墙、墙体抹面是否符合规程要求。

(6) 施工完毕后,现场剩余物料是否归类码放整齐,通风设施牌板是否吊挂齐全。

(7) 总结当班安全生产情况,汇报跟班队长。

六、地测防治水班组长岗位作业流程标准化

(一) 岗位作业流程

开好班前会→到达作业现场→现场巡查、安全确认→作业前→组织"岗前黄金 5 分钟"→

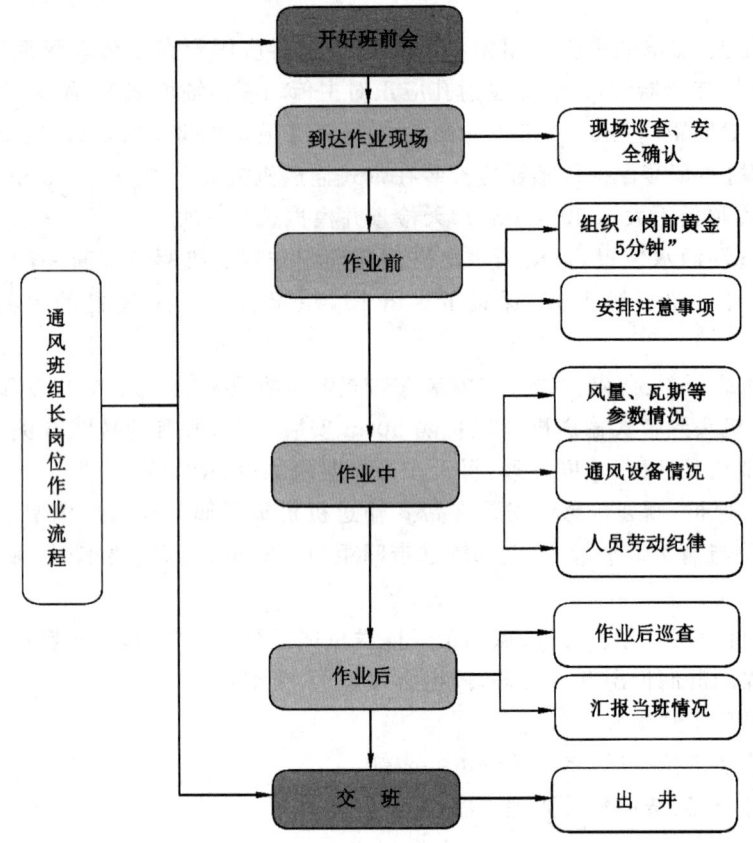

图 10-5　通风班组长岗位作业流程

安排注意事项→作业中→工程质量验收→设备运行状态→人员状态→作业后→安全检查→汇报当班情况→交班→出井，如图 10-6 所示。

(二) 岗位作业流程标准

(1) 检查工作面支护是否完好、有无危岩活矸现象。

(2) 检查工作面瓦斯浓度是否正常。

(3) 检查工作面甲烷传感器是否吊挂正确。

(4) 检查排水路线是否畅通，排水泵是否正常，有没有备用水泵，排水能力是否达到要求。

(5) 检查安全撤离路线是否畅通。

(6) 人员配备满足现场打钻需求，人员情绪正常。

(7) 钻机摆放平稳，附近无其他杂物。

(8) 钻机各紧固件无松动，无"跑、冒、滴、漏"现象，钻机上无油污。

(9) 钻孔方位角、竖直角、孔径、孔深施工符合设计。

(10) 人员配合到位，无违章作业现象。

(11) 钻机运转正常，无异响，无漏油现象。

(12) 孔内反水正常，无有毒有害气体。

第十章 煤矿班组安全生产标准化管理

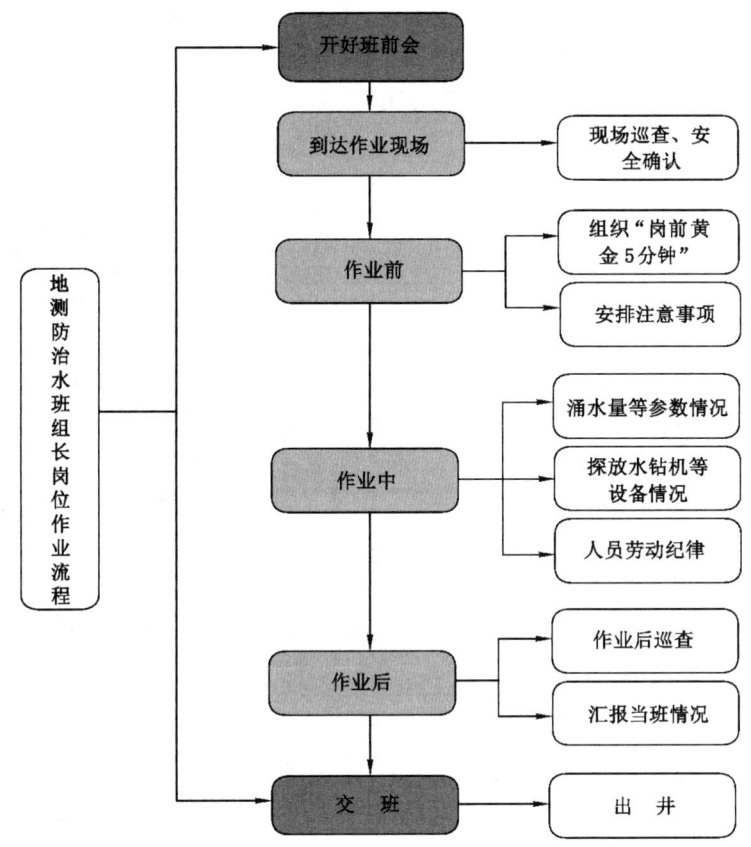

图 10-6 地测防治水班组长岗位作业流程

(13) 人员站立位置安全可靠。

(14) 现场清理干净,钻具摆放整齐,工具全部回收。

(15) 向队长汇报当班情况,进行交接班。

七、瓦斯抽采班组长岗位作业流程标准化

(一) 岗位作业流程

瓦斯抽采班组长岗位作业流程如图 10-7 所示。

(二) 岗位作业流程标准

(1) 召开班前会,人员情绪良好、精神饱满,无伤病、无饮酒。

(2) 对上一班工作进行了总结,安排当班工作任务并对当班各岗位危险源进行辨识,制定安全技术措施,安排工作任务具体到每人去什么岗位,并对人员进行每日一学的抽查,每次不少于 3 人,接着指定 1~2 人对本班岗位中岗位职责、岗位标准、风险辨识进行叙述。

(3) 对井下各地点的抽放系统设施、设备进行了全面检查,现场发现漏气、断管、埋管、积水、影响施钻等问题时组织人员采取措施进行处理。

(4) 组织人员对当班工作中遇到的风险及隐患进行总结,对难度大、未处理的工作,讨论钻研并分析原因,制定安全措施进行处理。

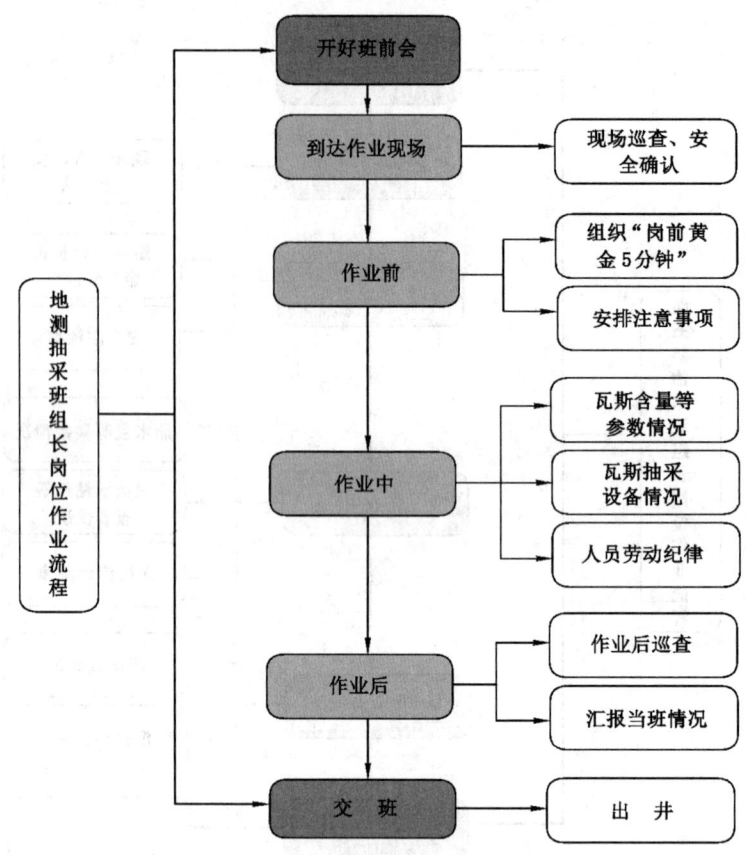

图 10-7 瓦斯抽采班组长岗位作业流程

（注：本书配套了煤矿班组长安全培训考核题库（综合本），扫描封底二维码，学员登录"众学教培服务平台"可以免费练题。一书一码，盗版书不能登录。具体登录方法见本书目录前面一页。）

第十一章　煤矿班组现场安全管理

第一节　煤矿班组现场安全管理内容

一、煤矿班组安全管理原则

班组安全管理是指为了保障每个班组成员即职工在生产劳动过程中的安全与健康，保护班组所使用的设备、工具等财产不受意外损失，全面完成煤矿生产工作任务，促进煤矿企业全面发展而采取的综合性措施。班组安全管理主要包括规程技措、安全生产标准化、有关规定要求和班组安全生产规章制度、安全生产技术规范等。

班组是煤矿生产活动的主要场所，安全管理工作只有紧紧围绕班组来进行，才能有效地控制、减少和避免事故的发生，实现煤矿安全生产。对于班组的安全管理，要抓住班组范围小、人员少、生产比较单一、工艺比较接近、班组成员对生产现场十分了解、有共同语言相互紧密联系等特点，坚持一定的班组安全管理原则，对班组实行有效的管理。

（1）目的性原则。班组安全管理的目的是防止和减少伤亡事故与职业危害，保障员工的安全和健康，保证生产正常进行。"安全第一"是企业的生产方针，是提高企业经济效益的基础性工作。因此，班组安全管理工作应根据工作现场状况和作业人员情况变化，将安全管理过程措施与班组实际相结合，以便有的放矢地实行动态管理。

（2）民主性原则。通过在班组内实行民主管理，充分调动每名员工的积极性，使他们能够肩负起自己所承担的安全生产责任，并能发挥聪明才智，主动参与班组的安全生产管理，为班组的安全建设献计献策。民主性原则还体现为以人为本，注重人力资源的开发和利用。

① 按照班组的组织结构和岗位设置，为各岗位配备称职的人员，实现人才合理配置，获得最佳效能。

② 要变控制式、命令式的管理方式为理解和参与式的管理方式，为班组成员营造一个能发挥创造力的环境。

③ 培训和挖掘每一个班组成员的才干，使其更好地完成工作，在班组不断发展的同时，员工个人也得到发展。

（3）闭环化原则。闭环管理主要指安全目标管理闭环、安全质量管理闭环、安全隐患治理闭环、"三违"行为查处闭环、安全事故处理闭环。基于不同的管理内容，有序开展调查研究、计划部署、组织实施、验收考核、奖罚处理、信息反馈，实施闭环管理，实现持续改进。

（4）规范性原则。班组安全管理规范化主要是建立规范化的安全管理运行机制，制定和完善各种安全生产管理制度、安全技术规范、操作程序和动作标准。在此基础上，实现安全生产化、现场标准化和管理标准化。

（5）精细化原则。安全管理要做到"无处不在、无时不有"。安全管理既要着眼全局，突出重点,防范重大事故发生,又要重视细节,不放过细小隐患。从决策到管理再到操作,每一个环节要做到准确无误,不留后患,确保万无一失。

(6)人性化原则。安全管理的目的是防止和减少伤亡事故与职业危害,保障员工的安全与健康,保证生产正常进行。班组员工是安全管理的主体,要充分了解和尊重每名员工,管理方法更应因人而异,管理人员要带着感情抓安全,以情感的力量履行职责,关爱员工的身心健康,将班组建设成为互相关爱、互保安全的和谐班组。

二、煤矿班组安全管理机制

(1)开展民主管理。煤矿应当建立班组民主管理机构,组织开展班组民主活动,执行班务公开制度,支持职工参与企业管理,维护职工合法权益。赋予职工在班组安全生产管理、规章制度制定、安全奖罚、班组长民主评议等方面的知情权、参与权、表达权、监督权,构建和谐劳动关系。开展班组建设创先争优活动、组织优秀班组和优秀班组长评选活动,建立表彰奖励机制。

(2)实行例会制度。班组应当按规定召开班前会、班后会和班组工作例会,明确会议流程和内容。班前会重点开展安全学习、工作安排、风险预控、不放心职工排查等工作,组织安全宣誓;班后会重点总结评议当班工作,分析存在的问题,开展绩效分配等工作;班组工作例会每月至少组织召开一次,研究班组当月安全生产、成本管理、工资分配等工作。当劳动组织、班组结构、班组长人选发生变化或调整时,要适时召开班组工作例会。

(3)公开管理信息。班组应当结合本区队实际,采用牌板、电子显示屏、微信公众号等多种方式建立管理信息公开园地。管理信息要突出班组管理的核心要素,并与日常管理结合,包括班组的基本情况、安全目标、重点工作、绩效考核、安全文化、典型案例、工作创新、荣誉展示等。

(4)鼓励改革创新。区队要建立有利于员工开展工作创新的激励机制,鼓励建立创新工作室,鼓励以班组为单位开展课题攻关、经济技术创新和"五小"竞赛等活动。

三、煤矿班组安全管理内容

煤矿班组是作业现场安全生产的责任主体,班组长是作业现场安全生产的第一责任人,班组成员既是自己也是他人的安全责任人,形成分工明确、责任到人、规范合理的班组安全管理制度体系,并得到有效落实和执行。建立班组安全管理台账,真实记录班组安全活动全过程,实现班组安全管理自主、公开、规范、可追溯。

煤矿应当加强班组安全基础管理体系建设,包括制度、标准、台账等。

(1)安全目标管理。煤矿必须实施安全生产目标管理,将企业安全生产目标层层分解落实到班组。班组安全目标管理要与安全、生产、成本、效益结构工资挂钩,区队每月进行考核兑现。

(2)技术标准管理。煤矿应根据国家、行业相关标准、规范,建立适用于本企业安全生产管理的技术标准体系,由相关专业职能部门逐级传导落实到各区队、班组和岗位。

(3)作业流程管理。煤矿应建立健全班组全员岗位安全责任制,制定各岗位的作业流程和操作标准,组织班组员工正规循环作业和规范操作。

(4)工作台账管理。煤矿(井)应当监督区队班组建立完善风险管控及隐患排查治理、工程质量及验收、材料消耗、设备及工器具等工作台账和职工考勤、班组例会记录、业务学习等管理台账。

(5) 职业健康防护。煤矿应当依据国家标准、行业标准规定,改善作业环境,完善安全防护设施,按标准为职工配备合格的劳动防护用品,按规定对职工进行职业健康检查,建立职工个人健康档案,对接触有职业危害作业的职工,按有关规定落实相应待遇。

第二节 煤矿班组现场安全管理要素

现场管理是指用科学的管理制度、标准和方法对生产现场各生产要素(人、机、材料、方法、环境等)进行合理有效的计划、组织、协调、控制和检测,使其处于良好的结合状态,达到优质、高效、低耗、均衡、安全、文明生产的目的。

做好班组现场安全管理必须抓好以下几方面:严格落实班前会制度、严格执行交接班制度、加强安全生产标准化管理、加强隐患排查治理、落实班组安全生产权益、落实职业危害防治。

一、严格落实班前会制度

开好班前会,是搞好安全生产的重要环节,当班的安全生产工作要安排详尽细致,要结合上一班作业现场存在的问题,针对每个环节、每个岗位,布置好当班安全生产及各岗位应协调处理的事项,使职工明确安全作业的根本职责,自觉做好自保互保,识别不安全因素,时刻牢记规程要求,做到规范操作,干好本职工作。

二、严格执行交接班制度

严格执行交接班制度,真正做到交代不清不接班,责任不明确不接班,防止问题不明、措施不当而危及安全生产,把交接班制度真正执行到位,班组长要严格检查督促执行。做好交接班工作,需要上下两个班员工的共同努力,交班的员工要高度负责、实事求是,向下一个班作业人员如实反映本班的工作情况,尤其是重点设备的工作状况,对可能出现的隐患和故障要提前判断,接班的员工要认真询问、检查,并把发现的问题及时反馈给对方,共同防范事故的发生。

三、加强安全生产标准化管理

积极开展安全生产标准化工作,按照正规循环组织生产,合理安排人员,各道工序按规定的标准进行衔接。推行作业现场精细化管理,文明生产,提高班组综合管理水平;每班要对作业现场工程质量、岗位工作质量进行验收和评估,实现动态达标管理,积极创建安全生产标准化精品工程。

四、加强隐患排查治理

抓好隐患排查,实行班组隐患分级管理,落实岗位隐患整改责任和义务。对生产作业场所、安全生产设备及各系统进行定时、定点、定路线、定项目巡回检查,及时排查治理现场事故隐患,隐患没有排除班组长不得组织生产;对限期治理的事故隐患,要严格落实现场防范措施;遇到重大险情要及时报告,并有序组织人员及时撤离现场,避免事态扩大。

五、落实班组安全生产权益

班组长对现场作业条件的变化情况有安全生产决策和组织指挥权;有检查职工安全作

业情况、抵制上级违章指挥权;有对作业现场工程质量、岗位工作质量进行安全评估验收权;在安全隐患没有排除或不具备安全生产条件时,有拒绝开工或停止生产权,切实落实作业人员安全生产权利。

六、落实职业危害防治

为预防、控制和消除职业病危害,防治职业病危害发生,切实改善井下作业环境,作业场所应配备职业危害检测和防护设备与装置,认真落实现场防治呼吸性粉尘、噪声、有毒有害气体的措施,如实申报作业场所职业危害情况。按标准为职工配备必要的劳动保护用品,定期对从业人员进行职业健康检查,建立职业卫生档案,真正把职业卫生管理制度贯彻到每个具体环节,保障作业人员在劳动过程中的健康与安全。

第三节　采煤班组现场安全管理

采煤工作面是事故多发地点,现场安全管理不善容易引发安全事故。为预防事故发生,保护作业人员的生命健康安全,采煤工作面应做好现场安全管理工作。

一、工作面支护安全管理

(1) 液压支架初撑力不低于额定值的 80%,有现场检测手段。

(2) 支架中心距误差不超过 100 mm,侧护板正常使用,架间间隙不超过 100 mm;支架不超高使用,支架高度与采高相匹配,支架的活柱行程不小于 200 mm。

(3) 液压支架接顶严实,相邻支架顶梁平整,无明显错茬(不超过顶梁侧护板高的 2/3),支架不挤不咬。

(4) 采高大于 3.0 m 或片帮严重时,应有防片帮措施;支架前梁(伸缩梁)梁端至煤壁顶板垮落高度不大于 300 mm。

(5) 支架顶梁与顶板平行,最大仰俯角不大于 7°;支架垂直顶底板,歪斜角不大于 5°。

(6) 工作面液压支架端面距符合作业规程规定。

(7) 液压支架排成一条直线,其偏差不超过 50 mm。

(8) 液压支架编号管理,支架完好、不漏液、不窜液、不失效。

(9) 工作面倾角大于 15°时,液压支架有防倒、防滑措施。

(10) 端头支架支护及时可靠,端头支架支护符合作业规程规定。

(11) 大倾角工作面下部端头支架按作业规程规定采取支架防滑防倒措施。

二、超前支护安全管理

(1) 工作面安全出口畅通,设专人维护。人行道宽度不小于 0.8 m,安全出口高度不低于 1.8 m。

(2) 工作面两端第一组支架与巷道支护间距不大于 0.5 m。

(3) 进、回风巷超前支护距离不小于 20 m。

(4) 支护形式符合作业规程规定,支柱柱距、排距允许偏差不大于 100 mm。

(5) 巷道断面和人行道宽度符合作业规程要求。

(6) 巷道支护完好,无断梁折柱或空帮、空顶。

三、工作面机电设备安全管理

(1) 采煤机构件完好、齐全,操作系统灵活、可靠。
(2) 采煤机运转正常,牵引速度符合规定,运行平稳。
(3) 采煤机的各种保护装置灵敏可靠,性能稳定。
(4) 输送机(转载机)构件齐全,连接紧固牢靠,机头、机尾固定可靠,电机运转正常。
(5) 输送机(转载机)电机冷却水量、水压符合规定要求。
(6) 输送机平直,输送机距移架的距离满足要求。
(7) 输送机安设有能发出停止、启动信号和通信的装置,发出信号点的间距符合规程要求。破碎机安装有安全防护装置。
(8) 带式输送机完好,保护装置齐全可靠。
(9) 乳化液泵站完好,综采工作面乳化液泵压力不小于 30 MPa,炮采、高档普采工作面乳化液泵压力不小于 18 MPa,净化水装置运行正常。
(10) 液压系统无漏液、窜液,部件无缺损,管路无挤压,注液枪完好,控制阀有效。
(11) 乳化液浓度符合作业规程规定,水质、水量满足要求。
(12) 电气设备完好、无失爆,保护齐全,灵敏可靠。
(13) 电缆无"鸡爪子""羊尾巴"、明接头和严重护套损伤现象;电缆、管线吊挂整齐。
(14) 通信系统畅通可靠,工作面每隔 15 m 及变电站、乳化液泵站、各转载点有语音通信装置。
(15) 信号照明系统保护齐全、可靠;监测、监控设备运行正常,安设位置符合规定。
(16) 智能化装备控制系统功能完好,稳定可靠。

四、工作面顶板安全管理

(1) 顶板管理措施落实到位,严格执行敲帮问顶制度。
(2) 支架接顶严密,顶梁上方无空顶现象。
(3) 爆破作业时,炮眼布置、装药量要符合作业规程规定,预防崩倒支架。
(4) 采煤机割煤后,及时接顶移架。
(5) 工作面煤壁片帮严重时,及时超前支护。
(6) 工作面因顶板破碎或分层开采,需要铺设假顶。
(7) 工作面控顶范围内顶底板移近量按采高不大于 100 mm/m,顶板不应出现台阶式下沉。
(8) 局部悬顶和冒落不充分的,悬顶面积小于 10 m^2 时应采取措施,悬顶面积大于 10 m^2 时应进行强制放顶。特殊情况下不能强制放顶时,应有加强支护的可靠措施和矿压观测监测手段。
(9) 矿压观测仪安装到位,观测数据应准确有效。
(10) 工作面过断裂构造带、老巷、采空区等特殊地段时,应加强顶板观测,提高支护强度。

五、工作面"一通三防"安全管理

(1) 工作面风量、风速符合规程规定,无漏风。
(2) 作业前,必须对作业环境的通风情况进行安全确认,未经安全确认或存在无风、微风、有毒有害气体超限等异常情况的不得开工作业。

（3）作业过程中，必须对作业地点通风情况进行检查，发现异常应当立即停止作业，查找原因，妥善处置，确保人员安全。

（4）停风、停电时，未经检查瓦斯，不准送电。

（5）工作面瓦斯浓度符合规程规定管理要求，防治措施落实到位。

（6）工作面、两巷净化水幕完好，各转载点喷雾完好，灭尘效果好。

（7）压风自救装置等安全防护设备设施符合规定要求。

（8）监测、监控设备运行正常，安设符合规程规定。

六、工作面其他安全管理

（1）特殊工种持证上岗，严格执行岗位责任制，规范岗位操作。

（2）作业规程学习、贯彻落实到位。

（3）作业前必须进行安全确认。

（4）劳动组织合理，保证正规循环作业。

（5）施工图牌板清晰，悬挂合理，便于作业人员观看。

（6）管线吊挂规范；巷道内整洁，工具、材料等放置整齐。

第四节　掘进班组现场安全管理

掘进工作面空间狭小，人员设备相对较集中，环境复杂多变，是事故多发地点，为了减少事故的发生和降低事故所造成的危害，保护作业人员的生命健康安全，掘进工作面应做好现场安全管理工作。

一、掘进工作面支护安全管理

（1）巷道掘进断面符合设计规定要求，净宽、净高符合标准规定值。

（2）掘进和支护之间的关系合理，最大控顶距符合规程规定。

（3）金属支架构件、配件齐全，规格、安设质量符合规程规定。

（4）金属支架迎山有力，接顶严实，严禁空帮、空顶。

（5）刚性支架、钢架喷射混凝土、可缩性支架间距不大于 50 mm，梁水平度不大于 40 mm/m，支架梁扭矩不大于 50 mm、立柱斜度不大于 1°。

（6）水平巷道支架前倾后仰不大于 1°，柱窝深度不小于设计值；撑（或拉）杆、垫板、背板的位置、数量、安设形式符合要求。

（7）倾斜巷道每增加 5°支架迎山角增加 1°。

（8）锚杆（索）的间、排距偏差－100～100 mm，锚杆露出螺母长度 10～50 mm（全螺纹锚杆 10～100 mm），锚索露出锁具长度 150～250 mm。

（9）锚杆（索）杆体、配件、金属网、锚固剂的材质、规格、强度、螺母扭矩、抗拔力等符合设计规定值。

（10）锚杆（索）支护定期做拉拔试验，发现锚固力小于规定值时及时采取补打或架设金属支架等措施补强。

（11）喷浆作业时，物料配比、水泥标号符合规定要求；喷浆、挂网质量（初喷、复喷）符合规定要求;喷体强度定期取样检验。

二、工作面掘进机械、机电运输安全管理

(1) 掘进机械司机严格按照操作规程操作,严格按照截割轨迹作业。

(2) 掘进机械操作系统安全可靠,构件齐全完好,保护装置动作灵敏。

(3) 掘进机切割程序和截割轨迹符合规定要求。

(4) 带式输送机上下托辊齐全且转动灵活、安全保护(防护)装置齐全;刮板输送机固定牢靠,运转正常,构件齐全无缺失。

(5) 耙装机安装位置合理,固定牢靠。

(6) 轨道运输设备安设符合要求,制动可靠,声光信号齐全;轨道铺设符合要求;钢丝绳及其使用符合规程要求;其他辅助运输设备符合规定。

(7) 机电设备完好、无失爆,保护齐全,灵敏可靠。

(8) 工作面照明系统完好,通信畅通。

(9) 智能化综合掘进系统功能完好,稳定可靠。

三、工作面顶板安全管理

(1) 严格执行敲帮问顶制度,严禁空顶作业,空帮距离符合规程规定。

(2) 及时架设临时支护,永久支护距掘进工作面的距离符合作业规程规定。

(3) 顶板管理措施落实到位,严格执行敲帮问顶制度。

(4) 掘进机截割工艺符合作业规程规定,有效控制顶板快速沉降、冒落。

(5) 按照规定安装顶板离层观察仪,填写记录牌板;进行围岩观测并分析、预报,根据预报调整支护设计并实施。

(6) 工作面通过断裂构造带、老巷、采空区等特殊地段时,应制定针对性措施,加强顶板观测,加密支护,提高支护强度。

【案例11-1】 2020年2月29日,师宗恒进商贸有限公司罗平县树根田煤矿+1700 m水平西翼运输巷3号联络上山(以下简称3号联络上山)掘进工作面发生一起较大顶板事故,造成5人死亡,直接经济损失786万元。事故直接原因:3号联络上山掘进工作面布置在m7煤层中,坡度35°,处于F18逆断层构造带,煤层松软,易垮落;作业人员在支架与煤壁之间存在空帮、空顶,上山掘进迎头未采取防止煤壁垮落防护措施的情况下冒险作业,顶板垮落导致事故发生。

四、工作面"一通三防"安全管理

(1) 作业前,必须对作业环境的通风情况进行安全确认,未经安全确认或存在无风、微风、有毒有害气体超限等异常情况的不得开工。

(2) 局部通风机安装消声装置,风筒吊挂平直、无漏风,工作面风筒出风口距工作面的距离符合规程规定。

(3) 工作面"三专两闭锁"设置齐全、灵敏可靠。工作面停风、停电时,未经检查瓦斯,不准送电。

(4) 作业过程中,必须对作业地点通风情况进行检查,发现异常立即停止作业,查找原因,妥善处置,确保人员安全。

(5) 甲烷传感器安装位置符合规定要求。

(6) 除尘设备齐全,工作面空气净化水幕安装符合规定,各转载点喷雾完好,除尘、降尘效果好。

(7) 采用湿式凿岩钻孔,爆破前后按照规定洒水降尘。

(8) 掘进机、掘锚一体机、连续采煤机掘进时,内外喷雾使用正常。

(9) 防灭火装置按照规定配备齐全,压风自救等安全防护设备、设施符合规定要求。

(10) 各种监测监控仪器完好齐全、动作(显示)灵敏可靠、运行正常,安装位置符合规程规定。

五、工作面其他安全管理

(1) 特殊工种持证上岗,严格执行岗位责任制,规范岗位操作。

(2) 措施落实到位,按循环作业图表进行施工。

(3) 作业人员做好个体防护,正确佩戴、使用防护用品。

(4) 作业前必须进行安全确认。

(5) 爆破作业严格按照规程规定执行。

(6) 图牌板齐全规范,内容符合标准要求,保护完好,悬挂位置合理,便于作业人员观看。

(7) 巷道内管线吊挂整齐规范。

(8) 巷道内整洁;物料分类集中放置整齐,有标志牌。

第五节　机电运输现场安全管理

随着现代化矿井的建设发展,使用的机电设备越来越多,矿井机电运输越来越重要,管理难度也随之增大。从供电安全到设备运转,任何一项工作疏漏出现问题,都有可能导致事故发生。

一、机电班组现场安全管理

(一) 供电安全管理

(1) 机电管理制度完善,作业人员持证上岗。

(2) 供电系统设计合理,各级配电电压应符合规定要求。

(3) 供电系统安全可靠,保护装置齐全,配电电压和保护接地符合规程规定。

(4) 井下配电网路必须具有过流、短路保护装置。

(5) 由采区变电所、移动变电站或者配电点引出的馈电线上,必须具有短路、过负荷和漏电保护。

(6) 高压电动机、动力变压器的高压控制设备,应当具有短路、过负荷、接地和欠压释放保护。低压电动机的控制设备,必须具备短路、过负荷、单相断线、漏电闭锁保护及远程控制功能。

(7) 检查高压电气设备时,必须切断前一级电源开关。

(8) 高压电气设备检修时,放电后必须将检修高压设备的电源侧接上短路接地线后方准开始工作。

(9) 井下低压馈电线上,必须装设检漏保护装置或者有选择性的漏电保护装置,保证自动切断漏电的馈电线路。每天必须对低压漏电保护进行1次跳闸试验。

（10）电气设备的保护接地装置和局部接地装置与主接地极连接成1个总接地网，连接要求符合规程规定。

（11）电缆悬挂必须保持整齐，悬挂点间距、位置符合规程规定。

（12）电缆无"鸡爪子""羊尾巴""明接头"和严重护套损伤现象，连接牢固，敷设、吊挂符合《煤矿安全规程》规定。

（13）不准任意调整电气保护装置整定值。

（14）除采用电缆供电的移动式用电设备外，严禁带电搬迁非本安型电气设备、电缆。

（15）不得带电检修电气设备；检修或搬迁前，必须切断上级电源。

（16）电气设备停电检修时，必须闭锁电气开关，并挂"有人工作，严禁送电"的警示牌。

（17）停送电操作规范，严格执行停送电审批和工作票制度。

（18）验放电操作规范，严格按照操作规程进行作业。

（19）操作井下电气设备应当遵守下列规定：

① 非专职人员或者非值班电气人员不得操作电气设备。

② 操作高压电气设备主回路时，操作人员必须戴绝缘手套，并穿电工绝缘靴或者站在绝缘台上。

③ 手持式电气设备的操作手柄和工作中必须接触的部分必须有良好绝缘。

（20）信号、照明系统完好，应具有短路、过载、漏电保护装置。

（二）机电设备安全管理

（1）机电设备安装、操作符合规程及其他规定要求。

（2）各种机电设备完好，动作灵敏、可靠，符合规程有关规定，并定期校验。

（3）机电设备各类保护、保险装置和控制系统齐全、完好可靠，严禁带病运转。

（4）机电设备采取挂牌管理和包机制度，明确责任、落实到人。

（5）电气设备防爆性能符合要求，无失爆。

（6）容易碰到裸露的带电体及机械外露的转动和传动部分必须加装护罩或者遮拦等防护设施。

（7）提升装置、连接装置及钢丝绳符合规程规定。

（8）输送机保护装置齐全，输送带、滚筒、托辊等材质符合规定，滚筒、托辊转动灵活，带面无损坏、漏钢丝等现象，机架无变形，机头、机尾固定牢靠，声光信号齐全完好。

（9）检修带式输送机时，严禁作业人员站在机头、传动滚筒及输送带等运转部位上方作业。

（10）在打开油箱、机盖进行拆检、换件或换油等检修工作时，必须注意遮盖，严防落入煤矸、粉尘或其他异物等，以免机电设备受到损伤。

（11）拆装起吊机电设备时，必须由专人指挥，严禁在起吊重物下停留或其他作业。

（12）通风机性能安全可靠、供风能力能满足通风安全需要。

（13）排水设备完好、保护齐全、可靠，排水能力满足安全生产需要。

（14）突出矿井禁止使用煤电钻，煤层突出参数测定取样时不受此限。

（15）机电设备技术档案齐全，各项管理记录、台账完整、记录清晰。

二、提升运输安全管理

（一）运输线路安全管理

（1）运输作业前，必须确认运输线路安全后方可进行运输作业。

（2）铺设主要运输线路及行驶人车的轨道线路质量应符合以下要求：

① 轨型选择严格按照标准规定，使用期间应加强维护，定期检查。

② 主要运输线路及行驶人车的轨道线路，扣件齐全、牢固，与轨型相符；轨枕规格及数量符合标准规定，间距偏差不得超过 50 mm；轨缝不大于 5 mm；轨面高低和内侧错差不大于 2 mm；直线段和加宽后的曲线段轨距偏差为 −2～5 mm；道碴粒度及铺设厚度符合标准要求，轨枕下应捣实；在曲线段内应设置轨距拉杆。

③ 其他轨道线路不得有杂拌道；扣件齐全、牢固，与轨型相符；道碴粒度及铺设厚度符合标准要求，轨枕下应捣实；轨枕规格及数量符合标准要求，间距偏差不超过 50 mm；轨缝不大于 5 mm；接头平整，轨面高低和内侧错差不大于 2 mm；直线段和加宽后的曲线段轨距偏差为 −2～6 mm。

④ 道岔轨型与线路轨型相符，轨枕规格及数量符合标准要求，间距偏差不超过 50 mm，轨枕下应捣实；扣件齐全、牢固，与轨型相符；轨面高低及内侧错差不大于 2 mm；水平偏差不大于 5 mm；尖轨尖端与基本轨密贴，间隙不大于 2 mm，无跳动，尖轨损伤长度不超过 100 mm，在尖轨顶面宽 20 mm 处与基本轨高低差不大于 2 mm；轨距按标准加宽后及辙岔前后轨距偏差不大于 +3 mm。

⑤ 单轨吊线路符合标准规定：下轨面接头间隙直线段不大于 3 mm；接头高低和左右允许偏差分别为 2 mm 和 1 mm；接头摆角垂直不大于 7°，水平不大于 3°；水平弯轨曲率半径不小于 4 m，垂直弯轨曲率半径不小于 10 m；起始端、终止端设置轨端阻车器。

（二）立井提升安全管理

（1）提升操作人员必须经过培训，持证上岗。

（2）立井提升容器和载荷，必须符合规程要求。

（3）立井中升降人员应当使用罐笼。因其他原因需要使用普通箕斗升降人员时，必须制定安全措施。

（4）升降人员和升降人员与物料的罐笼，每层内一次能容纳的人数符合规定要求，超过规定人数时，把钩工必须制止。

（5）严禁在罐笼同一层内人员和物料混合提升。严禁超载和超载重差提升。

（6）罐笼提升时，井口、井底和中间运输巷的安全门必须与罐位和提升信号连锁，罐笼到位并发出停车信号后安全门才能打开；安全门未关闭，只能发出调平和换层信号，但发不出开车信号；安全门关闭后才能发出开车信号；发出开车信号后，安全门不能打开。

（7）罐笼提升的井口和井底车场必须有把钩工。人员上下井时，必须遵守乘罐制度，听从把钩工指挥。开车信号发出后严禁进出罐笼。

（8）每一层提升装置，必须装有从井底信号工发给井口信号工和从井口信号工发给绞车司机的信号装置。井口信号装置必须与绞车的控制回路相闭锁，只有在井口信号工发出信号后，绞车才能启动。

（9）井底车场的信号必须经由井口信号工转发，不得越过井口信号工直接向提升机司机发送开车信号；但有下列情况之一时，不受此限：① 发送紧急停车信号；② 箕斗提升；

③ 单容器提升;④ 井上、下信号联锁的自动化提升系统。

(10) 用多层罐笼升降人员或者物料时,井上、下各层出车平台都必须设有信号工。各信号工发送信号时,必须遵守下列规定:① 井下各水平的总信号工收齐该水平各层信号工的信号后,方可向井口总信号工发出信号;② 井口总信号工收齐井口各层信号工信号并接到井下水平总信号工信号后,才可向提升机司机发出信号。

(三) 斜巷运输安全管理

(1) 斜巷运输操作人员必须经过培训,持证上岗。
(2) 提升保护装置必须齐全完好,动作灵敏可靠。
(3) 斜巷挡车装置和跑车防护装置符合规程规定,安装齐全可靠,并正常使用。
(4) 斜巷运输必须执行"行车不行人、行人不行车"的规定。
(5) 提升车数超过规定;装载物料超重、超高、超宽未处理,严禁提升运输。
(6) 斜巷各车场及中间通道口装备有声光行车报警装置,并正常使用。
(7) 斜巷运输的巷道内敷设的电缆、管线,悬挂高度符合规定。
(8) 斜巷钢丝绳牵引车辆运送爆炸材料,运行速度不得超过 1 m/s。
(9) 斜巷运输钢丝绳的检验与安全系数必须符合规程规定。
(10) 斜巷运输时,矿车之间的连接、矿车和钢丝绳之间的连接采用防脱落连接装置。
(11) 提升钢丝绳必须每天检查一次,并且认真填写检查记录。
(12) 钢丝绳的安全系数、检查、检验、保养、更换符合规程规定。
(13) 钢丝绳无扭曲、变形、钢丝无变黑、锈蚀、点蚀、麻坑等损伤,绳头固定符合规程规定。
(14) 倾斜井巷内使用串车提升时,必须遵守下列规定:
① 在倾斜井巷内安设能够将运行中断绳、脱钩的车辆阻止住的跑车防护装置。
② 在各车场安设能够防止带绳车辆误入非运行车场或者区段的阻车器。
③ 在上部平车场入口安设能够控制车辆进入摘挂钩地点的阻车器。
④ 在上部平车场接近变坡点处,安设能够阻止未连挂的车辆滑入斜巷的阻车器。
⑤ 在变坡点下方略大于 1 列车长度的地点,设置能够防止未连挂的车辆继续往下跑车的挡车栏。

上述挡车装置必须经常关闭,放车时方准打开。兼作行驶人车的倾斜井巷,在提升人员时,倾斜井巷中的挡车装置和跑车防护装置必须是常开状态并闭锁。

(15) 倾斜井巷使用提升机或者绞车提升时,必须遵守下列规定:
① 采取轨道防滑措施。
② 按设计要求设置托绳轮(辊),并保持转动灵活。
③ 井巷上端的过卷距离,应当根据巷道倾角、设计载荷、最大提升速度和实际制动力等参量计算确定,并有 1.5 倍的备用系数。
④ 串车提升的各车场设有信号硐室及躲避硐;运人斜井各车场设有信号和候车硐室,候车硐室具有足够的空间。
⑤ 提升信号按照规程规定执行。
⑥ 运送物料时,开车前把钩工必须检查牵引车数、各车的连接和装载情况。牵引车数超过规定,连接不良,或者装载物料超重、超高、超宽或者偏载严重有翻车危险时,严禁发出开车信号。

⑦ 提升时严禁蹬钩、行人。

(16) 采用滚筒驱动带式输送机运输时,应当遵守下列规定:

① 采用非金属聚合物制造的输送带、托辊和滚筒包胶材料等,其阻燃性能和抗静电性能必须符合有关标准的规定。

② 必须装设防打滑、跑偏、堆煤、撕裂等保护装置,同时应当装设温度、烟雾监测装置和自动洒水装置。

③ 应当具备沿线急停闭锁功能。

④ 主要运输巷道中使用的带式输送机,必须装设输送带张紧力下降保护装置。

⑤ 倾斜井巷中使用的带式输送机,上运时,必须装设防逆转装置和制动装置;下运时,应当装设软制动装置且必须装设防超速保护装置。

⑥ 在大于16°的倾斜井巷中使用带式输送机,应当设置防护网,并采取防止物料下滑、滚落等的安全措施。

⑦ 液力偶合器严禁使用可燃性传动介质(调速型液力偶合器不受此限)。

⑧ 机头、机尾及搭接处,应当有照明。

⑨ 机头、机尾、驱动滚筒和改向滚筒处,应当设防护栏及警示牌。行人跨越带式输送机处,应当设过桥。

⑩ 输送带设计安全系数,应当按照规程规定选取。

(17) 采用钢丝绳牵引带式输送机运输时,必须遵守下列规定:

① 装设过速保护、过电流和欠电压保护、钢丝绳和输送带脱槽保护、输送带局部过载保护、钢丝绳张紧车到达终点和张紧重锤落地保护,并定期进行检查和试验。

② 在倾斜井巷中,必须在低速驱动轮上装设液控盘式失效安全型制动装置,制动力矩与设计最大静拉力差在闸轮上作用力矩之比为2~3之间;制动装置应当具备手动和自动双重制动功能。

③ 采用钢丝绳牵引带式输送机运送人员时,应当遵守下列规定:

a) 输送带至巷道顶部的垂距,在上、下人员的20 m区段内不得小于1.4 m,行驶区段内不得小于1 m。下行带乘人时,上、下输送带间的垂距不得小于1 m。

b) 输送带的宽度不得小于0.8 m,运行速度不得超过1.8 m/s,绳槽至输送带边的宽度不得小于60 mm。

c) 人员乘坐间距不得小于4 m。乘坐人员不得站立或者仰卧,应当面向行进方向。严禁携带笨重物品和超长物品,严禁触摸输送带侧帮。

d) 上、下人员的地点应当设有平台和照明。上行带平台的长度不得小于5 m,宽度不得小于0.8 m,并有栏杆。上、下人的区段内不得有支架或者悬挂装置。下人地点应当有标志或者声光信号,距离下人区段末端前方2 m处,必须设有能自动停车的安全装置。在机头机尾下人处,必须设有人员越位的防护设施或者保护装置,并装设机械式倾斜挡板。

e) 运送人员前,必须卸除输送带上的物料。

f) 应当装有在输送机全长任何地点可由乘坐人员或者其他人员操作的紧急停车装置。

(四) 机车、矿车、平巷人车运输安全管理

(1) 运输设备操作人员必须经过培训,持证上岗。

(2) 机车运输符合规程规定,并定期检修,发现隐患及时处理。

（3）机车司机开车前必须对机车进行安全检查确认；启动前，必须关闭车门并发出开车信号；司机离开操作室，必须切断电源。

（4）采用轨道机车运输时，应当遵守下列规定：

① 生产矿井同一水平行驶 7 台及以上机车时，应当设置机车运输监控系统；同一水平行驶 5 台及以上机车时，应当设置机车运输集中信号控制系统。新建大型矿井的井底车场和运输大巷，应当设置机车运输监控系统或者运输集中信号控制系统。

② 列车或者单独机车均必须前有照明，后有红灯。

③ 列车通过的风门，必须设有当列车通过时能够发出在风门两侧都能接收到声光信号的装置。

④ 巷道内应当装设路标和警标。

⑤ 必须定期检查和维护机车，发现隐患，及时处理。机车的闸、灯、警铃（喇叭）、连接装置和撒砂装置，任何一项不正常或者失爆时，机车不得使用。

⑥ 正常运行时，机车必须在列车前端。机车行近巷道口、硐室口、弯道、道岔或者噪声大等地段，以及前有车辆或者视线有障碍时，必须减速慢行，并发出警号。

⑦ 2 辆机车或者 2 列列车在同一轨道同一方向行驶时，必须保持不少于 100 m 的距离。

⑧ 同一区段线路上，不得同时行驶非机动车辆。

⑨ 必须有用矿灯发送紧急停车信号的规定。非危险情况下，任何人不得使用紧急停车信号。

⑩ 机车司机开车前必须对机车进行安全检查确认；启动前，必须关闭车门并发出开车信号；机车运行中，严禁司机将头或者身体探出车外；司机离开座位时，必须切断电动机电源，取下控制手把（钥匙），扳紧停车制动。在运输线路上临时停车时，不得关闭车灯。

⑪ 新投用机车应当测定制动距离，之后每年测定 1 次。运送物料时制动距离不得超过 40 m；运送人员时制动距离不得超过 20 m。

（5）采用平巷人车运送人员时，必须遵守下列规定：

① 每班发车前，应当检查各车的连接装置、轮轴、车门（防护链）等。

② 严禁同时运送易燃易爆或者腐蚀性的物品，或者附挂物料车。

③ 列车行驶速度不得超过 4 m/s。

④ 人员上、下车地点应当有照明，架空线必须设置分段开关或者自动停送电开关，人员上、下车时必须切断该区段架空线电源。

⑤ 应当设跟车工，遇有紧急情况时立即向司机发出停车信号。

⑥ 两车在车场会车时，驶入车辆应当停止运行，让驶出车辆先行。

（6）人员乘车时，必须遵守下列规定：

① 司乘人员要加强管理，开车前必须关闭车门或者挂上防护链。

② 严防人体及所携带的工具、零部件露出车外。

③ 在列车行驶中及尚未停稳时，严禁人员上、下车和在车内站立。

④ 严禁在机车上或者任意两车厢之间搭乘。

⑤ 严禁扒车、跳车和超员乘坐。

（7）人力推车必须遵守以下规定：

① 1次只准推1辆车。严禁在矿车两侧推车。
② 同向推车的间距,在轨道坡度小于或者等于5‰时,不得小于10 m;坡度大于5‰时,不得小于30 m。
③ 接近道岔、弯道、巷道口、风门、硐室出口时,必须发出警号。
④ 严禁放飞车和在巷道坡度大于7‰时人力推车。
⑤ 在坡道上停放车辆时,必须用可靠的制动器或者阻车器将车辆稳住。
(8) 采用架线电机车运输时,架空线及轨道应当符合下列要求:
① 架空线悬挂高度、与巷道顶或者棚梁之间的距离等,应当保证电机车安全运行。
② 架空线的直流电压不得超过600 V。
③ 轨道应当符合下列规定:
a) 两平行钢轨之间,每隔50 m应当连接1根断面不小于50 mm^{2}的铜线或者其他具有等效电阻的导线。
b) 线路上所有钢轨接缝处,必须用导线或者采用轨缝焊接工艺加以连接。连接后每个接缝处的电阻应当符合要求。
c) 不回电的轨道与架线电机车回电轨道之间,必须加以绝缘。第一绝缘点设在2种轨道的连接处;第二绝缘点设在不回电的轨道上,其与第一绝缘点之间的距离必须大于1列车的长度。在与架线电机车线路相连通的轨道上有钢丝绳跨越时,钢丝绳不得与轨道相接触。
(9) 使用的蓄电池动力装置,必须符合下列要求:
① 充电必须在充电硐室内进行。
② 充电硐室内的电气设备必须采用矿用防爆型。
③ 检修应当在车库内进行,测定电压时必须在揭开电池盖10 min后测试。

(五) 其他运输安全管理

1. 架空乘人运输安全管理

(1) 运输设备操作人员必须经过培训,持证上岗。
(2) 运行前,确认运输设备安全可靠后,方可运行。
(3) 工作制动装置和安全制动装置齐全、可靠,每日至少对整个装置进行1次检查。
(4) 乘人吊椅距底板的高度不得小于0.2 m,在上、下人站处不大于0.5 m;乘坐间距不得小于6 m。各乘人站设上、下人平台,路面应进行防滑处理。
(5) 架空乘人装置运行正常,运行速度符合规程规定。
(6) 驱动、制动、保护装置齐全、完好,安装规范,动作灵敏可靠。
(7) 钢丝绳安全系数、插接长度、断丝面积、直径减小量、锈蚀程度符合规程规定。
(8) 架空乘人装置与带式输送机同巷布置时必须采取可靠的隔离措施;与轨道提升同巷布置时,2种设备不得同时运行。
(9) 巷道照明、通信、声光预警信号完好。

2. 无轨胶轮车运输安全管理

(1) 严禁非防爆、不完好无轨胶轮车下井运行。
(2) 驾驶员持有"中华人民共和国机动车驾驶证"。
(3) 建立无轨胶轮车入井运行和检查制度。
(4) 设置工作制动、紧急制动和停车制动,工作制动必须采用湿式制动器。

(5) 必须设置车前照明灯和尾部红色信号灯,配备灭火器和警示牌。

(6) 运行中应当符合下列要求:① 运送人员必须使用专用人车,严禁超员;② 运送人员时速度不超过 25 km/h,运送物料时速度不超过 40 km/h;③ 同向行驶车辆必须保持不小于 50 m 的安全运行距离;④ 严禁车辆空挡滑行;⑤ 严禁进入专用回风巷和微风、无风区域;⑥ 应当设置随车通信系统或者车辆位置监测系统。

(7) 巷道路面、坡度、质量,应当满足车辆安全运行要求。

(8) 巷道和路面应当设置行车标识和交通管控信号。

(9) 长坡段巷道内必须采取车辆失速安全措施。

(10) 巷道转弯处应当设置防撞装置。人员躲避硐室、车辆躲避硐室附近应当设置标识。

(11) 井下行驶特殊车辆或者运送超长、超宽物料时,必须制定安全措施。

(12) 车辆转向系统、制动系统、照明系统、警示装置等完好可靠。

(13) 运送人员应使用专用人车。

(14) 载人或载货数量在额定范围内。

(15) 运行速度,运人时不超过 25 km/h,运送物料时不超过 40 km/h,车辆不空挡滑行。

(16) 装备有通信设备;井下无轨胶轮车应符合排气标准规定。

3. 无极绳连续牵引、单轨吊车运输安全管理

(1) 运行坡度、速度和载重,不得超过设计规定值。

(2) 超速保护、甲烷断电仪、防灭火设备等装置齐全、可靠。

(3) 驱动部和牵引车制动闸齐全、灵敏可靠、使用正常。

(4) 司机与跟车工、相关岗位之间联络用的信号和通信装置完好、可靠。

(5) 牵引钢丝绳安全系数、锈蚀程度等符合规程规定。

(6) 无极绳绞车运行时绳道内严禁有人。

(7) 处理车辆脱轨时,严禁在脱轨车辆的前方或后方工作。

(8) 运送人员时,必须设置卡轨或者护轨装置,采用具有制动功能的专用乘人装置,必须设置跟车工。

(9) 采用钢丝绳牵引单轨吊车运输时,严禁在巷道弯道内侧设置人行道。

(10) 单轨吊车检修工作应当在平巷内进行。

【案例 11-2】 2019 年 7 月 8 日,神华亿利能源有限责任公司黄玉川煤矿(以下简称黄玉川煤矿)井下发生一起运输事故,造成 1 人死亡。

直接原因:吸污车驾驶员闫××在挡位处于倒挡的情况下拉起停车制动,下车摆放好阻车器和吸污管后单脚伸入驾驶室踩踏油门增加吸污量,吸污车在油门加大后克服停车制动越过阻车器向后行驶。闫××被挤在打开的驾驶室车门与煤壁上,造成受伤后死亡。

事故暴露出的主要问题:车队对职工安全教育、培训不到位,未对特殊工程类用车操作流程进行重点培训,员工自保意识和按章操作意识差;日常安全管理不到位,未按规定安排专人对吸污作业进行现场检查,对驾驶员违章操作行为查处不到位。

第六节 "一通三防"现场安全管理

"一通三防"工作是煤矿安全生产中的重中之重,近年来煤矿发生的"一通三防"事故最重要的原因是现场管理不到位。因此,为确保作业人员的安全,现场管理必须细化任务分工和责任落实,严格现场安全管控,及时排除现场风险隐患,防范瓦斯、火灾、煤尘事故的发生。

一、通风设备、设施安全管理

(1) 严格执行规程相关规定及"一通三防"相关规章制度和安全管控措施。

(2) 井下风速、有害气体浓度应符合规程规定。

(3) 主要通风机保证连续运转,备用通风机必须能在 10 min 内开动。

(4) 主要通风机停止运转时,必须立即停止工作、切断电源,安全撤出。主要通风机停止运转期间,必须打开井口防爆门和有关风门,利用自然风压通风。

(5) 局部通风机及其启动装置安设在进风巷道中,地点距回风口大于 10 m,且 10 m 范围内巷道支护完好,无淋水、积水、淤泥和杂物;局部通风机距巷道底板的高度不小于 0.3 m。

(6) 局部通风机指定专人负责管理,保证正常运转。当发生故障停止运转时,要及时汇报处理。

(7) 局部通风机自动切换,安装、使用符合规程规定,实行挂牌管理。

(8) 局部通风机设有风电闭锁、瓦斯电闭锁及开停监测装置,灵敏可靠,双风机可实现自动切换。

(9) 每天应当进行一次正常工作的局部通风机与备用局部通风机自动切换试验,试验期间不得影响局部通风。

(10) 严禁使用 3 台及以上局部通风机同时向 1 个掘进工作面供风。不得使用 1 台局部通风机同时向 2 个及以上作业的掘进工作面供风。

(11) 风筒采用抗静电、阻燃风筒,接头严密,无反接头;风筒吊挂平、直、稳,拐弯处用弯头或者骨架风筒缓慢拐弯,不拐死弯。

(12) 风筒末端到工作面的距离符合作业规程规定。

(13) 采掘工作面的进风和回风不得经过采空区或者冒顶区。

(14) 采煤工作面必须采用矿井全风压通风,禁止采用局部通风机稀释瓦斯。

(15) 掘进巷道必须采用全风压通风或者局部通风机通风,具体通风方式的选择符合规程规定。

(16) 巷道贯通时,按照规程规定做好调整通风系统的准备工作,待通风系统调整且风流稳定后,方可恢复工作。

(17) 严格执行矿井测风制度,每 10 天至少进行 1 次全面测风。其他用风地点,应当根据实际需要随时测风,每次测风结果应当记录并写在测风地点的记录牌上。

(18) 长度超过 6 m 的盲巷应采取通风措施或予以封闭。

(19) 安全监测设备安装符合规定,定期进行校验。

(20) 按照规定及时构筑通风设施。

(21) 专人负责定期对通风设施及附属装置进行检查、维护。

(22) 通风设施及附属装置保持完好、可靠,通风设施 5 m 范围内支护完好,无片帮、漏顶、杂物、积水和淤泥。

（23）密闭、风门、风窗墙体周边按规定掏槽，墙体与围岩填实接严不漏风，墙面平整、无裂缝、重缝和空缝。

（24）密闭按照规程规定管理。密闭位置距全风压巷道口不大于 5 m，有规格统一的瓦斯检查牌板和警标，距巷道口大于 2 m 的设置栅栏；密闭前无瓦斯积聚。

（25）风门每组不少于 2 道，间距不小于 5 m。风门能自动关闭并连锁，2 道风门不能同时打开。

（26）风桥两端接口严密，四周为实帮、实底，用混凝土浇灌填实；桥面规整不漏风。

二、防尘安全管理

（1）制定综合防尘制度，配备防尘人员，防尘记录清晰完整。

（2）防尘工严格执行岗位责任制和技术操作规程。

（3）巷道要定期冲洗巷道积尘或者撒布岩粉。

（4）掘进井巷和硐室时，采取湿式钻眼、冲洗井壁巷帮、水炮泥、爆破喷雾、装岩（煤）洒水和净化风流等综合防尘措施。

（5）防尘供水系统、供水管路、水压、水量、支管安设等符合规程、安全生产标准化基本规定要求（带式输送机巷每 50 m、其他巷道每 100 m 设置一个三通）。

（6）净化水幕灵敏可靠，雾化效果好，封闭全断面，使用正常。

（7）主要进风、回风大巷，采区进风、回风巷必须设置净化风流水幕，进风、回风巷应定期清扫或冲洗煤尘，并清除堆积的浮煤。

（8）井下煤仓和溜煤眼放煤上、下口安设喷雾装置或除尘器。

（9）液压支架和放顶煤采煤工作面的放煤口，必须安装喷雾装置，降柱、移架或放煤时同步喷雾。破碎机必须安装防尘罩和喷雾装置或除尘器。

（10）采煤机必须安装内、外喷雾装置，无水或喷雾装置损坏时必须停机；掘进机作业时，使用内、外喷雾装置和除尘器构成综合防尘系统。

（11）破碎机安装除尘罩和喷雾装置或除尘器；输送机转载点和卸载点安设喷雾装置或除尘器。

（12）采煤工作面回风巷应安设至少两道风流净化水幕；掘进巷道距离工作面 50 m 内设置一道自动控制风流净化水幕。

（13）采用湿式钻孔或者孔口除尘措施，爆破使用水炮泥，爆破前后冲洗煤壁巷帮；炮掘工作面安设有移动喷雾装置，爆破时开启使用。

（14）喷射混凝土采用潮喷或者湿喷工艺，并装设除尘装置。

（15）带式输送机运输巷中设置自动控制风流净化水幕。

（16）接尘作业人员必须佩戴个体防尘用具。

（17）隔爆设施实行挂牌管理，安装管理符合规程等相关规定要求。

（18）工作面采用煤层注水防尘措施符合规程规定。

三、瓦斯防治安全管理

（1）加强通风管理，防止瓦斯积聚。

（2）瓦斯检查工必须严格执行现场交接班制度、瓦斯巡回检查制度和请示报告制度，没有出现漏检行为。

(3) 瓦斯检查工所使用的瓦斯检测仪完好,检查及时到位,并认真填写瓦斯检查班报。

(4) 采掘工作面爆破作业严格执行"一炮三检"制度。

(5) 作业前,必须对作业环境的瓦斯情况进行安全确认。

(6) 高瓦斯工作面和煤与瓦斯突出工作面应配备专职瓦斯检查工。

(7) 加强瓦斯检查监测,低瓦斯矿井采掘工作面的甲烷浓度检查次数每班至少2次;高瓦斯矿井采掘工作面的甲烷浓度检查次数每班至少3次。

(8) 停风地点栅栏外风流中的甲烷浓度每天至少检查1次,密闭外的甲烷浓度每周至少检查1次。

(9) 矿井总回风巷或者一翼回风巷中甲烷浓度或者二氧化碳浓度超过0.75%时,必须立即查明原因,进行处理。

(10) 采区回风巷、采掘工作面回风巷风流中甲烷浓度超过1.0%或者二氧化碳浓度超过1.5%时,必须停止工作,撤出人员,采取措施,进行处理。

(11) 采掘工作面及其他作业地点风流中甲烷浓度达到1.0%时,必须停止用电钻打眼。

(12) 爆破地点附近20 m以内风流中甲烷浓度达到1.0%时,严禁爆破作业。

(13) 采掘工作面及其他作业地点风流中、电动机或者其开关安设地点附近20 m以内风流中的甲烷浓度达到1.5%时,必须停止工作,切断电源,撤出人员,进行处理。

(14) 采掘工作面及其他巷道内,体积大于0.5 m^3的空间内积聚的甲烷浓度达到2.0%时,附近20 m内必须停止工作,撤出人员,切断电源,进行处理。

(15) 采掘工作面及其他作业地点做到无瓦斯超限作业。

(16) 局部通风机因故停止运转,在恢复通风前,必须首先检查瓦斯。

(17) 临时停风地点,要立即断电撤人,设置栅栏、警标。

(18) 瓦斯超限达到断电浓度时,现场作业人员停止作业,停电撤人。

(19) 瓦斯排放必须严格按照规程规定进行,并做好记录。

(20) 瓦斯抽采及抽采设施符合规定,抽采系统符合煤矿瓦斯抽采规范要求。

四、防火安全管理

(1) 防灭火系统完善、防灭火措施落实到位。

(2) 消防材料库器具齐全,严格使用管理规定。

(3) 严禁带火柴、香烟等引火物品入井。

(4) 井口房和通风机房附近20 m范围内,不得有烟火或用火炉取暖。

(5) 井下易燃物(如背板、坑木等)要放在远离电气设备及电缆的地点。

(6) 井下严禁使用不符合规定的非阻燃性支护材料、风筒、输送带等。

(7) 井下严禁使用灯泡取暖和使用电炉。

(8) 任何人发现井下火灾时,应当视火灾性质、灾区通风和瓦斯情况,立即采取一切可能的方法直接灭火,控制火势,并迅速报告矿调度室。

(9) 开采容易自燃和自燃煤层时,必须制定防止采空区、巷道高冒区、煤柱破坏区自然发火的技术措施。

(10) 当井下发现自然发火征兆时,必须停止作业,立即采取有效措施处理。在发火征兆不能得到有效控制时,必须撤出人员,封闭危险区域。

(11) 井筒、平硐与各水平的连接处及井底车场,主要绞车道与主要运输巷、回风巷的连接处,井下机电设备硐室、主要巷道内带式输送机机头前后两端各 20 m 范围,都必须采用不燃性材料支护。

(12) 矿井进行电焊、气焊和喷灯焊时制定安全措施并严格遵守《煤矿安全规程》的有关规定。

(13) 井下使用的汽油、煤油和变压器油、棉纱、布头等,必须装入盖严的铁桶内,并由专人定期送到地面处理,不得乱放乱扔。

(14) 井下消防管路每隔 100 m 设置支管和阀门;带式输送机巷道中的消防管路每隔 50 m 设置支管和阀门。

(15) 井下变电所、水泵房、火药库、机电硐室、材料库、井底车场、使用带式输送机的巷道以及采掘工作面附近的巷道中,备有灭火器材,其数量、规格和存放地点,符合相关规定要求。

(16) 采取预防性灌浆或全部充填、注阻化泥浆、注惰性气体等安全技术措施满足矿井防灭火的要求。

(17) 火区管理严格按照规程及相关规定执行。

第七节　爆破作业现场安全管理

爆破作业过程中由于违反技术规范、违章作业或爆破器材管理不善而引发爆破崩人、炮烟中毒、引爆瓦斯和煤尘事故等导致人员伤亡和财产损失。

一、相关规定要求

(1) 爆破作业人员应持证上岗。

(2) 爆破作业必须执行"一炮三检"和"三人连锁爆破"制度。

(3) 爆破作业必须使用煤矿许用炸药和煤矿许用电雷管。

(4) 采掘工作面风量不足、控顶距离不符合作业规程规定,或者有支架损坏、伞檐超过规定等,严禁装药、爆破。

(5) 爆破地点 20 m 以内,巷道断面堵塞在 1/3 以上;附近 20 m 以内风流中甲烷浓度达到 1.0% 时以及炮眼内出现异常状况,严禁爆破。

(6) 突出煤层石门揭煤、煤巷和半煤岩巷掘进工作面爆破作业时,反向风门必须关闭。

(7) 煤巷掘进工作面采用远距离爆破时,起爆地点必须设在进风侧反向风门之外的全风压通风的新鲜风流中或者避险设施内,起爆地点距工作面的距离符合措施规定。

(8) 远距离爆破时,回风系统必须停电撤人。

(9) 突出煤层采掘工作面附近、爆破撤离人员集中地点、起爆地点必须设有直通矿调度室的电话。

(10) 冲击地压煤层采用爆破措施时,爆破参数合理,起爆点到爆破地点的距离不得小于 300 m。

二、打眼、装药、连线安全管理

(1) 炮眼施工采用湿式打眼。

（2）装药前,爆破工与班组长及瓦斯检查工对爆破作业地点的瓦斯、顶板、通风等情况全面检查,发现问题及时处理。

（3）装配起爆药卷时必须遵守《煤矿安全规程》规定。

（4）炮眼深度、封泥长度、材料应当符合《煤矿安全规程》规定。

（5）装药、连线、检查线路、通电工作必须符合《煤矿安全规程》规定。

三、警戒设置安全管理

班组长必须亲自布置专人将工作面所有人员撤离警戒区域,并在警戒线和可能进入爆破地点的所有通路上布置专人担任警戒工作。警戒人员必须在安全地点警戒,警戒线处应当设置警戒牌、栏杆或者拉绳。

四、爆破安全管理

（1）爆破前必须对爆破地点进行洒水降尘。有煤尘爆炸危险的煤层爆破前后,附近 20 m 的巷道内必须洒水降尘。

（2）爆破前,爆破工必须做电爆网路全电阻检测。

（3）爆破前,班组长必须清点人数,确认无误后,方准下达起爆命令。

（4）爆破工接到起爆命令后,必须先发出爆破警号,至少再等 5 s 后方可起爆。

（5）爆破工必须最后离开爆破地点,并在安全地点起爆。起爆地点到爆破地点的距离符合作业规程规定。

五、爆破后安全管理

（1）爆破后,待工作面的炮烟被吹散,爆破工与班组长及瓦斯检查工检查通风、瓦斯、煤尘、顶板、支架、拒爆、残爆等情况。发现危险情况,必须立即处理。

（2）通电以后拒爆时,爆破工严格按照操作规程规定操作查找拒爆的原因。

（3）处理拒爆、残爆时,应当在班组长指导下进行,并在当班处理完毕。如果当班未能完成处理工作,当班爆破工必须在现场向下一班爆破工交接清楚。处理拒爆时必须遵守下列规定:

① 由于连线不良造成的拒爆,可重新连线起爆。

② 在距拒爆炮眼 0.3 m 以外另打与拒爆炮眼平行的新炮眼,重新装药起爆。

③ 严禁用镐刨或者从炮眼中取出原放置的起爆药卷,或者从起爆药卷中拉出电雷管。不论有无残余炸药,严禁将炮眼残底继续加深;严禁使用打孔的方法往外掏药;严禁使用压风吹拒爆、残爆炮眼。

④ 处理拒爆的炮眼爆炸后,爆破工必须详细检查炸落的煤、矸,收集未爆的电雷管。

⑤ 在拒爆处理完毕以前,严禁在该地点进行与处理拒爆无关的工作。

（4）远距离爆破后,进入工作面检查的时间不得小于 30 min。

（5）爆破作业结束后,收拾整理好工具,存放在规定地点或亲自携带。

（6）清点剩余爆炸材料,填写清单,准备办理退还手续。

（7）现场向下一班爆破工进行交接班,交代清楚当班遗留未处理的问题。

第八节 地测防治水现场安全管理

一、地测班组现场安全管理

(1) 地测管理制度齐全,专业作业人员配备符合规定要求。

(2) 作业人员必须经过专业技术培训,持证上岗,严格按照操作规程作业。

(3) 观测符合规定要求,原始记录、图纸等基础资料按规程等要求规范管理。

(4) 测量记录簿、计算簿和台账等均应有测量、记录、计算、检查者签字,并注明各项工作开始和完成的日期。

(5) 测量工作执行通知单制度,原始记录、测量成果齐全,测量精度符合规程要求。

(6) 地质预报准确无误,无错报、漏报,内容符合规定要求。

(7) 地质图例符号绘制规范统一。

(8) 现场发现地质异常或有可能危及安全生产的地质问题,必须汇报并及时处理。

(9) 严禁擅自进入盲巷、独头、独巷或已失修巷道进行测量。

(10) 在施工测量前,熟悉设计图纸,验算与测量有关的数据,核对图上的平面坐标和高程系统、几何关系及设计与现场是否相符等。

(11) 严格执行测量通知单制度,按规定提前发送到施工单位、有关人员和相关部门。

(12) 测量仪器、设备等防爆性能符合规定。

(13) 测量仪器及工具必须定期进行校验和维修,实测精度达不到要求时应及时校正。

(14) 控制点和观测点的设置应符合规程规定,每次观测工作结束后,应及时完成相关计算工作,观测站结束后,应及时编写技术总结。

(15) 及时延长井下基本控制导线和采区控制导线。基本控制导线应沿矿井主要巷道敷设,一般应每隔 300~500 m 延长一次。采区控制导线应随巷道掘进第 30~100 m 延长一次。

(16) 掘进给向要及时、准确,贯通测量符合规程规定。

(17) 回采工作面测量应以导线点为基础,采用的仪器、工具和施测方法能保证测量工作面长度和进度的相对误差不超过规程要求。

二、防治水班组现场安全管理

(1) 作业人员必须经过专业技术培训,持证上岗,严格按照《煤矿防治水细则》要求进行水文地质观测。

(2) 防治水制度完善,专用探放水设备齐全,有专门的探放水作业队伍和防治水专业技术人员。

(3) 防治水基础资料齐全,能满足生产需要。

(4) 防治水工程设计方案、施工措施、工程质量符合规定。

(5) 坚持"预测预报、有疑必探、先探后掘、先治后采"基本原则。

(6) 定期进行水患排查,对排查出的水患制定防治措施。

(7) 水情水害预报做到图表相符,内容齐全,描述准确,措施有针对性。

(8) 雨季前对防治水工作进行全面检查,做好雨季"三防"工作。

(9) 防水闸门及防水设施完好可靠,符合规程规定。

(10) 主要排水设备的能力满足井下排水的需要,符合规程规定。

(11) 采掘工作面超前探放水专项安全技术措施、探测资料和记录齐全。

(12) 采掘工作面遇到下列情况之一,必须进行探放水:① 接近水淹或者可能积水的井巷、老空或者相邻煤矿时;② 接近含水层、导水断层、溶洞和导水陷落柱时;③ 打开隔离煤柱放水时;④ 接近可能与河流、湖泊、水库、蓄水池、水井等相通导水通道时;⑤ 接近有出水可能的钻孔时;⑥ 接近水文地质条件不清的区域时;⑦ 接近有积水的灌浆区时;⑧ 接近其他可能透水的区域时。

(13) 采掘工作面探水前,应当确定探水线,并在采掘工程平面图上绘制。

(14) 安装钻机进行探放水前,应遵守下列规定:① 加强钻孔附近的巷道支护,并在工作面迎头打好坚固的立柱和拦板,严禁空顶、空帮作业。② 清理巷道,挖好排水沟。探放水钻孔位于巷道低洼处时,应当配备与探放水量相适应的排水设备。③ 在打钻地点或者其附近安设专用电话,保证人员撤离通道畅通。④ 由测量人员依据设计现场标定探放水孔位置,与负责探放水工作的人员共同确定钻孔的方位、倾角、深度和钻孔数量等。

(15) 探放水钻孔的布置和超前距离,应当根据水压大小、煤(岩)层厚度和硬度以及安全措施等,在探放水设计中作出具体规定。

(16) 探水钻孔超前距离和止水套管长度符合规定要求。

(17) 在探放水钻进时,发现煤岩松软、片帮、来压或者钻孔中水压、水量突然增大和顶钻等突(透)水征兆时,应立即停止钻进,但不得拔出钻杆。

(18) 钻探接近老空时,有专职瓦斯检查工或者矿山救护队员在现场值班,随时检查空气成分。

(19) 放水时,应监视放水全过程,核对放水量和水压,直到放完为止,并进行检测验证。

(20) 放水时,有专人监测钻孔出水情况,测定水量和水压,做好记录。如果水量突然变化,立即报告矿调度室,分析原因,及时处理。

(21) 急倾斜煤层开采前要探放上区段积水和灌浆注水,防止抽冒造成事故。

(22) 对断层水、煤层顶底板水、陷落柱水、地表水等威胁矿井生产的各种水害进行检测、诊断,发现异常及时预警预控。

(23) 若工作面水文地质条件不清,开采前应当采用物探、钻探等手段查明水文地质条件。

(24) 受水淹区积水威胁的区域,必须在排除积水、消除威胁后方可进行采掘作业。

(25) 发现矿井有透水征兆时,应当立即停止作业,撤出所有受水患威胁地点的人员,报告矿调度室,并发出警报。在原因未查清、隐患未排除之前,不得进行任何采掘活动。

【案例 11-3】 2019 年 12 月 14 日,川煤集团芙蓉公司杉木树煤矿发生透水事故,经过 88 个小时的全力救援,13 人成功脱险,5 人遇难。事故直接原因:相邻煤矿越界开采,杉木树矿防范措施不到位,来自相邻煤矿的采(老)空水瞬间突破杉木树煤矿 N26 边界探煤上山绞车房顶部边界煤柱,冲毁该上山下口永久密闭,涌入矿井 N26 采区,造成 5 名作业人员溺水死亡。

(注:本书配套了煤矿班组长安全培训考核题库(综合本),扫描封底二维码,学员登录"众学教培服务平台"可以免费练题。一书一码,盗版书不能登录。具体登录方法见本书目录前面一页。)

第十二章　煤矿企业劳动组织管理

第一节　煤矿班组劳动组织管理内容

一、煤矿班组劳动组织的概念

煤矿班组劳动组织是指在煤矿生产劳动过程中，按照生产的过程或工艺流程科学地组织班组成员的分工与协作，使之成为协调的统一整体，合理地进行劳动；正确处理班组成员之间以及班组成员与劳动工具、劳动对象之间的关系，不断调整和改善劳动组织的形式，创造良好的劳动条件与环境，以发挥劳动者的技能与积极性，充分应用新的科学技术成就和先进经验，不断提高劳动效率。班组劳动组织在煤矿劳动组织管理中有着举足轻重的地位和作用，是企业劳动管理的落脚点。

二、班组劳动组织管理的意义

合理地组织劳动，是保证煤矿班组正常生产的条件。煤矿工作的复杂性要求班组生产既要有科学的劳动分工，又要有严密的协作。为保证生产的顺利进行，必须把班组成员合理地组织起来，正确处理他们之间的关系，以及他们与劳动工具、劳动对象之间的关系。

合理地组织劳动，对促进生产的发展有重要作用。通过劳动组织工作，对生产进行合理的分工和严密的协作，才能充分发挥每个劳动者的能力，组成一个具有强大合力的集体，完成个人和少数人难以完成的工作。合理的分工和严密的协作，不仅能促进班组整体生产能力的提高，而且能调整班组成员适应复杂的工作。合理的分工和严密的协作对于提高劳动生产率，促进班组的生产发展有很大的作用。

三、煤矿班组长劳动组织管理的内容

班组劳动组织管理包括以下 6 个方面的内容：
(1) 合理的劳动分工协作和职工配备，即进行合理的劳动分工和职工配备。
(2) 确定先进合理的定员和人员构成。
(3) 完善和改进劳动组织形式。
(4) 组织多设备管理。
(5) 科学安排工作时间和工作轮班。
(6) 组织好工作现场秩序和创造良好的工作环境。
煤矿班组长进行生产劳动组织管理时，主要围绕上述 6 个方面的内容开展相应的工作。

四、煤矿班组劳动组织管理的任务

劳动组织的核心是提高效率，由此班组劳动组织的基本任务是从本班组实际情况出发，

根据班组在企业劳动组织中的地位和作用以及班组生产的需要,合理使用劳动力,不断改进和优化劳动组织,充分发挥每个班组员工的才能和积极性,进一步提高劳动生产率,减轻班组员工的劳动强度。

班组劳动组织优化是指在考虑班组生产、技术、环境等相关因素的变化上,在上一级单位的指导下,不断改善、优化班组的劳动组织体系,合理配置和使用劳动力资源,使班组员工之间、员工与生产资料和生产环境之间达到最佳组合,有效提高班组劳动生产率的过程。班组劳动组织优化是班组长的重要职责之一。

煤矿班组劳动组织工作的任务主要包括如下3个方面:

(1) 在合理分工与协作的基础上,正确配备员工,充分发挥每个班组成员的专长和积极性,从而不断提高劳动生产力。

(2) 正确处理劳动力与劳动工具、劳动对象之间的关系,保证劳动者有良好的工作环境和工作条件。

(3) 根据生产发展的需要,不断调整劳动组织,采用合理的劳动组织形式,保证不断提高劳动生产率。

五、班组长抓好劳动组织管理的方法

对班组长而言,要在班组定岗、定员、定编的前提下,重点在班组内部劳动组织制度和劳动组织关系等方面做文章,如建立班组劳动规章制度、班组内优化劳动组织(包括轮转组合、搭配组合、自愿组合、切块组合和临时组合等多种形式)、强化劳动定额和劳动标准管理、提高工时利用率、改善班组劳动环境等。班组长要搞好班组劳动组织管理应抓好以下几项工作:

(1) 经常研究和掌握本班组的生产任务完成情况,及时发现生产中的薄弱环节,分析工序操作程序和劳动动作,开展技术革新活动,减少无效劳动,突破工时定额。

(2) 结合班组实际,本着精简和提高劳动效率的原则,搞好班组定员工作,组织好班组劳动分工和协作,安排好工作轮班和培养多面手。

(3) 创造、保持正常秩序和良好的劳动环境,使员工操作方便,减轻劳动强度,防止过度疲劳,节约劳动时间,充分利用设备和生产场地,提高劳动生产率。

(4) 组织贯彻各项制度,严格执行各项安全检查,杜绝"三违"现象,进行安全生产。

(5) 按人、按工作内容、按工序建立实耗工时、缺勤工时、停工工时记录,由个人填写,考勤员检查,并定期统计核算出勤率、工时利用率和定额完成率,以此作为计算薪酬的重要因素,及时公布,总结推广先进经验,充分调动全班组员工的积极性。

第二节 煤矿劳动定员管理

一、煤矿劳动定员管理工作的基本要求

(1) 控制入井人数。煤矿每个采区同时作业的采掘人员每小班不得超过《煤矿单班入井(坑)作业人数限员规定》的人数。

(2) 严格按核定生产能力组织生产。煤矿企业必须严格按核定的生产能力合理安排全年生产计划和劳动定员。坚持正规循环作业,做到均衡生产。按规定安排主要采掘设备、提升运输设备检修,严禁挤占设备检修时间进行生产作业。严禁两班交叉作业。除带班人员、要害岗位人员必须在现场交接班以外,严禁其他人员在采掘作业现场交接班。

(3) 优化劳动组织和人力资源配置。煤矿企业应优化劳动组织,合理安排队、组编制,减少管理层次,减少工作环节,逐步实行两班八小时工作制,取消夜班生产。

(4) 推行井下人员管理监测系统。煤矿企业应利用先进技术装备,加强入井人员考勤,逐步推行井下人员定位监测系统,及时准确地掌握入井人数和入井人员的工作区域。将煤矿井下人员管理监测系统纳入煤炭行业管理、煤矿安全监管信息管理网络系统。

(5) 实行"限员挂牌"制。煤矿企业要实行"限员挂牌"制,煤矿在井口、采区及采掘工作面现场要设牌板,真实标明核定的每班作业人数和实际每班作业人数。

二、煤矿井下单班作业人数限员规定

为提高煤矿安全保障能力和生产效率,引导和推动煤矿企业加强机械化、自动化、信息化、智能化建设,简化生产系统,优化劳动组织,减少入井(坑)作业人数,从源头上防控群死群伤事故风险,结合煤矿安全生产情况,国家矿山安全监察局于 2023 年 9 月 28 日印发了《煤矿单班入井(坑)作业人数限员规定》(矿安〔2023〕129 号)。按照该规定,井工煤矿单班作业人数应符合表 12-1 至表 12-3 的规定。

表 12-1　矿井单班作业人数规定

生产能力 K/(万 $t \cdot a^{-1}$)	灾害严重矿井/人	其他矿井/人
$K \leqslant 30$	$\leqslant 100$	$\leqslant 80$
$30 < K \leqslant 60$	$\leqslant 200$	$\leqslant 100$
$60 < K < 120$	$\leqslant 300$	$\leqslant 180$
$120 \leqslant K < 180$	$\leqslant 400$	$\leqslant 200$
$180 \leqslant K < 300$	$\leqslant 600$	$\leqslant 280$
$300 \leqslant K < 500$	$\leqslant 800$	$\leqslant 400$
$K \geqslant 500$	$\leqslant 850$	$\leqslant 450$

表 12-2　井工采煤工作面单班作业人数规定

矿井类型	机械化采煤工作面/人		炮采工作面/人
	检修班	生产班	
灾害严重矿井	$\leqslant 40$	$\leqslant 25$	$\leqslant 25$
其他矿井	$\leqslant 30$	$\leqslant 20$	$\leqslant 25$

表 12-3　井工掘进工作面单班作业人数规定

矿井类型	综掘工作面/人	炮掘工作面/人
灾害严重矿井	$\leqslant 18$	$\leqslant 15$
其他矿井	$\leqslant 16$	$\leqslant 12$

(1) 这三个表中的煤矿类型及采掘工作面范围的界定如下:灾害严重矿井是指高瓦斯

矿井、煤（岩）与瓦斯（二氧化碳）突出矿井、水文地质类型复杂极复杂矿井和冲击地压矿井。采煤工作面是指包括工作面及工作面进、回风巷在内的区域；掘进工作面是指从掘进迎头至工作面回风流与全风压风流汇合处的区域。采掘工作面限员人数不包括临时性进出的煤矿安全监管监察等执法人员、煤矿上级公司检查人员、煤矿矿级领导及职能部门巡检人员、巡回瓦斯检查员（当班专职瓦斯检查员除外）等，上述人员进入采掘工作面时，区别管理人员定位卡，严格控制时长，不得影响煤矿正常生产活动。

（2）煤矿交接班期间井（坑）下瞬时总人数（不包含采掘工作面）不受限员规定限制，应尽量缩短交接班时间，时间不得超过 2 h，瞬时总人数不得超过 1000 人。交接班期间井（坑）下停止爆破、排放瓦斯、启封密闭、动火等危险作业，强化劳动组织，合理划分交接区域，防止人员过度集中。露天煤矿除坑下固定设备操作人员外，原则上在坑上交接班，不具备条件的应选择在稳定边坡区域交接班。

（3）煤矿要不断优化生产系统，尽量减少作业地点，制定入井（坑）作业限员制度，严格控制井（坑）下总人数和采掘工作面作业人数，灾害严重矿井采掘工作面作业人数另有规定的，遵从其规定。井工煤矿采掘工作面入口悬挂限员牌板，按照《煤矿安全规程》要求布置人员位置监测系统读卡分站，露天煤矿在入坑口处安装读卡基站，实时监测入井（坑）人员数量，并接入监测预警系统。煤矿要制定减人计划，明确减人目标，确保达到限员要求。

（4）灾害严重矿井采掘工作面确需增加灾害治理人员的，"三软煤层"矿井确需增加巷修人员的，新水平开拓延伸、掘进工作面走向距离超过 1000 m 确需增加人员的，采用充填开采、沿空留巷、盾构机掘进工艺确需增加施工人员的，露天煤矿地质条件复杂、运距过大、受地下水等灾害影响大确需增加入坑人员的，必须经省级煤矿安全监管部门现场审查同意，并报告国家矿山安全监察局省级局。

（注：本书配套了煤矿班组长安全培训考核题库（综合本），扫描封底二维码，学员登录"众学教培服务平台"可以免费练题。一书一码，盗版书不能登录。具体登录方法见本书目录前面一页。）

第三篇　煤矿班组长与班组建设

第十三章　煤矿班组长

第一节　煤矿班组长的地位和作用

班组长是煤矿作业现场管理的第一责任人,是班组安全生产及安全建设的第一责任人。落实煤矿安全生产法律法规,发挥科(区)队和一线操作人员的桥梁和纽带作用,担负上通下达、兵头将尾的关键作用是班组长地位与作用的具体体现。

一、班组长的地位

(一)班组长是作业现场管理的第一责任人

班组是煤矿组织生产经营活动的基本单位,是煤矿最基层的生产管理组织。班组长直接负责班组现场安全生产管理,指挥班组一线作业人员工作,是作业现场管理的第一责任人。

(二)班组长是班组安全生产的第一责任人

班组是煤矿安全生产的前哨,班组长作为前哨的指挥员,要对作业环境、安全设施、生产系统进行巡回检查,对作业过程中的重点环节、关键工序进行风险管控,对现场隐患及时进行排查治理,做事故发生前的"吹哨人",保证隐患未消除前不组织生产。

此外,班组长必须保障作业人员严格按照岗位操作标准规范操作,杜绝不安全行为,实现班组岗位操作达标;按照作业规程实施正规循环作业,按照工程质量管理制度、工程质量验收制度巡回检查,实现班组作业达标,保障班组安全生产。

(三)班组长是班组安全建设的第一责任人

班组安全建设是煤矿企业为提高班组安全管理效能,通过制定和实施班组安全管理规章制度、流程和标准,推动实现班组安全生产、安全达标、职业健康绩效目标的管理工程。

班组长作为班组安全建设的第一责任,必须保障班组管理制度化、作业过程规范化、岗位操作标准化、工作步骤流程化、绩效考核数据化,保证各项制度落实到位,切实提高班组安全建设的质量和水平,加强职工安全健康保护、职工安全教育培训、班组安全文化建设,筑牢煤矿安全生产第一道防线。

二、班组长的作用

(一) 把企业安全生产责任落实到班组

班组长作为班组安全生产与建设的第一责任人,必须不断完善班组岗位安全生产责任制,进一步强化安全生产是班组第一要务和班组长第一责任人的安全意识,把企业的安全责任层层传递到班组的每一位安检员、质检员、瓦斯检查工、群众安全监督员和每一个岗位作业人员,通过严格考核奖惩确保责任落实不衰减、制度执行不走样、安全监督不弱化。

(二) 把各项安全管理措施落实到班组

班组长作为班组现场管理的第一责任人,要充分发挥熟悉现场、掌握实情的优势,加强现场安全管理和监督检查,及时排查发现每一处作业场所和环节的安全隐患,切实做到不安全不生产。

班组长通过建立完善班组自我约束、相互监督、持续改进的现场安全管理机制,坚决抵制"三违"现象,规范安全生产行为。认真开展安全生产标准化岗位达标建设,做到人人上标准岗、个个干标准活,切实把企业达标、专业达标建立在岗位达标的基础之上,确保安全生产规章制度和操作规程落到实处。

(三) 把安全防范技能落实到班组

班组长作为班组安全生产与建设的第一责任人,既要懂业务、会管理,又要有责任心、有一定的组织协调能力。加强班组应急救援演练,遇到险情时,要第一时间决策和指挥停产撤人。加强班组安全警示教育和全员安全知识培训,做到应知应会、主动防范。大力加强技术培训和职业教育、变招工为招生,切实提高职工的安全素质和操作技能,大力培养新一代煤矿职工队伍,适应不断发展的煤矿安全信息化、自动化、机械化、智能化需要。

(四) 把企业安全文化建设落实到班组

班组长作为班组安全建设的第一责任人,通过大力倡导"事故可防可控""企业安全发展、班组安全生产"的理念,多渠道推进具有煤矿特色的班组安全文化建设,不断强化遵章守纪意识和安全价值观念,切实提高全体从业人员自主保安、相互保安和业务保安的自觉性、主动性,做到超前防范。

日常工作、学习和生活中,班组长要和班组成员处理好人际关系,视班组成员为亲人,带着感情搞生产,凭着良心抓安全,引导班组成员树立正确的安全理念,进而实现管理制度化、作业过程规范化、岗位操作标准化、工作步骤流程化、绩效考核数据化,努力成为班组成员的良师益友。

(五) 把党和政府对煤矿的监管落实到班组

班组长作为班组安全生产与建设的第一责任人,必须带领班组全体成员保质保量地完成生产任务,执行煤矿各项生产指令时,必须严格执行国家安全生产、法律、规章和规范性文件,把各级安监部门关于煤矿安全生产的政策和规定落实到生产一线。

第二节 煤矿班组长的工作职责

一、煤矿班组安全生产标准化管理体系

(1) 根据有关规定,结合实际,建立班组安全生产标准化管理体系考核内容。

(2) 严格岗位(工种)作业规范,现场安全管理中严格按照作业规范施工,切实提高员工作业质量。

(3) 加强现场安全生产标准化管理,落实工序终端责任,明确标准要求,管理做到精细化。

(4) 开展好班组隐患排查和风险评估,及时处理隐患,保证现场安全生产。

(5) 实行结构工资制,将安全生产标准化与员工工资挂钩考核并兑现。

二、煤矿班组员工安全技能培训

(1) 根据培训计划与教学大纲,参与编制本班组培训讲义(内容)或课件、参加培训人员安排及课程表,采用脱产、半脱产和班前学习相结合的形式,按月实施。

(2) 组织本班组"一日一题"学习内容编写,注重内容的针对性和学习的实效性。

(3) 在"一月一考"中,理论考试要与现场实际操作相结合,注重理论考试的针对性。

(4) 实行班组长讲课制,按规定要求进行"一日一题"和"一周一案"的教学。班组长达到专业化要求的由班组长亲自讲课,班组长未达到专业化要求的由技术副班组长讲课。

(5) 对本班组员工学习笔记定时进行检查,发现问题及时纠正,并按月对员工的学习情况进行综合评议。

(6) 建立考试管理制度,认真组织员工按时参加月度考试,遵守考试制度,学习上互相帮助提高,争取培训取得好成绩。

(7) 把职业道德教育纳入安全培训教学内容和班前会内容,引导员工尽职尽责,遵守职业操守。

三、煤矿班组成员安全行为规范

(1) 重点抓好员工作业行为规范。

(2) 建立班组员工不良行为档案,作为帮教及奖惩的依据。

(3) 坚持月度安全行为分析例会制度,激励员工规范行为、遵章守纪,并在班组建立工序终端责任,促进互联互保工作。

(4) 自主查处的一般"三违"行为报安监部门备案,由本单位处理;严重"三违"行为须报安监部门处理。

(5) 对"三违"人员采取"帮教→警告→处理"三步法。

(6) 经常开展自主查岗、班前不良行为点评、事故责任者说教等活动。

四、煤矿班组岗位管理

(1) 在基层区队党政的领导下,负责本班组的安全生产管理工作,是本班组安全生产工作的终端责任人。

(2) 贯彻执行《安全生产法》和煤矿"三大规程"等法律法规;掌握本班生产工序和各工种安全生产技术标准,科学合理地组织施工;坚决做到不违章指挥、不违章作业、不违反劳动纪律。

(3) 不断完善本班组的安全生产管理制度,并严格组织落实。

(4) 遵守安全工作的要求,按规定程序开好班前会,规范职工作业行为,严格现场施工流程和工作标准。

(5) 认真听取职工的合理化意见和建议,注意掌握职工的思想动态,为职工解决实际问题;抓好队伍稳定,促进安全生产。

(6) 坚持班务公开,分配做到公平、公开、透明。

(7) 按照自主管理要求,凝聚人心,团结协作,努力完成安全生产任务。

(8) 对班组存在的安全问题及发生的事故,立即如实上报,绝不隐瞒或迟报。

第三节 煤矿班组长的权利和义务

煤矿班组长是从业人员,除了享受煤矿从业人员的权利并应遵守从业人员的义务外,还有班组长特有的权利和义务。

一、煤矿班组长的权利

(一) 安全生产决策权和组织指挥权

生产过程中,出现危及现场作业人员安全的险情时,班组长有权第一时间下达停止生产的指令,组织人员安全、有序撤离。煤矿企业不得因此降低班组成员工资、福利等待遇或者解除与其订立的劳动合同。

(二) 安全管理权

按规定组织落实安全规程及相关措施;检查现场作业时,对安全生产工作中存在的问题有权提出建议、批评、检举和控告;对违章指挥和强令冒险作业有权拒绝执行;对从业人员违章行为,有权加以制止,并依据规定进行处罚。

(三) 生产组织权

根据工作需要和班组实际情况,有权确定目标,制定计划,分配任务,合理调配劳动组织、人员、设备、材料等,现场指挥协调,检查工作情况,调整工作部署。

(四) 考核分配权

有权按照"按劳分配"原则和上级规定,对班组成员的工作绩效设定考核标准,检验工作成果,核算指标完成情况,对班组职工合理分配收入,进行物质和精神激励。

(五) 学习培训权

享有定期接受培训的权利。根据安全生产需要,有权安排本班组从业人员进行培训。

(六) 其他权利

煤矿企业制定安全生产规章制度措施、工资分配、安全奖罚、民主评议时,有知情权、参与权、表达权、监督权,以及煤矿企业及煤矿赋予的其他权利。

二、煤矿班组长的义务

(1) 宣贯安全生产法律法规的义务。班组长有宣传贯彻党和国家安全生产方针、各项安全生产法律法规、企业规章制度和规程措施的义务。

(2) 技术帮扶的义务。班组长有安排入井新工人师带徒、交接班技术交底和同职工谈心的义务。

(3) 应急避险及自救互救的义务。遇到突发事故班组长有第一时间组织职工应急避险、开展自救互救的义务。

(4) 整改落实安全问题的义务。班组长有对各级安监部门和班组工会小组群众安全监督员、特聘煤矿安全群众监督员指出的班组安全问题及时整改落实的义务。

(5) 维护班组从业人员合法权益的义务。班组长有维护班组从业人员合法权益的义务。

第四节　新时代煤矿班组长从业基本素质

一、班组长基本条件

新任班组长一般应具备以下条件：

(1) 服从组织领导，认真贯彻执行党和国家安全生产方针，模范遵守安全生产法律法规、企业规章制度和规程措施。

(2) 熟悉本班组生产工艺流程，熟练掌握矿井相关专业灾害预防知识、应急避灾路线，具备现场应急处置和自救互救的技能。

(3) 身体健康、爱岗敬业，安全意识强，具有较好的组织管理能力，在职工中有较高的威信。

(4) 具备煤矿相关专业中专（技校、职高）以上学历、班组长安全培训合格证，并具有 3 年及以上相关现场工作经验。

二、班组长素质要求

煤矿班组是煤矿企业最基层组织，是企业战略实施及安全生产各项任务指标实现的最终落脚点。煤矿班组长是企业组织与职工之间最直接的联结者，具有生产者与管理者的双重身份，在企业各项方针政策、各项工作任务等的宣传及落实上发挥独特的作用。因此，班组长的意识、能力和作为，决定着班组管理状况，关系着企业"细胞"的活力。一名合格的班组长应具备以下基本素质。

(1) 应具有良好的思想素质，有高度的事业心。良好的思想素质就是要有较高的思想境界，理解并认同企业理念和发展战略，成为企业文化最基层的宣传者和忠实的践行者，要有战略意识，要做到理解和认同企业理念和发展战略，并在班组管理和工作中结合实际进行宣传，通过自己的身体力行，引导全体员工认同、接受，从而使企业文化、发展愿景成为班组全体员工的共同理念，成为员工激发干劲、增强使命感、开拓进取、实现企业愿景的永恒动力。同时，煤矿条件艰苦，危险性大，特别是班组长的安全管理压力大、生产任务重，工作最辛苦，这就要求班组长应有高度的事业心，首先做到敬业爱岗，工作上身先士卒、吃苦在前、享受在后，有困难站在前，有方便让在先，以身作则，严于律己，以高尚的情操和模范行为，树立良好的形象，感召和带领群众，带动班组职工完成班组的各项工作。

(2) 要有较高的业务技术素质。随着科学技术的发展，新技术、新工艺、新材料加速应用于生产过程中，管理理念、方法也不断更新，作为班组长要强化学习理念，不断吸收新知识，更新观念，推进创新，适应安全生产与企业发展需要。要熟练掌握本专业生产技术知识和操作技能，成为班组技术尖子、革新能手，要了解本矿生产系统概况，掌握矿井各类灾害预兆、发生、发展规律、措施以及《煤矿安全规程》相关条文，熟悉救灾措施、自救方法，能预测和判断事故隐患，把事故消灭在萌芽状态，一旦发生事故能沉着、冷静地采取正确措施。如果一个班组长没有较高的业务素质，不掌握安全规程、不熟悉生产过程、不精通业务技术，生产抓不住关键，很难想象能出色地完成班组生产等任务。同时，还要求班组长成为"多面手",不仅要懂安全、抓生产,还要学会经营管理,实现最少投入和最大产出。

(3) 要坚持原则、秉公办事。班组长作为"兵头将尾",具有管理班组的各种权力,而要用好这个权力,就要坚持原则,不拿原则做交易,就要为人正直,主持公道,坚持正义,不徇私情,只有这样才能把班组员工的积极性调动起来,更好地发挥班组管理的作用。

(4) 要养成民主作风。班组的战斗力、凝聚力来自班组成员的气顺心齐、团结一致。班组长的一个重要职能就是发挥好团结纽带作用,把分散的个人团结在一起,善于团结每一个员工,营造一种团结和谐的气氛。要提高做思想工作的能力,既要会管生产,又要会管思想,把思想工作渗透到班组管理的各项工作中,化解职工之间的各种矛盾,调动职工的积极性。

(5) 要善于沟通,处理好各种关系。

① 尊重上级、维护上级统一领导,对上级下达的任务指示,有不同意见,要讲在当面,讲究方式、方法,决定一经下达,必须坚决执行。

② 要开展经常性的班组学习,对工人多关心指导,对工人工作要勤检查,多指导,工人工作有成绩及时表扬,帮助总结经验,有缺点、错误要帮助分析原因,吸取教训,工人工作中遇到困难,要给予具体指导。

③ 要尊重业务部门,遵守相关规定,主动接受业务检查,监督指导、虚心听取意见,争取帮助、支持。

(6) 要具有能够适应繁重工作的健康体魄。煤矿的班组长与其他行业不同,工作任务重、压力大,特别是煤矿井下作业,条件艰苦,环境特殊,没有健康的体质,即使其他方面素质再好,也难以发挥出班组的作用。因此,班组长要养成良好的生活习惯,上班努力工作,下班好好休息,以良好的体质、乐观的情绪,适应紧张、繁重的工作,把班组带好。

第五节　煤矿班组长的选聘、考核、激励和撤免

为加强煤矿安全生产管理,煤矿(井)应建立班组长的选聘、使用、培养、考核及其相配套的激励制度和机制,明确考核内容、激励项目,并将考核结果作为班组长提拔、评优、任免的重要依据。煤矿(井)要加强班组长后备队伍建设,择优配备班组长,把班组长纳入区队管理人才培养计划,区队安全生产管理人员原则上要有班组长经历。

一、班组长选聘

采取组织推荐、公开竞聘或民主选举等方式选拔班组长;在各类技术比武中成绩优秀者可优先聘任为班组长。

经选拔的班组长,要按规定履行正式聘任手续,形成文件材料,并备档留存。

选聘班组长的基本条件如下。

(一) 思想政治基本要求

服从组织领导,认真贯彻执行党和国家安全生产方针,遵守安全生产法律法规、企业各项规章制度和安全措施。

(二) 学历基本要求

必须具备煤矿相关专业中专(技校、职高)以上学历、班组长安全培训合格证,并具有3

年及以上相关现场工作经验。

(三) 安全生产知识基本要求

熟练掌握矿井相关专业安全生产知识、灾害预防知识、应急处置知识,具备现场急救技能,满足安全生产基本要求。

(四) 安全生产管理能力基本要求

必须身体健康、爱岗敬业,安全意识强,具有较好的组织管理能力,在班组中有较高的威信,具备职业道德修养、执行力等安全生产管理能力。

(五) 安全生产技能操作能力基本要求

熟悉班组生产工艺流程,掌握本岗位安全生产责任制,熟悉本岗位操作标准;熟悉相近专业岗位安全生产责任制及岗位操作规程。

二、班组长考核

(一) 考核组织

煤矿企业及煤矿是班组安全建设的责任主体,对于班组长的管理,煤矿企业要明确班组安全建设的管理部门,煤矿(井)要设立班组安全建设专(兼)职管理部门,配备相应的管理人员。

在班组长考核工作中,煤矿(井)班组管理部门负责组织班组长日常考核,并将考核结果作为班组长提拔、评优、任免的重要依据。

(二) 考核内容

班组长的考核内容是由其所在区队班组的工作内容及本人岗位安全生产责任制决定的,承担不同岗位的班组长,其考核内容截然不同,但总体而言,考核内容主要包括工作任务考核、安全任务考核、团队建设考核和个人能力考核。

(三) 考核方式

根据不同的划分标准,对班组长的考核有不同的类型,常用的分类方法是按时间规律分类和按考评主体分类。其中,考核方式按时间规律可分为定期考核和不定期考核;按考评主体可分为组织考核、群众评议和相互评议。

三、班组长激励

考核的目的是对班组长实施有效激励。煤矿企业以考核为依据,采取综合激励措施,公平、公正、公开对班组长实施有效激励。目前,对班组长的激励主要包括精神激励、经济激励和职务晋升激励三种类型,三种激励类型可以单独实施,也可以同步进行。

(1) 精神激励。精神激励是对班组长做出的贡献给予的肯定和认可。煤矿企业应当积极开展班组安全建设创先争优活动,每年组织优秀班组长评选,对在安全生产工作中做出突出贡献的班组长给予表彰、奖励。

(2) 经济激励。班组长的经济激励包括提高岗位工资、加大工资分配系数、发放津贴、实行风险抵押、提高福利待遇等。

(3) 职务晋升激励。对于年度优秀班组长,在职务晋升时给予优先考虑。同时把年度优秀班组长纳入区队管理人才培养计划,要求区队安全生产管理人员原则上要有班组长经历。

四、班组长撤免

班组长撤免应当由区队或者煤矿(井)班组安全建设管理部门提出撤免理由和建议,严格按相应程序办理,不得随意更换班组长。

班组长违反煤矿(井)安全管理规定,发生重大违章指挥、违章作业造成生产安全事故,或生产绩效达不到煤矿(井)规定要求时,区队应当提出撤免班组长建议。

煤矿(井)班组安全建设管理部门每年应对班组长的履职情况进行综合考评,建立班组长业绩档案,对于不能胜任工作的应当提出撤免建议。煤矿(井)相关职能部门有提出撤免班组长建议的权利。

(注:本书配套了煤矿班组长安全培训考核题库(综合本),扫描封底二维码,学员登录"众学教培服务平台"可以免费练题。一书一码,盗版书不能登录。具体登录方法见本书目录前面一页。)

第十四章　煤矿班组建设

班组建设搞得如何,关系到煤矿各项任务能否顺利完成。煤矿工作环境的特殊性、艰巨性,决定着煤矿班组建设必须不断加强和改进,以适应新时期煤炭企业改革和发展的需要。

第一节　煤矿班组建设的重要性

加强班组建设,营造出和谐的班组氛围,可以使每个班组成员在工作中充满热情,也能够提高整个班组的工作效率,有助于班组成员愉悦地高效完成班组生产任务。

一、有助于保证班组安全生产

班组作为煤矿管理构架中最基础的一层,是维护安全的最后一道防线,承担着确保煤矿安全生产的重任。班组是企业精神文明建设的前沿阵地,工作、学习、生活融为一体是班组建设管理的特点。良好的班组氛围不但有利于班组管理理念的传达和执行,而且便于班组长实施自上而下的管理,使得班组管理工作不容易出现混乱,防止生产安全事故的发生。

二、有助于完成班组生产任务

班组长是开展生产活动、挖掘生产潜力的直接执行者,是保证工作质量、提高生产效率的直接组织者。班组长通过营造良好的班组氛围可以激活班组成员的工作细胞活力,充分调动每个班组成员的积极性和创造性,有助于班组顺利完成繁重、艰巨的生产任务。

三、有助于促进班组成员愉快地工作

在许多煤矿都可以看到这样一句话:"高高兴兴上班,平平安安回家",这句话道出了每个班组成员的心声。班组发展靠班组长一个人的力量毕竟是很有限的,更需要靠班组成员的齐心协力,假如每个班组成员都能真正做到"高高兴兴上班",相信这个班组的工作效率一定会很高。

第二节　煤矿班组建设的方向

班组是企业管理落地的"最后一公里",其优势就是在现场发现问题,在实践中找到方法。近年来,煤炭行业广泛开展班组建设活动,积极探索富有行业特色的班组管理新模式,建成了安全高效型班组、节约降耗型班组、技能素质型班组、智能创新型班组、文明和谐型班组和自主管理型班组等多种优秀的特色班组,为煤炭行业班组建设提供了借鉴,指明了方向。

一、安全高效型班组

安全是实现煤炭发展的保证和前提，是全面落实科学发展观的重要内容。煤矿班组建设要把安全摆到"高于一切、重于一切、先于一切、决定一切"的位置。煤矿班组处在安全生产的第一道防线，直接担负着安全生产的任务。煤矿班组必须从"人、机、环境、管理"等要素着手，建设安全高效型班组。

在"人"的因素方面，着力培养"本质安全型人"，做好对员工的安全技能和生产技能培训，提高员工综合素质。搞好煤矿班组安全文化建设，强化员工安全意识，规范安全行为。从煤矿各类事故的主观原因看，大多数事故是由于"三乎""三惯""三违"引起的。牢牢固化员工的安全意识，规范个人安全行为非常重要。要通过安全文化建设，使"安全第一"的方针在员工头脑中深深扎根，不能动摇，时刻支配自己的行动。

在"机"的要素方面，煤矿班组要管好用好机器设备，加强保养维修，熟练掌握使用方法。为确保"机"的安全，首先必须提高员工的技术素质。要鼓励员工学习钻研技术，会操作、会修理、会排除故障。有的煤矿制定了鼓励员工学习技术的奖惩办法，如获得多个岗位资格证就可以增加工资的"多证加薪"制度，极大地调动了员工学习钻研技术的积极性。对"机"的控制掌握，要了如指掌，确保"机"的本质安全。

在"环境"的要素方面，煤矿班组要创造本质安全的工作环境。如光线明亮、顶板支护可靠、物料摆放整齐、路线明了通畅、安全标识齐全、通风管理达标、隐患及时排除等，员工工作的环境确保安全可靠。

在"管理"的要素方面，安全管理要确保无漏洞、无空岗。煤矿班组要建立健全科学严格的安全管理制度，并严格执行落实到位。不管什么人，只要违反规章制度，就必须受到惩罚。有些煤矿的安全管理制度虽然很齐全，但只是给工人制定的，管理干部违反了可以从轻，这就出现了规章制度流于形式，执行不到位的现象。煤矿班组处在安全生产的最前沿，必须突出严管、严教、严处。

建设安全型班组，是一项十分必要的基础工作。近年来，有些煤矿已经进行了积极探索，并取得初步成效。如兖矿能源集团济三煤矿把"预教、预测、预想、预报、预警、预防"纳入安全管理全过程，闭环控制，预防管理，提高了安全管理的科学化水平。开滦（集团）有限责任公司培育安全文化，塑造本质安全型人，对安全文化建设进行了深度思索，并取得显著成效。兖矿能源集团兴隆庄煤矿"兴隆鼎"安全文化建设从行为、状态、责任三大要素，"教育先导、培训塑人、规范养成、动态稳定、静态预控、环境和谐、管理精细、执行到位、群防严密"九个体系入手，打造本质安全型矿井，是企业文化和安全文化的一个重大突破。

煤矿班组的中心任务是多出煤、多进尺，完成本职任务，实现高产高效。随着科学技术的发展，煤矿班组还要创出更高的水平；煤矿班组要群策群力，挖掘潜能，实现高产高效；用好现有机械设备，充分发挥机械设备性能，提高生产率；经常开展生产技术工艺改革活动；煤矿班组常年战斗在安全、生产第一线，对现场情况最有发言权。通过生产流程工艺、技术工艺、设备性能改进，可以充分挖掘人、机、管理等方面的潜力，大幅度提高劳动生产率，实现更高水平的高产高效。

二、节约降耗型班组

煤矿班组从事生产建设，需要投入必要的资源，如人力、财力、物力、时间等。过去，煤矿生产经营活动比较粗放,消耗较多,成本较高,效益较差。随着煤矿整体管理水平的提高,煤矿班组节支降耗工作有了很大进步。节约降耗型班组建设成为煤矿班组建设的一个重要方向。有人认为,"煤矿要想出煤炭,得拿材料换",使用材料大手大脚,对机器设备不爱惜,使用人工多几个都觉得无所谓,工时利用率不高,使用电力也没有数量限制等。煤矿班组要有节约意识、成本意识、效益意识。党中央要求建立节约型社会,这是一项具有战略意义的大事。煤矿班组必须牢固树立节约意识,要讲成本、讲效益,把成本控制在合理的水平上。成本降低了,省下来的就是赚到的。对一方水、一度电、一支雷管、一块木材、一个螺丝、一个备件、一米电线等都要精打细算,不能说用就用,说扔就扔。要搞好修旧利废,回收复用。能用的,尽量用;能修的,修好后复用。要不断改进工艺,提高技术操作水平,提高工程质量。工程质量差造成的浪费巨大,如果有的掘进队打的巷道弯弯曲曲,不仅影响美观、影响质量,而且造成了巨大浪费。有的安装质量不好,造成了事故,损失也是巨大的。所以,煤矿班组必须提高工程质量、工作质量。煤矿班组也应重视人力资源管理。要搞定员定额,充分发挥每个人的积极性、创造性,减少人力成本支出。节约降耗型煤矿班组建设还应在管理上下功夫。煤矿应实施精细化管理,把精细化管理延伸到煤矿班组和岗位。

三、技能素质型班组

煤矿现代化、智能化水平日益提高,对员工的技术技能素质提出了更高的要求。过去,煤矿是劳动密集型行业,今后需要的是高技术技能的精兵强将。综采工、综掘工、机电维修工、通风工等主要工种,技术含量都比较高。只有对本工种、本岗位的工作精益求精,才能掌握现代化、自动化、智能化的机械设备。煤矿班组员工应该个个"身怀绝技""精一门、会两门、懂三门",靠科学、靠智力、靠技术从事生产,创造出更高的劳动生产率。

四、智能创新型班组

煤矿生产要实现智能化、煤矿管理要实现现代化,要求其基层的煤矿班组管理必须实现现代化和智能化。要实现管理手段的现代化和智能化,就要采用现代化、智能化的管理手段,如电脑,监测、监控、信息、自动化技术,煤矿机器人等。煤矿班组的安全、生产管理数据要准确、可靠、科学,不能靠估算、大约来管理安全生产。要广泛采用现代化的管理方式,将最先进的管理成果运用到煤矿班组管理,如推广全面质量管理、岗位卓越绩效模式等,首先要在煤矿班组推广普及。要在煤矿班组有稳固可靠的基础;要注意总结煤矿班组管理方式现代化、智能化的经验,结合煤矿实际,不断改进提高。煤矿班组现代化管理的前提是实现智能化。要把员工队伍建设作为一项根本任务,着力在提高员工素质上下功夫。不重视员工素质培养,企业不会有发展后劲。要创造各种环境条件,促进煤矿班组员工素质全面提升。煤矿班组建设要不断发展、不断前进、不断创新,不能拘泥于某种模式停滞不前。在日新月异的发展中,要不断增加新内容,完善新标准,提出新目标,实现煤矿班组建设工作的全面创新。

五、文明和谐型班组

实行人本管理、民主管理,重大决策集体商讨,每位员工能在工作中严格执行各项规章制度,班组能做到赏罚分明、员工信服,班组内的奖惩、工分及时公布,以达到班组的和谐共进。积极开展班组活动,培养班组员工的协作精神,以增强员工的凝聚力和向心力。班组长要加强与员工的谈心交流,使班组成员间形成一股合力,起到带头作用,带头学习业务,带头奉献,带头搞好团结,扎实推动班组各项工作的落实。把班组建设成为奋发向上、团结互助的文明和谐型班组。

六、自主管理型班组

按照管理发展的趋势,逐步实行扁平化管理。煤矿班组管理要向自主管理型发展,减少管理层次,缩小管理半径,实施压力传递,充分发挥煤矿班组和每个员工的积极性。煤矿要重心下移,强根固本,构建基层"四自"管理模式,即"员工自律、班组自主、区队自治、专业自监"。在区队自治管理方面,把安全放到第一位置,把"爱岗、敬业、有作为"作为评价管理人员的标准。实行分级负责、分层管理、目标监督、利益制约,做到了"四给",即给定任务目标、给予分配用人权、给够经济政策、给足政治荣誉。充分放权于区队,使区队的责任心、事业心明显增强。在班组自主管理方面,建树"个人保班组,班组保区队"的理念,推行"六小机制",即明确小目标、细化小考核、树立小明星、精细小成本、严格小奖惩、体现小精神。考核"六化目标",即机制制度科学化、岗位创效最大化、责任目标规范化、实绩考核标准化、人本管理现代化。赋予班组长抓安全的权利,为班组自主管理提供了空间,为班组长发挥"兵头将尾"作用提供了舞台。在员工自律方面,倡树"安全第一"的理念,层层签订目标责任书,全员缴纳安全生产责任保险,落实员工自保、互保、联保连带责任制,把安全、质量和任务完成与工资分配挂钩,按岗位精细标准严格考核,兑现落实。

第三节 班组文化建设

一、班组文化建设的意义

班组文化建设是企业文化管理的重要内容,其对于培养班组成员爱企情怀,培养班组成员优良品德、班组精神,有着至关重要的作用。

班组虽然是煤矿的最基层生产单元,但是作为一个完整的组织,它也拥有自己的组织文化,即班组文化。班组长应当重视班组文化的建设工作,通过营造良好的班组文化来增加班组成员的组织认知感和归属感。

良好的班组文化能够增强班组成员的归属感,便于班组长开展工作。班组工作往往任务重、压力大,既需要班组长实施强有力的班组管理,又需要班组成员的积极配合。良好的班组文化能够帮助班组成员树立与班组共荣辱的意识,使班组长赢得班组成员的信任和配合,减轻班组管理压力。

良好的班组文化也能够培养班组成员的爱企情怀和优良品德。每个班组长都希望带领一群富有战斗力的精兵,班组文化建设可以激发班组成员的爱企情怀,增强班组成员的班组凝聚力,打造出一个富有战斗力的班组团队。另外,良好的班组文化还可以促进班组成员的学习和创新,提高他们的知识和文化水平,培养他们的优良品德。

二、班组文化建设的主要内容

(1)要确立优秀的班组文化内涵。在进行班组文化建设之初,班组长必须带领全体班组成员研究确立适合自身建设的班组文化内涵。班组文化内涵要正确处理好安全、管理、生产、质量等之间的关系,根据班组实际情况形成具有班组特色的班组文化,要坚持安全是基础,管理是重点,技术创新是灵魂,生产效益是中心的基本理念。

(2)要大力发扬优秀班组精神。班组精神是班组成员共同价值观的集中体现,它是在长期生产实践中所形成的被全体班组成员所认同和自觉遵守的群体意识,是班组生存发展的动力源泉。因此,班组精神是班组文化建设的核心内容。班组长应发动全体班组成员,通过开展各项班组文化建设活动,总结和提炼班组在长期生产实践中所形成的价值观念,并大力培养和发扬体现本班组特色的优秀班组精神。

(3)要树立良好的班组形象。班组形象是班组的信誉,是班组通过多种方式赢得的大众对其的整体印象与评价,是班组参与外界各种活动的一项无形资产。所以,班组文化建设应该全力树立良好的班组形象。

(4)要树立良好的班组员工形象。切实提高班组成员的政治思想素质,纠正不文明之风,使班组成员具有良好的职业道德素质及技术业务素质。还要重视班组成员生产和生活环境的改善,坚持文明生产,保持优良秩序,创造整洁优美的班组环境。

(5)要积极营造科学文明和健康向上的班组文化氛围。积极组织和开展内容丰富、形式多样的班组文化活动及业余文体生活,丰富班组成员的业余生活,培养班组成员的群体竞争意识及自我实现意识,增强班组凝聚力。

(注:本书配套了煤矿班组长安全培训考核题库(综合本),扫描封底二维码,学员登录"众学教培服务平台"可以免费练题。一书一码,盗版书不能登录。具体登录方法见本书目录前面一页。)

参 考 文 献

[1] 朱世明,张碧亮.煤矿从业人员安全再培训教材(复训)[M].北京:应急管理出版社,2024.
[2] 徐永,苏富强,张育磊.煤矿新工人培训教材[M].徐州:中国矿业大学出版社,2019.
[3] 王全明,李国晓,谢宝丰.煤矿从业人员安全培训教材[M].徐州:中国矿业大学出版社,2019.
[4] 邹光华,师皓宇.采矿新技术[M].徐州:中国矿业大学出版社,2020.
[5] 纪晓峰,谢耀社.《煤矿重大事故隐患判定标准》应用指南[M].北京:地质出版社,2021.
[6] 本书编委会.《煤矿安全规程》实施指南[M].北京:应急管理出版社,2022.
[7] 张晓军,穆三奴,宋明明.煤矿岗位作业流程标准化建设指南[M].北京:应急管理出版社,2022.
[8] 本书编写组.《煤矿安全生产标准化管理体系基本要求及评分方法(试行)》达标指南[M].北京:应急管理出版社,2020.
[9] 国家安全生产应急救援指挥中心.矿山事故应急救援典型案例及处置要点[M].北京:煤炭工业出版社,2018.
[10] 焦方杰,赵启峰.煤矿职工安全手册[M].徐州:中国矿业大学出版社,2016.
[11] 国务院.煤矿安全生产条例[M].北京:应急管理出版社,2024.
[12] 刘祥龙.煤矿通风班组长安全培训教材[M].北京:应急管理出版社,2024.